北大社·“十三五”普通高等教育本科规划教材
高等院校化学与化工类专业“互联网+”创新规划教材

工程化学

(第2版)

主　编　宿　辉　白青子
副主编　原小寓　刘　英
主　审　黄恒钧

内 容 简 介

本书根据应用型本科院校定位和教学实践的特点编写而成，内容精简、实用性强，突出工程化学在生产实践中的实际应用，同时引入化学发展的新思想、新成果，反映学科发展的新趋势。全书共分9章，包括绪论、化学反应的基本规律、溶液中的化学平衡、氧化还原反应与电化学、物质结构基础、化学与材料、化学与能源、化学与环境、化学与生命。其中第2～5章属于化学原理部分，第6～9章为化学在社会生活、科学技术中的实际应用，涉及内容既有专业性又有科普性。

本书不仅可作为高等院校化学化工类、近化学类专业的基础课教学用书，也可供自学者、工程技术人员参考使用。

图书在版编目(CIP)数据

工程化学/宿辉，白青子主编. —2版. —北京：北京大学出版社，2018.4
(高等院校化学与化工类专业“互联网+”创新规划教材)
ISBN 978-7-301-29160-3

Ⅰ.①工…　Ⅱ.①宿…②白…　Ⅲ.①工程化学—高等学校—教材　Ⅳ.①TQ02

中国版本图书馆CIP数据核字(2018)第011854号

书　　名　工程化学（第2版）
　　　　　GONGCHENG HUAXUE
著作责任者　宿　辉　白青子　主编
策划编辑　童君鑫
责任编辑　李婷婷
数字编辑　刘　蓉
标准书号　ISBN 978-7-301-29160-3
出版发行　北京大学出版社
地　　址　北京市海淀区成府路205号　100871
网　　址　http://www.pup.cn　新浪微博：@北京大学出版社
电子邮箱　编辑部 pup6@pup.cn　总编室 zpup@pup.cn
电　　话　邮购部 62752015　发行部 62750672　编辑部 62750667
印 刷 者　北京市科星印刷有限责任公司
经 销 者　新华书店
　　　　　787毫米×1092毫米　16开本　16.25印张　372千字
　　　　　2012年7月第1版
　　　　　2018年4月第2版　2024年1月第8次印刷
定　　价　39.00元

第 2 版前言

本书第 1 版出版已 6 年，期间科学技术不断发展，国家正在实施“中国制造 2025”“互联网+”“网络强国”等重大战略，信息化时代的互联网技术已深入文化教育的各个领域，使学习和传播方式突破原有的界限，发生着深刻的变化，数字化教材应运而生。新经济蓬勃发展，迫切需要培养大批工程实践能力强、创新能力强、具备国际竞争力的高素质复合型“新工科”人才，工程化学可以从化学角度为新工科人才提供必要的知识储备。本书在第 1 版的基础上，以立德树人为根本，引入了数字化技术，针对“工程教育专业认证”“新工科”人才培养及“课程思政”等需求，编写了第 2 版。

本书第 2 版具有以下特点。

(1) 以习近平新时代中国特色社会主义思想为指导，课程内容中融入思政元素，促进知识传授、能力培养与价值引领的有机统一，培养学生的家国情怀、责任担当、职业素养和民族自豪感。

(2) 通过增加二维码，赋予教材色彩、声音、动画等更多的数字化内容。用手机扫描书中的二维码，可清楚地感受到彩色图片、声音、文字解释、微课视频和动画展示等视听效果。

(3) 通过增加二维码，可以看到课后习题的部分答案和详解，便于自学。

(4) 教学内容注重“少而精”的原则，尽量做到由浅入深，理论联系实践。力求叙述简洁，压缩篇幅，适应少学时的需要。

(5) 注重化学理论学习的同时，强调化学知识的应用，同时引入了化学发展的新思想、新成果，设有网络导航、阅读资料、引例等板块，增加可读性。

(6) 每章设有本章教学要点、导入案例、科学家简介、思考题与习题等，便于学生阅读。

全书共 9 章，由黑龙江工程学院和黑龙江科技大学教师分工协作，共同完成，由宿辉、白青子担任主编，原小寓、刘英担任副主编。其中黑龙江工程学院的宿辉编写了第 1 章、第 2 章、第 6 章及附录部分；黑龙江科技大学的白青子、白洋编写了第 4 章；黑龙江工程学院的原小寓编写了第 3 章、第 5 章；黑龙江工程学院的刘英编写了第 7 章、第 8 章、第 9 章。同组人员共同完成书稿的通读、整理和定稿，黄恒钧对本书进行了审阅。

本书在编写和使用过程中，得到黑龙江工程学院和黑龙江科技大学各级领导及相关老师的大力支持，同时参考了国内同类教材的部分内容，在此表示衷心感谢！

由于本书编者水平所限，书中疏漏之处在所难免，恳请使用本书的师生多提宝贵意见。

编　者

2017 年 11 月

第 1 版前言

“工程化学”是高等院校化学化工类、近化学类专业的一门重要的基础课程，是在普通化学、无机化学、材料化学和环境化学等学科基础上发展起来的实用科学。通过本课程的学习，可使学生对物质的化学本性及其变化规律有比较系统、全面的认识，掌握必需的近代化学基本理论、基本知识和基本技能，并了解其在实际工程中的应用，从而培养学生观察问题、分析问题和解决问题的能力，为其学习后续课程奠定较扎实的化学基础。

科学技术的迅猛发展，对高等工科院校的教育提出了更高、更新的要求。对于应用型本科院校，教材应该更加体现出其适应性、实用性和针对性等特点。本书正是适应这种要求，进行教学体系、内容改革的一个尝试。在保证工科非化学专业化学基础课性质的基础上，结合工科特点，反映新的科技成果。本书更加符合面向 21 世纪应用型本科学校人才培养的需求，适应教育部“卓越工程师培养计划”及教育部 CDIO 工程教育模式体系要求，在内容上着重学生专业知识水平的提升及实践能力的培养。

本书具有以下特点。

(1)教学内容注重“少而精”的原则，尽量做到由浅入深，理论联系实践。力求叙述简洁，压缩篇幅，适应少学时的需要。

(2)注重化学基础原理学习的同时，强调化学理论的应用，同时引入了化学发展的新思想、新成果，设有导入案例、网络导航、阅读材料、科学家简介等板块。

(3)设有本章教学要点、本章小结、习题与思考题等模块，便于学生学习。

全书共分 9 章，由黑龙江工程学院和黑龙江科技大学教师分工协作，共同完成。其中黑龙江工程学院的宿辉编写了第 1 章、第 2 章、第 6 章及附录部分内容；黑龙江工程学院的原小寓编写了第 3 章、第 5 章；黑龙江科技大学的白云起编写了第 4 章；黑龙江工程学院的刘英编写了第 7 章、第 8 章、第 9 章。编写人员共同完成书稿的通读、整理和定稿，黑龙江工程学院的黄恒钧对本书进行了审阅。

在本书的编写过程中，编者得到了黑龙江工程学院和黑龙江科技大学各级领导及王晓丹、肖雪、闫鹏、刘辉等相关老师的支持和帮助，同时参考了国内同类教材的部分内容，在此表示衷心感谢！

由于编者水平所限，书中疏漏之处在所难免，恳请使用本书的师生多提宝贵意见。

编　者

2012 年 4 月

本书课程思政元素

本书课程思政元素从“格物、致知、诚意、正心、修身、齐家、治国、平天下”中国传统文化角度着眼，再结合社会主义核心价值观“富强、民主、文明、和谐、自由、平等、公正、法治、爱国、敬业、诚信、友善”设计出课程思政的主题，然后紧紧围绕“价值塑造、能力培养、知识传授”三位一体的课程建设目标，在课程内容中寻找相关的落脚点，通过案例、知识点等教学素材的设计运用，以润物细无声的方式将正确的价值追求有效地传递给读者，以期培养大学生的理想信念、价值取向、政治信仰、社会责任，全面提高大学生缘事析理、明辨是非的能力，把学生培养成为德才兼备、全面发展的人才。

每个思政元素的教学活动过程都包括内容导引、展开研讨、总结分析等环节。在课程思政教学过程，老师和学生共同参与其中，在课堂教学中教师可结合下表中的内容导引，针对相关的知识点或案例，引导学生进行思考或展开讨论。

页码	内容导引	思考问题	课程思政元素
2	化学的 发展简史	1. 学习化学发展史的感受？ 2. 如何正确理解化学发展过程中出现的各种思想？	科学精神 求真务实 科技发展 爱祖国 爱人民 社会责任
4	化学在社会 发展中的作用	1. 如何正确认识化学的作用？ 2. 如何更好地发挥化学的作用？	责任使命 专业与社会 环保意识 能源意识 可持续发展
11	气体分压定律 （道尔顿分压定律）	1. 道尔顿分压定律的内容是什么？ 2. 简述道尔顿分压定律的应用。	科学精神 责任与使命 职业精神
14	热力学第一定律	1. 热力学第一定律的内容是什么？ 2. 简述热力学第一定律的应用。用其说明第一类永动机能否实现？	科学精神 专业与社会
19	熵变与反应的自发性	1. 什么是熵？ 2. 熵变可以判断反应的自发性吗？	辩证思想 科技发展
21	吉布斯-亥姆 霍兹方程	1. 吉布斯-亥姆霍兹方程的内容是什么？ 2. 工程实践中如何利用吉布斯-亥姆霍兹方程，预测反应的方向，以经济高效地生产产品？	科学精神 求真务实 责任与使命 个性光辉

续表

页码	内容导引	思考问题	课程思政元素
26	化学平衡 的移动	1. 如何改变化学平衡？ 2. 生产中如何利用化学平衡的移动降低生产成本，提高经济效益？	专业能力 专业与社会
27	勒·夏特列原理	1. 勒·夏特列原理包括哪些内容？ 2. 勒·夏特列除了科学研究方面的贡献，在国家危难之际做了什么？	国家安全 爱祖国 爱人民
32	范特霍夫规则	1. 范特霍夫规则的内容是什么？其对于生产实践有何指导？ 2. 范特霍夫因哪些科研成果获得了首届诺贝尔奖？成功之道有哪些？	科学精神 职业规划
34	有效碰撞理论	1. 为什么实测数据有时会与理论数据存在巨大的差异？ 2. 每个理论是否有其局限性？	科学素养 求真务实
44	导入案例：酸雨	1. 什么是酸雨？ 2. 酸雨的产生及危害？	专业与社会 社会责任 环保意识 能源意识 人类命运共同体
49	溶液的渗透压	1. 渗透压是如何产生的？ 2. 简述渗透与反渗透过程？	辩证思想 社会责任 毅力
50	酸碱理论	1. 简述酸碱理论的发展。 2. 思考科学理论的完善之路。	规范与道德 科学素养 求真务实 辩证思想
51 57 63	弱电解质的解离平衡 难溶电解质的 沉淀溶解平衡 配位化合物和配离子 的解离平衡	1. 什么是化学动态平衡？ 2. 工作、学习中如何运用哲学思维“平衡观”？	科学精神 科学素养 适应发展 辩证思想 实战能力
68	科学家简介：维纳尔	1. 认识配位化学结构理论的奠基人——化学家维尔纳。 2. 配位化学结构理论是什么？	爱祖国 创新意识 社会责任
74	氧化还原反应	1. 氧化反应和还原反应能不能单独发生？ 2. 同一个物质能不能同时发生氧化反应和还原反应？	辩证思想 逻辑思维 专业能力
75	原电池	1. 什么是原电池？ 2. 简述原电池的基本理论在工程实践、生产生活中的应用。	科学精神 终身学习 专业与社会 能源意识

续表

页码	内容导引	思考问题	课程思政元素
85	电解的基本原理及应用	1. 什么是电解？ 2. 简述电解的基本原理在工程实践中应用。	科学精神 专业与国家 爱祖国 民族精神
88	金属腐蚀与防护	1. 为什么要进行金属防护？ 2. 简述金属防护在工程实践中的重要性。	人生观 爱祖国 民族精神
95	燃料电池	1. 简述燃料电池的工作原理。 2. 燃料电池有哪些特点？	专业与社会 环保意识
117	原子电子层结构与元素周期表	1. 元素周期表是如何产生的？ 2. 思考元素周期律与辩证法。	辩证思想 洋为中用 中国梦 民族精神 爱祖国
121	分子结构	1. 价键理论、杂化轨道理论的内涵是什么？ 2. 思考分子结构与团队协作、创新力。	团队合作 沟通协作 大局意识 核心意识
135	晶体结构	1. 晶体有哪些类型？ 2. 各种晶体结构上有何特点？	努力学习 求真务实 个人成长
145	网络导航：了解金属材料	1. 金属材料包括哪些材料？ 2. 金属材料在工程实践、生产生活中的应用有哪些？	专业与国家科技发展 职业规划 创新意识 时代精神
145	青铜器	1. 什么是青铜器？ 2. 为什么说青铜器是中国传统文化艺术的精华？	文化传承 民族瑰宝 民族自豪感 工匠精神
150	无机非金属材料	1. 无机非金属材料又称陶瓷材料，主要包括哪些材料？ 2. 为什么说陶瓷发展史是中华民族发展史中的重要组成部分？	文化传承 民族瑰宝 民族自豪感 工匠精神
161	导电高分子	1. 什么是导电高分子？有何用途？ 2. 对于具有戏剧性的导电高分子的发现过程，有何感想？	个人成长 创新意识
162	可降解高分子	1. 什么是可降解高分子？ 2. 可降解高分子在工程实践、日常生活中的应用有哪些？	环保意识 可持续发展

续表

页码	内容导引	思考问题	课程思政元素
163	复合材料	1. 什么是复合材料？包括哪些种类？ 2. 复合材料在工程实践、日常生活中的应用有哪些？	科技发展 爱岗敬业 民族自豪感
166	纳米材料	1. 什么是纳米材料？有哪些特性？ 2. 纳米材料在工程实践、日常生活中有哪些应用？	努力学习 专业能力 创新意识
174	常规能源	1. 常规能源有哪些？ 2. 常规能源的优点和缺点各是什么？	责任与使命 能源意识 环保意识
179	核能	1. 与传统能源相比，核能有哪些优缺点？ 2. 如何看待核泄漏事故？	爱祖国 爱人民 安全意识 社会责任 可持续发展
193	水污染及其防治	1. 水俣病和骨痛病的真相是什么？ 2. 如何避免水体的富营养化？	科技发展 社会责任 环保意识 可持续发展
197	大气污染 及其防治	1. 如何防止雾霾的发生？ 2. “温室效应”带给人类哪些思考？	社会责任 环保意识 可持续发展
218	DNA 的复制 与基因表达	1. 什么是基因的复制与表达？ 2. 新型冠状病毒的传播途径和防治措施有哪些？	科技发展 爱祖国 爱人民 社会责任
225	生命元素与身体健康	1. 人体必需的微量元素有哪些？ 2. 人体必需的微量元素是否遵循“中庸之道”？	辩证思想 科技发展 个性光辉 文化传承

注：教师版课程思政内容可以联系出版社索取。

目　　录

第1章 绪论

知识要点	掌握程度	相关知识
化学的概念	掌握化学的研究对象，了解化学的发展简史	能量守恒定律、道尔顿原子论、阿伏伽德罗定律、元素周期律
化学的学科特点	掌握化学的学科分支，了解化学在人类社会发展进程中的作用	无机化学、有机化学、材料化学、分析化学、物理化学、生物化学
物理量的表示方法	清楚物理量的表示方法，了解国际制基本单位及定义	国际单位制、基本单位、辅助单位

导入案例

【化学分子结构图片】

科学家们即将开发出的微型化学开关，细如毛发，可反复开启和关闭，可用其制造随机存取的存储器。这是计算机中的关键设备，使用户能保存和任意处理信息。分子计算机将淘汰掉今天体积庞大、笨重、能耗巨大的硅计算机。目前的晶体管尺寸比分子器件大8000倍，所以最终计算机将变得十分微小，可编织到衣服中。它能完整地保存大量数据，不必担心出现系统崩溃或其他故障。

一般计算机的基本器件是二极管(开关、电流放大器)，晶体管(信号-电压放大器、信息存储器)。微型化学开关的基础是一种叫连环体的分子(2，4-二对苯硫酚-3-氨基硝基苯)，它是由两个微小的相互连锁的环状结构组成的，通过施加电脉冲可以移走一个电子，从而使一个环出现翻转或绕另一个环旋转，打开开关，若把电子送回原处，便可使开关关闭。

采用化学合成方法的重要特点是，一次可以提供数以亿万计的“全同”分子原料，制备具有特定功能的分子器件的分子仪器。目前，分子计算机存在的难题是：三维分子器件的设计、电路的连接方式及导线的制备材料等问题。微型化学开关很大程度上推动了分子计算机的发展。

1.1 化学的研究对象及其发展简史

1.1.1 化学的研究对象

化学是研究物质变化的科学。世界是物质的，物质有实物和场两种基本形态。前者具有静止的质量，是化学研究的对象，包括大至宏观的天体，小至微观的基本粒子，如分子、原子、离子等；场是只有运动质量而没有静止质量的物质，如引力场、电磁场等，它们不在化学的研究范畴之内。变化是运动的物质永恒的主题，化学变化的主要特征是在原子核不变的前提下生成了新的物质。因此可以说，化学是在原子和分子的层次上研究物质的组成、结构、性质、变化规律及其应用的一门学科。化学是研究原子、分子层次范围内的物质结构和能量变化的科学，是物质科学的基础学科之一，是一门中心的、实用的、创造性的科学。

1.1.2 化学的发展简史

借助于火，人类掌握了巨大的能量，并开始初步地利用其改造自然界，这是人类第一个有意使用的化学反应，也标志着人类由野蛮进入了文明时代。四五千年前，人类逐渐掌握了冶炼、染色、酿造等工艺，并能从植物中提取和加工有用的产品(如香料和纸张等)，积累了许多化学知识，但在那时化学还没有成为一门科学。公元前1500年，随着生产力的发展，统治者开始梦想富贵长生，使化学走上了炼金、炼丹的歧途，历时近14个世纪，最后以失败告终，但这一时期积累了更多的化学知识，提高了实验技术，发现了

【化学的发展简史】

许多新物质，如酒精、无机酸和金属盐类等。16—17世纪，药物化学家试图用化学知识制药并解释生物体内的生化过程，由此化学步入正轨。1661年，英国化学家罗伯特-波义耳(R. Boyle，1627—1691)发表的名著《怀疑派化学家》指出“化学的目的是认识物质的结构，而认识的方法是分析，即把物质分解成元素”，他被后人誉为近代化学的奠基人，他的著作标志着近代化学的诞生。同时，天平的出现，使化学研究进入定量阶段。在此后100年的时间内，一大批科学家通过试验建立了一系列重要的化学定律和学说，如能量守恒定律、氧化理论、定比定律、倍比定律、道尔顿(图1.1)(J. Dalton，英国化学家，1766—1844)原子分子论和阿伏伽德罗(图1.2)(A. Avogadro，意大利物理学家，1776—1856)定律等，使化学成为了一门真正的科学。1869年，俄国化学家门捷列夫(D. I. Mendeleev，1834—1907)把当时已知的63种元素按相对原子质量和性质间的递变规律进行排列，建立了元素周期律，从而奠定了无机化学的基础。

【近代化学的奠基人——波义耳】

19世纪下半叶，由于电子和放射性的发现，使人们对微观世界领域有了进一步的认识，物质结构理论得到了迅猛发展。近百年来，借助于数学、物理学、计算机科学和现代科学技术的成果，使化学在各个方面得到了突飞猛进的发展。化学的核心是合成化学，从美国《化学文摘》上登载的由天然产物中分离出来及人工合成的化合物数量看，1900年为55万种，经过45年翻了一番达110万种，又经过25年又翻了一番为236.7万种，以后每10年翻一番，到1999年已达2340万种，2003年达4500万种，可以说近30年来化学呈现出指数函数型加速发展的态势。

图1.1 道尔顿

图1.2 阿伏伽德罗

1.2 化学的学科分支及其在社会发展中的作用

1. 化学的学科分支

今天的化学已经达到了由描述到推理，由定性到定量，由宏观到微观，由静态到动态的发展过程，正在向分子设计和分子工程的领域发展，形成了一个完整的化学体系。化学的研究对象和研究目的越来越明细，传统的化学大致分为四大分支学科，即化学的二级学科，分别是：①无机化学，主要研究无机物的组成、结构、性质和变化规律的科学，以1870年门捷列夫发现元素周期律、公布元素周期表为标志；②有机化学，主要研究有机物的组成、结构、性质和变化规律的科学。1806年首次由贝采利乌斯提出，从1858年价键学说的建立，到1916年价键的电子理论引入，是经典有机化学时期；③分析化学，主要研究测量和表征物质组成和结构的方法的化学。包括定性分析和定量分析，18 世纪中叶重量分析法使分析化学由定性迈向定量；⑤物理化学，是从化学变化与物理变化的联系入手，研究化学反应的方向和限度、化学反应的速率和机理及物质的微观结构与宏观性质间关系的科学，是化学学科的理论核心。

随着各种学科的不断发展，化学分支学科（图 1.3）之间，化学与其他学科和技术之间的交叉与渗透也在不断扩大和深入，同时形成了许多新的分支学科，如药物化学、地球化学、环境化学、生物化学、材料化学等，与新的交叉学科，如化学物理、化学生物、环境科学及其工程、材料科学及其工程、信息科学及其工程、生命科学及其工程等。众多新兴学科及工程技术的涌现，极大地丰富了化学科学的内容，拓展了化学研究和发展的空间，同时新兴学科的发展和高新技术的涌现也离不开化学的基础，没有化学的进步，就不可能有相关新兴学科的发展和进步。

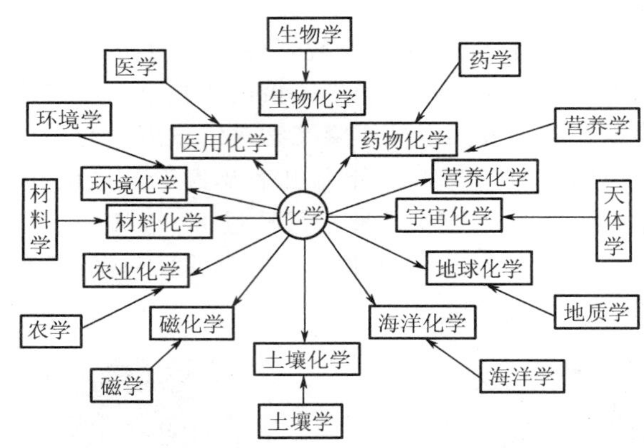

图 1.3　化学分支学科

【饮食之基——化学与人类饮食】

2. 化学在社会发展中的作用

化学与人类文明进步息息相关。美国著名化学家皮曼特(G. C. Pimentel)在《化学中的机会——今天和明天》一书中精辟地指出化学是“一门满足社会需要的中心学科”。布里斯罗(R. Breslow)在《化学的今天和明天——化学是一门中心的、实用的和创造性的科学》一书中也指出“在改善人类生活方面化学是最有成效的科学之一”。人类的衣食住行无一不依赖着化学工作者的创造性劳动成果。在国际上还通常以化学和化学工业的发展程度作为衡量一个国家发展程度的标志之一。化学在为人类提供食物、开发能源、防治疾病、保护生态环境、增强国防实力和保障国家安全等方面都起着重要的作用。现代社会发展的六大基础——能源、信息、材料、粮食、环境和生命都与化学密切相关。20 世纪的六大发明技术——信息技术、生物技术、核科学和核武器技术、航空航天和导弹技术、激光技术以及纳米技术都是由化学合成技术作为物质基础而发展起来的。我国化学家徐光宪先生曾强调 20 世纪应该说有七大发明技术，其中化学合成技术应位于首位。

【化学在社会发展中的作用】

化学是一门应用性极强的学科，在我们的日常生活以及在能源、环境、材料、生命科学等各个方面，都直接或间接地起着无可替代的重要作用。

建筑用的水泥、玻璃和油漆，日常生活用的肥皂、牙膏和化妆品，织物上色所用的合成染料，粮食生产中使用的化肥和农药，维持生命健康的维生素和药物，交通运输工具中金属部件上的油漆，制造汽车轮胎用的合成橡胶，发动机的燃油、润滑油及其添加剂，摄影胶片上涂敷用的感光化学品，彩电和电脑显示器中的荧光材料等都是化学制品。

农业科学的发展与化学密切相关。土壤改良、作物栽培、良种繁育、农业环保、野生资源与开发、农林副产品的加工与利用、动物免疫以及各种肥料、农药、植物生长调节剂、饲料添加剂等的研制都需要运用化学的理论和操作技术。

【我们需要化学——绚丽生活】

用以保证人体健康的营养成分、治疗疾病所用的高效药物以及揭开生命奥秘等研究工作都离不开化学。

在我国，能源不足已成了制约工业生产快速发展的瓶颈问题。化学虽不能直接产生能源，但能够改变能源形式，更有效、更环保的使用能源，如石油炼制中轻组分的回收利用、重油裂解催化重整成汽油、煤变油技术、用单晶硅收集太阳能等。对于主要燃料为煤炭、石油，且近一半需进口的中国，煤的液化和汽化尤为重要。目前，全国已有三十余家煤化企业投巨资发展煤变油生产，并已取得较好效益，为缓解高价石油进口进行了有益的尝试。

在化学与材料方面，化工产品可以代替天然物质和补充天然物质的不足，化学工业特别是石油化工提供的三大合成材料，具有质轻、易加工、耐磨损、耐腐蚀等优良性能，广泛应用于许多特殊领域。世界合成橡胶的年产量已超过天然橡胶产量一倍多；世界化学纤维的年产量也已经与天然纤维的产量持平；世界塑料的年产量已近亿吨，在生产和生活及其他领域起到了重要作用。轻纺织工业的原材料已经越来越多地采用化学合成的方法生产。化学合成材料还制造了大量自然界里没有而又需要的特殊性能的材料，不仅支持了国民经济建设，也促进了其他学科的发展。如光导纤维使通信发生了革命性变化，使电话、有线电视的普及变成可能；单晶硅的大量生产使清洁能源——太阳能的使用迅速增加；形状记忆材料做的卫星天线使现在的卫星通信和卫星定位技术得到推广；高温超导材料的使用能使磁悬浮列车更节能，速度更快；储氢材料使环保的氢能汽车成为可能等。

环境保护是当今世界各国都非常关注的问题。随着世界人口不断增长、生产不断发展，土地沙漠化、水体污染等，使环境受到了不同程度的破坏，环境保护已成为全球性的重大课题之一。为此一方面要加强科学管理，另一方面仍要依赖于化学科学和相应技术的进步，如用绿色制冷剂代替氟利昂；化工厂废液通过化学方法变废为宝；通过萃取或其他方法提取有机物中的有用原料等。总之，化学也是解决环境问题的重要途径。

工程化学是在无机化学、物理化学、结构化学、高分子化学、材料化学和环境化学等学科基础上发展起来的一门实用科学。作为高等院校的基础课程之一，工程化学主要介绍具有普遍意义的基本化学理论，是化学科学的导论。其任务是在中学化学的基础上，掌握近代化学基本理论、基础知识和基本技能，提高分析和解决实际问题的能力，为今后的学习和工作积累一定的化学基础。

1.3 物理量的表示方法

化学是在原子和分子层次上研究物质的组成、结构、性质、变化规律及应用的一门学科，它常用定量的公式描述物理量之间的关系，因此，必须正确掌握物理量的概念及运算规则，这也是培养严谨科学态度的基本要求。

物理量简称为量，是现象、物体或物质的可以定性区别并定量确定的属性，如时间、长度、体积、温度等。相互之间存在确定关系的一组物理量称为一种量制。在函数关系上彼此独立的物理量称为量制的基本量，由基本量的函数定义的量称为导出量。实际使用的有多种量制，如国际单位制、工程量制、英制等。国际单位制是1960年第十一届国际计量大会通过的一种单位制，是世界上最先进、科学和实用的单位制，其国际代号为SI。国际单位制由7个基本单位、2个辅助单位和10个具有专门名称的导出单位所组成。所有单位都各有一个主单位，利用10进倍数和分数的16个词头组成SI单位的10进倍数单位和分数单位。7个基本单位见表1-1，单位间彼此独立，并有严格的定义。

表1-1　国际制基本单位及定义

物理量	名称	国际符号	定　义
长度	米	m	光在真空中1/299792458s时间间隔内所经过路径的长度
质量	千克	kg	等于保存在巴黎国际计量局的铂铱合金的千克原器的质量
时间	秒	s	铯-133原子的基态两个超精细能级之间跃迁所对应辐射的9192631770个周期的持续时间
电流强度	安［培］	A	真空中，使两根相距1m极细且无限长的圆直导线间产生在每米长度上为2×10^{-7}N力时，所对应的每根导线中通过的等量恒定电流
热力学温度	开［尔文］	K	水三相点热力学温度的1/273.16
光强度	坎［德拉］	cd	一光源在给定方向上的发光强度，该光源发出频率为540×10^{12}Hz的单色辐射，且在此方向上的辐射强度为（1/683）W/sr
物质的量	摩［尔］	mol	一系统的物质的量，该系统中所包含的结构粒子数与0.012kg碳—12的原子数目相等；在使用摩尔时，结构粒子应予指明，可以是原子、分子、离子、电子或是这些粒子的特定组合体

辅助单位有两个，分别如下。

（1）弧度：圆内两条半径间的平面角，这两条半径在圆周上截取的弧长与半径相等。

（2）球面度：一个立体角，其顶点位于球心，而其在球面上所截取的面积等于以球半径为边长的正方形面积。

在国际单位制中，所有的导出单位，当按一定的定义函数从基本单位或辅助单位导出时，其系数都是1，而且所有的SI单位在运算过程中的系数也都是1，从而使运算简化，体现了国际单位的一贯性。国际单位制具有统一、简明、实用的突出优点，因而被许多国家采用。我国法定计量单位的主体就是国际单位制。

物理量是由量的数值及其单位共同表示的，即：物理量＝数值×单位。SI单位制中7个物理量的名称、单位和符号分别见表1-1，SI导出单位有N=kg·m·s^{-2}，J=N·m等。单位符号均为正体字母，除来源于人名的单位的第一个字母用大写外，其余均用小写，如m是米的符号，N是牛顿的符号等。除SI单位外，我国在化学中常用的法定计量单位还有时间：分(min)，[小]时(h)，日(天)(d)；体积：升(L)；质量：吨(t)等。

【我们需要化学——走向未来】

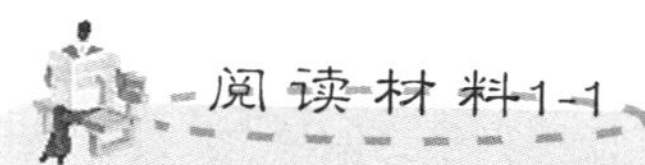

21世纪化学的四大难题和美好前景

21世纪化学面临着以下四大难题：

(1) 化学反应理论(化学的第一根本规律)——建立精确有效且普遍适用化学反应的量子理论和统计理论。

化学是研究化学变化的科学，故化学反应理论和定律是化学的第一根本规律。19世纪挪威化学家古德贝格(C. M. Guldberg，1836—1902)和瓦格(P. Waage，1833—1900)提出的质量作用定律，是最重要的化学定律之一。但其是经验的、宏观的定律。美国化学家艾林(H. Eyring，1901—1982)的反应速率理论是建立在过渡态、活化能和统计力学基础上的半经验理论。过渡态、活化能和势能面等都是根据不含时间的薛定谔方程来计算的，故是不彻底的半经验理论，有必要建立严格的微观化学反应理论。

(2) 结构和性能的定量关系(化学的第二根本规律)。

"结构"包含构型、构象、手性、形状和形貌。"性能"指物理、化学和功能性质以及生物和生理活性等。目前对这两者关系的了解还远远不够，这是解决分子设计和实用问题的关键，是比第一个难题还需要迫切解决的问题。

(3) 生命现象的化学机理——生命化学难题。

生命活动的过程，可以用也必须用化学过程来理解。虽然生命过程不能简单地还原为化学过程和物理过程的加和，但研究生命过程的化学机理，就是从分子水平上来了解生命，可以为从细胞、组织、器官等层次来整体了解生命提供基础，充分认识和彻底了解人类和生物的生命运动的化学机理。

(4) 纳米尺度难题。

现在，中、美、日等国都把纳米科学定为优先发展的国家目标。在复杂性科学和物质多样性的研究中，尺度效应至关重要。尺度的不同，常常引起主要相互作用力的不同，导致物质性能及其规律的质的区别。

经过50～100年的努力，解决了化学的四大难题后，我们不难设想未来美好的前景：

(1) 解决了第一和第三难题，充分了解光合作用、固氮作用和催化理论，可以期望实现农业的工业化。粮食和蛋白质可以在工厂中生产，大大缩减了宝贵的耕地面积。

(2) 第三难题的解决，可为医学家提供避免人类疾病痛苦的基础，使人类寿命增加到150岁。

(3) 在解决第二和第四难题的基础上，可以期望得到比现在性能更好的合金钢材和强度大十倍、但质量轻几倍的合成材料，使城市建筑和桥梁建设的面貌完全更新。

(4) 在充分了解结构与性能关系的基础上，合成出高效、稳定、廉价的太阳能光电转化材料，组装成器件。太阳投射到地球上的能量，是当前全世界能耗的一万倍。如果光电转化效率为10%，只要利用0.1%的太阳能，就能满足当前全世界能源的需要。

(5) 未来的化工企业将是绿色的、零排放的、原子经济的、物质在内部循环的企业。

(6) 在合成了廉价的可再生的储氢材料和能量转换材料的基础上，汽车将是零排放的电动汽车。

(7) 海水淡化将成为重要工业，从而解决人类生存最严重的挑战——淡水资源紧缺问题。

第2章 化学反应的基本规律

知识要点	掌握程度	相关知识
理想气体	掌握理想气体状态方程、混合物组成的表示方法及理想气体分压定律	理想气体状态方程、混合物组成的表示方法、道尔顿分压定律
化学反应中的能量变化	理解系统、环境、热、功、热力学能、焓变、熵变、吉布斯函数变的基本含义；掌握盖斯定律及化学反应热的有关计算	热力学第一定律、热力学基本概念、盖斯定律、焓、热化学方程式
化学反应中能量变化的方向	理解自发过程的特点；掌握化学反应的标准摩尔熵变和标准摩尔吉布斯函数变的计算方法；能够根据吉布斯函数变判断化学反应的方向	自发过程、熵、吉布斯函数、吉布斯-亥姆霍兹公式
化学平衡	了解化学平衡的概念，理解标准平衡常数的含义；掌握浓度、压力及温度等因素对化学平衡的影响；掌握有关化学平衡的计算	化学反应的限度、标准平衡常数、勒·夏特列原理
化学反应速率	理解化学反应速率及有关反应机理的概念；掌握浓度、温度及催化剂对反应速率的影响及有关计算	化学反应速率、浓度、温度及催化剂对反应速率的影响

导入案例

物质的聚集状态除了人们知道的固态、液态和气态外，还有第四态、第五态。把气体物质施以高温、电磁场、放电、高能磁场、热核反应等作用，气态原子便电离成带电的离子和自由电子，二者的电荷数相等，符号相反，这种状态称为等离子体，是物质的第四种状态。

等离子体分为冷态和热态，当温度为10000～100000℃时，气态物质变为原子、离子、电子的混合物，这是冷态等离子体，如霓虹灯里有氖或氩的等离子体在发光。闪电、电弧、电车的“长辫子”在夜间冒的火花，都是由空气放电形成的等离子体。太阳的温度极高，是热态等离子体，如图2.1所示。地球上方的电离层受太阳光的辐射，也是由等离子体组成的，远距离无线电通信就是借助这个电离层。等离子体密度很小，与气态相似。温度很高时与理想气体相似，但不同于气态。气态是由中性分子构成的，而等离子体是由带电的粒子构成的。在强磁场作用下，等离子体粒子做有规律的运动，是物质的第四态。

图2.1　等离子图片

如果对固态物质施以高压，非金属可变成金属，如加压到1000～5000MPa时，Te、I_2、P等能导电，变成金属。若把金属态再加高压或超高压，核外电子则可被压到核里面去，电子与质子结合成中子，物质就成了中子态，这可能就是物质的第五态。此时，物质的体积很小，密度却大得惊人。天文学家已在宇宙中发现“中子星”的存在，它就是密度极大的星体。

2004年，我国台湾大学通过他们开发的“生物环境穿透式电子显微镜”观察到水分子等物质进入细胞膜的情形，同时还发现细胞膜会形成一种新的物质状态，称“酯膜结构”。这是世界上第一次观察到的一种新物质状态。2005年，美国布鲁克黑文国家实验室的科学家利用相对论重离子对撞机(RHTC)制造出“夸克胶子等离子体”。这是一种全新的物质形态，曾广泛存在于宇宙诞生后的百万分之几秒内，这些都可能是物质的“第六态”。

【美丽的化学反应】

化学反应是物质发生化学变化的根本原因，是用于改善物质性质或创造新物质、新能源的理论根据。本章重点讨论化学反应中的能量变化、反应方向、限度及反应速率等问题。

2.1　气　　体

自然界中物质的存在形式是多种多样的，在一定条件下物质的存在状态称为其聚集状态，可分为气态、液态、固态、等离子体态和黑洞态五种。其中气体是一种比较简单的聚集状态。

2.1.1 理想气体状态方程

理想气体是指气体分子为没有体积的质点，分子之间没有相互作用力，分子之间的碰撞及分子与容器器壁间的碰撞没有能量损失的气体。实际上，理想气体是不存在的。研究结果表明，在高温、低压条件下，气体分子间的距离大，分子的体积和分子间的作用力均可忽略，这时的气体可近似看作是理想气体。

描述气体的时候，经常会用到体积、温度和压力等物理量。对于理想气体，可用下面的公式来描述：

$$pV=nRT \tag{2-1}$$

式(2-1)为理想气体状态方程。式中，p 为气体的压力，单位为帕(Pa)；V 为气体的体积，单位为立方米（m^3）；n 为气体的物质的量，单位为摩尔（mol）；T 为气体的热力学温度，单位为开（K）；R 为摩尔气体常数，其常用值为 8.314 J/(mol·K)。

2.1.2 混合物组成的表示方法

由两种或两种以上的物质组成的系统称为混合物。如空气是气态混合物；氯化钠水溶液是液态混合物，一般简称为溶液；金（Au)和银（Ag)的混合物是固态混合物，一般简称为合金或固溶体。

混合物和溶液的性质与其组成密切相关，本书常用的组分表示方法如下。

1）物质 B 的质量分数 ω_B

在混合物或溶液中，物质 B 的质量 m_B 与混合物或溶液的总质量 $m_总$ 之比，即为物质 B 的质量分数 ω_B，单位为 1。

$$\omega_B=m_B/m_总 \tag{2-2}$$

2）物质 B 的摩尔分数 x_B(物质的量分数)

在混合物或溶液中，物质 B 的物质的量 n_B 与混合物或溶液总的物质的量 $n_总$ 之比，即为物质 B 的摩尔分数 x_B，单位为 1。

$$x_B=n_B/n_总 \tag{2-3}$$

对于液体和固体混合物，一般用 x_B 表示，对于气体混合物，一般改用 y_B 表示。

3）物质 B 的质量摩尔浓度 b_B

在溶液中，溶质 B 的物质的量 n_B 除以溶剂 A 的质量 m_A，即为溶质 B 的质量摩尔浓度 b_B，单位为 mol/kg。

$$b_B=n_B/m_A \tag{2-4}$$

4）物质 B 的摩尔浓度 c_B

在溶液中，物质 B 的物质的量 n_B 除以溶液的体积 V，即为物质 B 的摩尔浓度 c_B，单位为 mol/L。

$$c_B=n_B/V \tag{2-5}$$

2.1.3 气体分压定律

实际生产过程中，经常遇到的是气体混合物。例如，空气就是由氧气、氮气、二氧化碳和稀有气体等多种气体组成的混合物。通常，把组成混合气体的每一种气体称为混合气体的组分气体。混合气体中各组分气体的含量可以用其分压来表示。

在混合气体中，某组分气体对周围环境施加的压力称为该组分气体的分压力，即每种气体对总压的贡献。它等于相同温度下，组分气体单独占有与混合气体相同体积时所具有的压力。混合气体的总压力等于各组分气体的分压力之和，这种关系称为道尔顿分压定律。

如果以 p 表示总压力，以 p_B 表示组分气体 B 的分压力，则有以下关系式存在

$$p=p_1+p_2+p_3+p_4+\cdots=\sum p_B \tag{2-6}$$

式中，p_B 表示 B 组分气体的分压。

如果以 n_B、n 分别表示组分气体和混合气体的物质的量，则

$$p_B=\frac{n_B RT}{V},\quad p=\frac{nRT}{V}$$

式中，V 为混合气体的体积，两式相除可得

$$p_B=\frac{n_B}{n}p$$

式中，(n_B/n)即为组分气体 B 的物质的量分数（摩尔分数），可以用 y_B 表示，则 B 组分气体的分压为

$$p_B=y_B p \tag{2-7}$$

【例 2.1】 某容器中含有 NH_3、O_2 和 N_2 的混合气体，其中 0.24mol NH_3、0.36mol O_2 和 1.40mol N_2，计算总压力为 100kPa 时各组分气体的分压。

解：

$$n=n_{(NH_3)}+n_{(O_2)}+n_{(N_2)}=0.24+0.36+1.4=2.00(\text{mol})$$

$$p_{(NH_3)}=y_{(NH_3)}p=(0.24/2)\times 100=12.0(\text{kPa})$$

$$p_{(O_2)}=y_{(O_2)}p=(0.36/2)\times 100=18.0(\text{kPa})$$

$$p_{(N_2)}=y_{(N_2)}p=(1.4/2)\times 100=70(\text{kPa})$$

【例 2.2】 将氯酸钾加热分解制备氧气，生成的 O_2 用排水集气法收集。在 101.3kPa，25℃时，收集到的气体体积为 500mL，其中水蒸汽的分压 $p_{H_2O}=3.17$kPa。试计算所收集 O_2 的物质的量。

解： 收集得到的气体是 O_2 和水蒸汽的混合气体，即

$$p_{O_2}=p-p_{H_2O}=101.3-3.17=98.13(\text{kPa})$$

O_2 的物质的量为

$$n_{O_2}=\frac{p_{O_2}V}{RT}=\left[\frac{98.13\times 10^3\times 500\times 10^{-6}}{8.314\times(25+273.15)}\right]\text{mol}=1.98\times 10^2(\text{mol})$$

【科学家简介】

道尔顿(1766—1844)：英国化学家、物理学家，科学原子论的创始人。道尔顿提出了原子论及定量的概念，总结出质量守恒定律、定比定律等，发现了化合物的倍比定律，绘制出最早的原子量表。1801 年提出气体分压定律，即混合气体的总压力等于各组分气体的分压之和。1816 年被选为法国科学院通讯院士；1822 年被选为皇家学会会员。1826 年，英国政府将英国皇家学会的第一枚金质奖章授予了道尔顿。道尔顿一生宣读和发表过 116 篇论文，主要著作有《化学哲学的新体系》两册。道尔顿把自己毕生精力献给了科学事业，在生活穷困的条件下，从事科学研究，并把养老金积蓄起来，奉献给曼彻斯特大学作为奖学金，被恩格斯称为“近代化学之父”。

2.2 化学反应中的能量变化

化学变化过程都伴随着能量的变化，研究物质变化过程中各种形式能量相互转化规律的科学称为热力学。热力学建立在著名的热力学第一定律、热力学第二定律和热力学第三定律基础上，适用于大量分子组成的宏观系统。将热力学原理应用于化学变化过程，就形成了化学热力学，化学热力学的主要内容包括：计算化学反应的能量变化；判断化学变化的方向和限度；有关化学平衡的计算等。本章将初步讨论化学热力学的基本内容。

【化学热力学初步】

2.2.1 基本概念

1. 系统与环境

为了研究方便，人为地把研究的对象与周围其他部分区分开，把被研究的对象称为系统(或体系)，除系统之外而与其有密切联系的部分称为环境。根据系统与环境之间的关系，可将系统分为三类：

【系统和环境】

(1) 敞开系统：系统与环境之间既有物质交换又有能量交换的系统。

(2) 封闭系统：系统与环境之间无物质交换而有能量交换的系统。

(3) 孤立（隔离）系统：系统与环境之间既无物质交换也无能量交换的系统。

例如，将一个敞口广口瓶内的热水作为系统，则除水以外与其相关的部分就是环境，水可以向环境蒸发，并释放热量，这就是敞开系统；如果在广口瓶上加一个塞子，则系统与环境之间只能有热量交换，此系统就成为封闭系统；如果再将广口瓶改为保温瓶，则此系统就可以认为是孤立系统了。

三种系统中最常见的是封闭系统，真正的孤立系统实际上是不存在的，只是研究问题时做出的一种科学假设。

系统中物理性质和化学性质完全相同的均匀部分称为相，有气相、液相和固相三种，不同的相之间存在明显的相界面。同一种物质可因其聚集状态不同而形成不同的相，且能同时存在，如水、水蒸汽、冰是同一物质水的不同相。同一个相也不一定是同一种物质，如硫酸铜和氯化钠的混合溶液为一个相，但其中有三种物质。多种气相混合，只要相互间不发生化学反应生成非气相物质，可认为是一个单相系统。多种液相混合，可根据能否相互溶解来判断系统的相数，如水和乙醇可无限混溶，该系统为单相系统；水和油系统，彼此不溶，存在明显的分层、界面，则为两相系统。对于固相混合，只要相互之间不形成固溶体合金(凝固时仍保持熔融时相互溶解的分布)，有几种固相物质，就认为是几相。

2. 状态和状态函数

系统都有一定的物理性质和化学性质，如温度、压力、体积、质量、密度等，这些性质的综合表现就是系统的状态。当系统的性质一定时，系统的状态就确定了，系统的状态发生变化，系统的性质也会随之改变。

系统的性质是由系统的状态确定的，描述系统状态性质的函数，称为状态函数。上述各项系统的性质都是状态函数。状态函数的数值只与

【状态和状态函数】

状态有关，当系统发生变化时，状态函数的改变量只与始态和终态有关，而与变化的途径无关。系统各项性质之间是彼此关联的，所以在确定系统的状态时，不需对系统所有的性质逐一描述，只要确定几个性质就可以确定系统的状态。例如，在一定条件下，对于物质的量一定的理想气体系统，只需确定 p、V 两个性质，就可以确定系统的状态。

【过程与途径】

3. 过程和途径

当系统从一种状态变化为另一种状态时，即进行了一个过程；实现这一过程的具体步骤称为途径。系统可以从同一始态出发，经不同的途径变化至同一终态。

按照系统内部物质变化的类型不同，将过程分为：单纯 pVT 变化、相变化和化学变化。

根据过程进行的条件不同，将其分为恒温过程（$T=T_{环境}=$定值）、恒压过程（$p=p_{环境}=$定值）、恒容过程（$V=$定值）、绝热过程（系统与环境间无热交换的过程）、循环过程（系统从始态出发经历一些变化后又回到始态的过程）等。

【功和热】

4. 热和功

敞开系统或封闭系统发生变化时，往往要与环境交换能量，所交换的能量有热和功两种形式。系统和环境之间由于温度不同交换的能量称为热，用 Q 表示。系统和环境之间除热以外交换的其他形式能量都称为功，用 W 表示。热力学上对热和功的正、负号有明确的规定：系统吸热，Q 为正值；系统放热，Q 为负值；环境对系统做功，W 为正值；系统对环境做功，W 为负值。

功的种类很多，有体积功、电功、表面功等。热力学上将功分为体积功和非体积功，体积功指系统和环境之间因体积变化所做的功，又称膨胀功。除体积功以外的其他形式的功都称为非体积功，或其他功。

功和热是系统状态发生变化时与环境交换的能量，是与过程密切相关的过程量，不是状态函数。经由不同的途径完成同一过程时，热和功的数值可能不同。

【热力学能】

5. 热力学能

任何物质都具有能量，系统内所有微观粒子全部能量的总和称为热力学能，又称内能。用 U 来表示，单位是 J 或 kJ。热力学能包括组成系统的各种粒子（如分子、原子、电子等）的动能和粒子间相互作用的势能等。

由于系统内部粒子的运动形式和相互作用非常复杂，故目前还无法测定热力学能的绝对值。但系统状态发生变化时，可通过热力学第一定律来确定系统热力学能的改变量。

2.2.2 热力学第一定律

【热力学第一定律】

人们经过长期的实践证明：自然界的一切物质都具有能量，能量不会自生自灭，只能从一种形式转化为另一种形式，在转化过程中，能量的总值不变。这个规律称为能量守恒定律，即热力学第一定律。

例如，一封闭系统从始态变到终态，在变化过程中从环境吸热 Q，同时环境对系统做功 W，则系统的热力学能改变量为

$$\Delta U = U_2 - U_1 = Q + W \tag{2-8}$$

式(2－8)就是热力学第一定律的数学表达式。它表明系统从始态到终态时，其热力学能变化量等于系统吸收的热量和环境对系统做功之和，即系统和环境之间净能量的转移。

如系统从环境吸热100J，而对环境做功30J，则系统热力学能的改变量为

$$\Delta U_{体} = Q + W = 100 + (-30) = 70(\text{J})$$

这个变化中，环境放热100J，接收系统做功30 J，因此环境热力学能的改变量为

$$\Delta U_{环} = Q + W = (-100) + 30 = -70(\text{J})$$

系统与环境的热力学能的改变量之和为

$$\Delta U_{体} + \Delta U_{环} = 70 + (-70) = 0(\text{J})$$

可以看出，系统与环境的能量变化之和等于零，这就是能量守恒定律的结果。由式(2－8)还可以看出，对于孤立系统，任何过程 $Q=0$、$W=0$、$\Delta U=0$，这是热力学第一定律的一个推论。

2.2.3 化学反应热和焓变

【反应热】

物质发生化学变化时，常常伴有热量的放出或吸收。化学热力学中，把反应过程中只做体积功，反应物与生成物的温度相同时，系统吸收或放出的热量称为化学反应热，简称反应热。根据化学反应进行的条件不同，反应热分为：恒容反应热与恒压反应热。

1. 恒容反应热

【恒容反应热】

一个只做体积功的反应系统，在恒容条件下的反应热称为恒容反应热(heat of reaction at constant volume)，用 Q_V 表示。

恒容过程中 $\Delta V=0$，且只做体积功，故 $W=0$。根据热力学第一定律可知

$$\Delta U = Q + W = Q_V - p\Delta V = Q_V \tag{2-9}$$

式(2－9)表明，在只做体积功的条件下，恒容反应热等于系统热力学能的改变量。

2. 恒压反应热

【恒压反应热】

一个只做体积功的反应系统，在恒压条件下的反应热称为恒压反应热(heat of reaction at constant pressure)，用 Q_p 表示。

恒压过程中，p 为定值，且只做体积功，故系统对环境所做的功为 $p\Delta V$。根据热力学第一定律可知

$$\Delta U = Q + W = Q_p - p\Delta V$$

$$\begin{aligned} Q_p &= \Delta U + p\Delta V \\ &= (U_2 - U_1) + p(V_2 - V_1) \\ &= (U_2 + pV_2) - (U_1 + pV_1) \end{aligned}$$

由于 U、p、V 都是状态函数，所以 $U+pV$ 也是状态函数，热力学将这个组合后的状态函数定义为焓(enthalpy)，用符号 H 表示，即

$$H = U + pV \tag{2-10}$$

故可得

$$\begin{aligned} Q_p &= (U_2 + pV_2) - (U_1 + pV_1) \\ &= H_2 - H_1 = \Delta H \end{aligned} \tag{2-11}$$

式(2－11)表明，在只做体积功的条件下，恒压反应热等于系统焓的改变量。

焓是状态函数，单位是 J 或 kJ，其绝对值无法求得，但可根据式(2－11)求出焓变(ΔH)。焓变只取决于系统变化的始态和终态，与变化途径无关。因此，如果一个反应分几步进行，则反应总焓变等于各分步焓变之和。

2.2.4 热化学方程式

1. 标准状态

大多数化学反应是在恒压条件下进行的，此时化学反应热就等于反应的焓变。而化学反应的焓变随反应条件的不同会有所改变，与反应温度、压力及物质的聚集状态等有关。为了比较不同化学反应的反应热，在化学热力学中规定了标准状态，简称标准态，主要内容有：

(1) 规定标准压力 $p^\theta=100\text{kPa}$；标准摩尔浓度 $c^\theta=1\text{mol/L}$。

(2) 气态物质的标准状态：具有理想气体性质的纯气体在指定温度 T，压力 $p=p^\theta$ 时的状态。

(3) 纯液体和纯固体的标准状态：纯液体和纯固体在指定温度 T，压力 $p=p^\theta$ 时的状态。

(4) 溶液中溶质 B 的标准态：在指定温度 T，压力 $p=p^\theta$，浓度 $c=c^\theta$ 时的状态。

$\Delta_r H_m^\theta$ 的意义是“在标准压力下，系统中发生了 1mol 反应而引起的焓变”，下标 r 代表反应(reaction)，下标 m 代表 mol，上标 θ 表示标准状态。

【热化学方程式】

2. 热化学方程式

热化学方程式是指表示化学反应与反应热关系的方程式。在书写热化学方程式时要注意以下几点：

(1) 要注明系统中各物质的聚集状态，一般用 s、l、g 表示固、液、气态。固态物质若有不同晶型，也要注明，如 C(石墨)、C(金刚石)等。

(2) 要注明温度和压力。若温度和压力分别是 298K 和 p^θ，则可以不注明。

(3) 要注明反应热。反应热通常用焓变表示，放热为负，吸热为正。

(4) 同一反应，方程式写法不同时，其反应热不同。如：

$$2H_2(g)+O_2(g)\longrightarrow 2H_2O(g) \quad \Delta_r H_m^\theta=-483.64\text{kJ/mol}$$

$$H_2(g)+1/2O_2(g)\longrightarrow H_2O(g) \quad \Delta_r H_m^\theta=-241.82\text{kJ/mol}$$

2.2.5 反应热的计算

【盖斯定律】

1. 盖斯定律

1840 年，俄国化学家盖斯(G. H. Hess)根据大量的实验事实总结出：在恒压或恒容条件下，一个化学反应无论一步完成还是分几步完成，其反应热相等。这个经验规律称为盖斯定律。从热力学角度分析，盖斯定律是热力学第一定律的必然结果，是状态函数特性的体现，适用于所有状态函数。其反应热一般用焓变来表示。

盖斯定律的建立，使热化学方程式可以像普通代数方程式一样进行计算，还可以从已知的反应热数据，计算出难以用实验测定的反应热数据。

【例 2.3】 已知 298K，100kPa 时：

(1) C(石墨)+O_2(g)=CO_2(g)　　$\Delta_r H_m^\theta(1)=-393.5$kJ/mol

(2) CO(g)+$\frac{1}{2}O_2$(g)=CO_2(g)　$\Delta_r H_m^\theta(2)=-283.0$kJ/mol

求反应 C(石墨)+$\frac{1}{2}O_2$(g)=CO(g)的标准摩尔反应焓变 $\Delta_r H_m^\theta(3)$。

解：三个反应有如下的关系：碳燃烧生成 CO_2 的反应，可以按如下两种不同途径来进行：

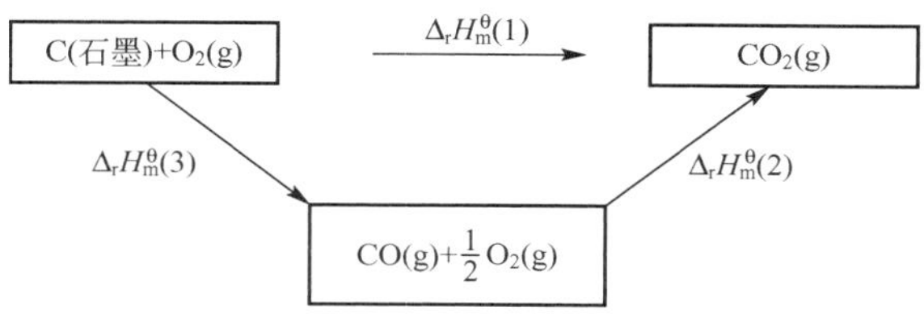

根据盖斯定律：

$\Delta_r H_m^\theta(3)=\Delta_r H_m^\theta(1)-\Delta_r H_m^\theta(2)=-393.5\text{kJ/mol}-(-283.0)\text{kJ/mol}$

$=-110.5\text{kJ/mol}$

也可以像代数式一样计算，方程(1)−方程(2)得方程(3)：

$$C(s)+\frac{1}{2}O_2(g)=CO(g)$$

单质碳与氧气不可能控制到完全生成 CO 而无 CO_2 的程度，故实验无法准确测得反应(2)的反应热数据。利用盖斯定律，则很容易解决。

【例 2.4】 已知在温度为 298K，压力为 100kPa 条件下

(1) 2P(s)+3Cl_2(g)=2PCl_3(g)　$\Delta_r H_m^\theta(1)=-574$kJ/mol

(2) PCl_3(g)+Cl_2(g)=PCl_5(g)　$\Delta_r H_m^\theta(2)=-88$kJ/mol

试求(3) 2P(s)+5Cl_2(g)=2PCl_5(g)的 $\Delta_r H_m^\theta$ 的值。

解：显然，反应(3)=反应(1)+2×反应(2)

由盖斯定律得

$$\begin{aligned}\Delta_r H_m^\theta(3)&=\Delta_r H_m^\theta(1)+2\times\Delta_r H_m^\theta(2)\\&=-574\text{kJ/mol}+2\times(-88\text{ kJ/mol})\\&=-750\text{kJ/mol}\end{aligned}$$

2. 标准摩尔生成焓与化学反应热

应用盖斯定律计算反应热，需要将该反应分解成几个相关反应，有时这个过程很复杂。人们通常采用一种相对的方法去定义物质的焓值，从而较简单地求出反应的焓变。

1) 标准摩尔生成焓

热力学规定，在标准状态下，由元素最稳定单质生成 1mol 物质 B 时，反应的焓变称为该物质 B 的标准摩尔生成焓，用 $\Delta_f H_m^\theta$(B，T)表示。下标 f 表示生成，温度为 298K 时，T 可以省略。$\Delta_f H_m^\theta$ 的单位为 kJ/mol 或 J/mol。

【标准摩尔生成焓】

规定表明，在标准状态下，元素最稳定的单质的标准摩尔生成焓为零。例如，$\Delta_f H_m^\theta(H_2, g, 298K)=0kJ/mol$，对于不同晶态的固体物质来说，只有最稳定单质的标准摩尔生成焓为零，如C(石墨)的$\Delta_f H_m^\theta=0kJ/mol$，但C(金刚石)的$\Delta_f H_m^\theta=1.895kJ/mol$。附录3列出了一些物质的标准摩尔生成焓数据。

【标准生成热的应用】

2）由标准摩尔生成焓计算化学反应热

对于任一化学反应：

$$aA+bB=gG+hH$$

都可以设计成如下两种反应途径：(1)由始态直接到终态；(2)由始态的最稳定单质变化为反应物，然后再变化为产物。

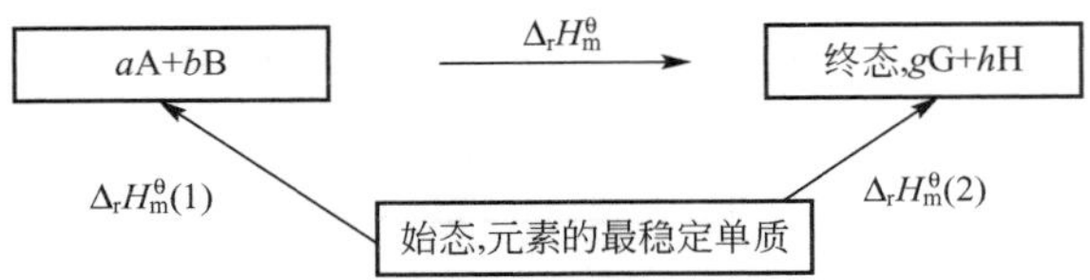

从以上内容可得

$$\Delta_r H_m^\theta(2)=\Delta_r H_m^\theta(1)+\Delta_r H_m^\theta$$

$$\Delta_r H_m^\theta=\Delta_r H_m^\theta(2)-\Delta_r H_m^\theta(1)$$

即

$$\begin{aligned}\Delta_r H_m^\theta &=[g\Delta_f H_m^\theta(G)+h\Delta_f H_m^\theta(H)]-[a\Delta_f H_m^\theta(A)+b\Delta_f H_m^\theta(B)]\\ &=\sum\nu_B\Delta_f H_m^\theta(B)\end{aligned} \tag{2-12}$$

式(2-12)中，ν_B为化学反应计量系数，对反应物取负值，生成物取正值。即反应的标准摩尔焓变等于各反应物与生成物的标准摩尔生成焓与相应各化学计量数乘积之和。

【例2.5】 硅酸二钙(Ca_2SiO_4)是水泥的主要成分之一，可利用氧化钙与氧化硅反应生成$2CaO(s)+SiO_2(s)=Ca_2SiO_4(s)$。已知298.15K时，该反应的$\Delta_r H_m^\theta=-69.9kJ/mol$，$\Delta_f H_m^\theta(CaO)=-635.1kJ/mol$，$\Delta_f H_m^\theta(SiO_2)=-903.5kJ/mol$，试计算硅酸二钙的标准摩尔生成焓。

【化学反应的方向】

解： 由反应$2CaO(s)+SiO_2(s)=Ca_2SiO_4(s)$可知

$$\Delta_r H_m^\theta=\sum\nu_B\Delta_f H_m^\theta=\Delta_f H_m^\theta(Ca_2SiO_4)-[2\times\Delta_f H_m^\theta(CaO)+\Delta_f H_m^\theta(SiO_2)]$$

$$\begin{aligned}\Delta_f H_m^\theta(Ca_2SiO_4)&=-69.9kJ/mol+[(-903.5kJ/mol)+2\times(-635.1kJ/mol)]\\&=-2243.6kJ/mol\end{aligned}$$

利用标准摩尔生成焓数据，还可以计算物质的燃烧热和熔解热等，在工程实践中有重要的意义。

2.3 化学反应的方向

2.3.1 自发过程

自然界中发生的一切过程都有一定的方向。例如，物体在重力的作用下自发地由高处落到低处；热自动地从高温物体传到低温物体；水自动地从高处向低处流动。这种在一定条件下，不需要环境对系统做功就能自动进行的过程称为自发过程。需要环境对系统做功才能进行的过程称为非自发过程。自发过程具有一些共同特点：

（1）自发过程具有方向性。自发过程的逆过程是非自发的，若要逆过程进行，必须消耗能量，对系统做功。例如，利用水泵做功将水从低处送到高处；冰箱需要耗电才能制冷等。

（2）自发过程有一定的限度。自发过程不会永远进行，达到一定程度就会自动停止。自发过程进行的最大限度是系统达到平衡。

（3）进行自发过程的系统具有做功的能力。例如，高处流下的水可以推动水轮机做功；化学反应可以设计成电池做电功等。系统的做功能力随自发过程的进行而逐渐减小，当系统达到平衡后，其不再具有做功能力。

2.3.2 焓变与反应的自发性

【焓变与反应的自发性】

长期以来，人们十分关心反应自发性的研究，一直在寻找用于判断反应能否自发进行的判据。一百多年前，人们发现很多系统能量降低的过程是自发的，如水从势能高处自动流向势能低处；很多放热反应可以自发进行等，指出化学反应也是沿着能量降低的方向进行。显然这是以焓变作为反应自发性的判据：放热越多，焓变越负，系统能量越低，反应越易自发进行。但经过不断研究人们也发现，有些能量升高的过程也能自发进行，如 298K 时，冰自动融化成水，同时吸热；NH_4NO_3 等固体物质在水中溶解是吸热过程，却可以自发进行等。显然，决定一个过程能否自发进行，除了焓之外，还有其他因素。

2.3.3 熵变与反应的自发性

【熵的初步认识】

1. 混乱度和熵

进一步研究发现，自发性还与系统的混乱度有关。系统的混乱度也称无序度，其大小与系统中存在的微观状态数目有关。混乱度增大的过程能自发进行，如往一杯清水中滴加几滴红墨水，红墨水就会自发地扩散到整杯水中，即系统的混乱度增大，但其逆过程必须借助外力进行。即混乱度减少的过程需要环境提供能量，在一定条件下，才可以进行。

在热力学中，系统中质点运动的混乱度用物理量熵来表示，物质的混乱度越大，其熵值也越大。熵是状态函数，符号是 S，单位是 J/K。

在孤立系统中，系统与环境没有能量交换，系统总是自发地向熵值增大的方向变化，达到平衡时，系统的熵达到最大值。因此孤立系统中熵值增加的方向总是自发的，这就是熵增原理，也是热力学第二定律的一种表述。

2. 化学反应熵变的计算

【熵及熵变对化学反应方向的影响】

随着温度降低，系统的熵值也越来越小，当温度降低到绝对零度时，分子的热运动可以认为已停止。据此，在热力学上总结出一条经验规律：在绝对零度时，任何纯物质完美晶体的熵值为零。这就是热力学第三定律。

根据热力学第三定律，利用物质的比热、摩尔质量等性质，可以计算出各种物质在一定温度下的熵值。1mol 纯物质在标准状态下的熵称为标准摩尔熵，用符号 S_m^θ 表示，单位是 J/(mol·K)。附表 3 列出了一些物质在 298K 时的标准摩尔熵。

与热力学能、焓这些状态函数不同，物质熵的绝对值是可以知道的。熵值的大小与物质的聚集状态有关，在相同条件下，同一物质：$S_m^\theta(g) > S_m^\theta(l) > S_m^\theta(s)$，温度越高，$S_m^\theta$ 越大；不同物质，分子结构越复杂，熵值越大，如 $S_m^\theta(NaCO_3) > S_m^\theta(NaCl)$。

【热力学第三定律和标准熵】

熵与焓一样，也是状态函数。因此，化学反应的熵变($\Delta_r S$)与焓变($\Delta_r H$)的计算原则相同，只取决于反应的始态和终态，而与变化途径无关。应用 298K 时标准摩尔熵 S_m^θ 的数值，可以计算出化学反应的标准摩尔熵变 $\Delta_r S_m^\theta$。

在标准状态下，对于任一化学反应

$$aA + bB = gG + hH$$

$$\Delta_r S_m^\theta = [gS_m^\theta(G) + hS_m^\theta(H)] - [aS_m^\theta(A) + bS_m^\theta(B)] = \sum \nu_B S_m^\theta(B) \tag{2-13}$$

【例 2.6】 计算反应：$2NO(g) + O_2(g) = 2NO_2(g)$ 在 298K 时的标准熵变，并判断该反应是混乱度增加还是减小。

解： $$2NO(g) + O_2(g) = 2NO_2(g)$$

由附表 3 查得：

S_m^θ[J/(mol·K)]　　210.65　205.03　240.0

根据式(2-13)得：

$$\begin{aligned}\Delta_r S_m^\theta &= 2S_m^\theta(NO_2) - [2S_m^\theta(NO) + S_m^\theta(O_2)] \\ &= [2\times240.0 - (2\times210.65 + 205.03)] \\ &= -146.3[J/(mol\cdot K)]\end{aligned}$$

$\Delta_r S_m^\theta 298K < 0$，表示该反应混乱度减小。

从自发过程倾向于混乱度增大这一判据来看，$\Delta S < 0$ 不利于反应自发进行。然而在常温下，NO 与 O_2 很容易反应生成红棕色的 NO_2 气体。因此，仅用系统的熵值增大作为反应自发性判据是不全面的。

2.3.4 吉布斯函数变与反应的自发性

【吉布斯函数】

1. 自发过程的判据和吉布斯函数

为寻找过程自发进行的普遍性判据，1876 年，美国物理化学家吉布斯(J. W. Gibbs)提出了一个综合焓(H)、熵(S)和温度(T)的状态函数，称为吉布斯函数，又称吉布斯自由能，用符号 G 表示，单位是 J 或 kJ。定义式为

$$G = H - TS \tag{2-14}$$

H、T 和 S 都是状态函数，其线性组合 G 也是状态函数。系统的吉布斯函数与热力学能、焓一样，其绝对值无法确定，但系统经历某一过程后，可以求得改变量 ΔG。

由热力学原理可以导出，在封闭系统中，在恒温、恒压和只做体积功的条件下，反应总是向着吉布斯函数减少的方向进行。即可以用 ΔG 的值来判断反应过程的自发性：

$\Delta G < 0$，　自发过程

$\Delta G = 0$，　平衡状态

$\Delta G > 0$，　非自发过程，其逆过程自发进行

【科学家简介】

吉布斯(J. W. Gibbs)：美国物理学家，1839 年生于美国，1863 年取得美国首批博士学位，并留校教授拉丁文和自然哲学。他是美国科学院、艺术和科学研究院以及欧洲 14 个科学机构的院士或通讯院士，并被授予很多的名誉头衔和奖章。1869 年回国后一直在耶鲁大学执教，1871 年被任命为数理教授。

吉布斯在热力学和统计物理学方面作出了很大的贡献，特别是他的著名论文"论非均相物质的平衡"使热力学成为一个严密而全面的理论体系。他提出的化学势概念和导出的相律，使物理化学得到很大发展。吉布斯还是近代矢量分析的创建人之一，在统计力学的研究中，他发展了玻兹曼提出的系综概念，创立了统计系综的方法，建立起经典平衡态统计力学的系统理论，奠定了统计力学的基础。

2. 吉布斯-亥姆霍兹方程

根据吉布斯函数的定义式 $G=H-TS$，在恒温条件下有

$$\Delta G=\Delta H-T\Delta S \tag{2-15}$$

【吉布斯函数判据】

式(2-15)即为吉布斯-亥姆霍兹(Gibbs-Helmholtz)方程，是热力学中非常重要的公式。将此方程式应用于化学反应，可得

$$\Delta_r G_m(T)=\Delta_r H_m(T)-T\Delta_r S_m(T) \tag{2-16}$$

【吉布斯-亥姆霍兹方程】

化学反应大多是在恒温、恒压且系统不做非体积功的条件下进行的，利用 $\Delta_r G_m$ 可以判断反应的自发性：

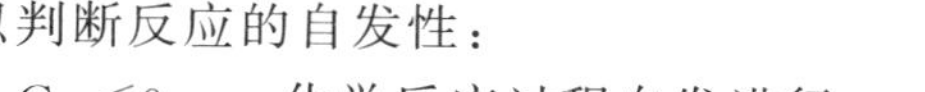

$\Delta_r G_m<0$，　化学反应过程自发进行

$\Delta_r G_m=0$，　化学反应系统处于平衡状态

$\Delta_r G_m>0$，　化学反应过程非自发，其逆过程自发进行

对于焓变、熵变不同的任意反应，焓变、熵变既可为正值，也可以是负值，温度也可高可低，不同条件下对反应方向的影响可概括为四种，见表 2-1。

表 2-1　恒压下反应自发性的四种类型

类型	ΔH	ΔS	$\Delta G=\Delta H-T\Delta S$	反应的自发性	举　例
1	−	+	永远是−	任何温度下都是自发反应	$2H_2O_2(g)=2H_2O(g)+O_2(g)$
2	+	−	永远是+	任何温度下都是非自发反应	$2CO(g)=2C(s)+O_2(g)$
3	−	−	低温为− 高温为+	低温时为自发反应， 高温时为非自发反应	$HCl(g)+NH_3(g)=NH_4Cl(s)$
4	+	+	低温为+ 高温为−	低温时为非自发反应， 高温时为自发反应	$CaCO_3(s)=CaO(s)+CO_2(g)$

对于标准状态下的化学反应系统，吉布斯-亥姆霍兹方程可写为

$$\Delta_r G_m^\theta(T)=\Delta_r H_m^\theta(T)-T\Delta_r S_m^\theta(T) \tag{2-17}$$

如果忽略温度的影响，$\Delta_r H_m^\theta$和$\Delta_r S_m^\theta$可近似认为是常数，可用298K时$\Delta_r H_m^\theta(298K)$和$\Delta_r S_m^\theta(298K)$代替温度$T$时$\Delta_r H_m^\theta(T)$和$\Delta_r S_m^\theta(T)$，故

$$\Delta_r G_m^\theta(T) \approx \Delta_r H_m^\theta(298K) - T\Delta_r S_m^\theta(298K) \qquad (2-18)$$

利用式(2-18)可以近似计算不同温度下反应的$\Delta_r G_m^\theta$，也可用以估算反应自发进行的温度。

【标准摩尔生成吉布斯函数】

3. 标准摩尔生成吉布斯函数

热力学规定：在标准状态下，元素最稳定单质的生成吉布斯函数变为零。标准状态下，由元素最稳定单质生成1mol物质B时反应的吉布斯函数变称为该物质B的标准摩尔生成吉布斯函数变，用符号$\Delta_f G_m^\theta(B)$表示，其单位是kJ/mol。附表3列出了部分物质在298K时的标准生成吉布斯函数。

对于任一化学反应：$aA+bB=gG+hH$，在标准状态下化学反应的标准摩尔吉布斯函数变为

$$\Delta_r G_m^\theta = [g\Delta_f G_m^\theta(G)+h\Delta_f G_m^\theta(H)] - [a\Delta_f G_m^\theta(A)+b\Delta_f G_m^\theta(B)]$$
$$= \sum \nu_B \Delta_f G_m^\theta$$

【例2.7】 制取半导体材料硅可用下列反应：

$$SiO_2(s，石英)+2C(s，石墨) \longrightarrow Si(s)+2CO(g)$$

(1) 计算该反应的$\Delta_r H_m^\theta(298.15K)$及$\Delta_r S_m^\theta(298.15K)$；

(2) 计算该反应的$\Delta_r G_m^\theta(298.15K)$，判断此反应在标准态，298.15K条件下能否自发进行；

(3) 计算用该反应制取硅时，反应自发进行的温度条件。

解： $SiO_2(s，石英)+2C(s，石墨) \longrightarrow Si(s)+2CO(g)$

查附表3得：

	SiO_2	C	Si	CO
$\Delta_f H_m^\theta$(kJ/mol)	−910.94	0	0	−110.525
S_m^θ[J/(mol·K)]	41.84	5.740	18.83	197.674
$\Delta_f G_m^\theta$(kJ/mol)	−856.64	0	0	−137.168

(1) $\Delta_r H_m^\theta(298.15K)=\sum \nu_B \Delta_f H_m^\theta$

$$=[2\Delta_f H_m^\theta(CO)+\Delta_f H_m^\theta(Si)]-[\Delta_f H_m^\theta(SiO_2)+2\Delta_f H_m^\theta(C)]$$
$$=[2\times(-110.525)+0]kJ/mol-[(-910.94)+2\times 0]kJ/mol$$
$$=689.89kJ/mol$$

$\Delta_r S_m^\theta(298.15K)=\sum \nu_B S_m^\theta$

$$=[2S_m^\theta(CO)+S_m^\theta(Si)]-[S_m^\theta(SiO_2)+2S_m^\theta(C)]$$
$$=360.858J/(mol\cdot K)$$

(2) $\Delta_r G_m^\theta(298.15K)=\sum \nu_B \Delta_f G_m^\theta$

$$=[2\Delta_f G_m^\theta(CO)+\Delta_f G_m^\theta(Si)]-[\Delta_f G_m^\theta(SiO_2)+2\Delta_f G_m^\theta(C)]$$
$$=582.304kJ/mol>0$$

故在298.15K时该反应不能自发进行。

(3) 若反应自发进行，则

$$\Delta_r G_m^\theta(T) \approx \Delta_r H_m^\theta(298.15K)-T\Delta_r S_m^\theta(298.15K)<0$$

$$T>\Delta_r H_m^\theta(298.15K)/\Delta_r S_m^\theta(298.15K)=689.89/(360.858\times 10^{-3})=1911K$$

即当温度高于1191.8K时，反应可以自发进行。

2.4 化学反应的限度

高炉炼铁的主要反应是：$Fe_2O_3+3CO=2Fe+3CO_2$。在19世纪，人们发现炼铁炉出口的气体中含有相当数量的CO，认为是由于CO与铁矿石反应的接触时间不够，故反应不完全。因此，就增加高炉的高度，在英国曾建起30多米的炉子，但是出口气体中CO的含量没有减少。如果当时人们对化学平衡有所认识，就不会盲目加高炉体而造成浪费，由此可见学习化学平衡理论有重要的意义。

对于化学反应，不仅要考虑其在一定条件下能否自发进行，还要知道该反应能进行到的程度，所得产物的量以及提高产率应采取的措施，这些都是科学研究和工程实际所关注的问题，可以通过化学平衡理论来解决。

2.4.1 化学平衡和标准平衡常数

【化学平衡】

1. 化学平衡

在一定条件下，既可以向正反应方向进行，又可以向逆反应方向进行的化学反应称为可逆反应。例如，高温下，在密闭容器中进行的反应：

$$CO_2(g)+H_2(g)\longleftrightarrow CO(g)+H_2O(g)$$

可逆反应进行到一定程度后，正、逆反应速率相等，系统中反应物和生成物的浓度不再随时间而改变，这种状态称为化学平衡。达到化学平衡状态时，反应物和生成物的浓度保持不变，宏观上反应“停止”，但实际上正、逆反应仍在进行，只是正、逆反应速率相等。所以，化学平衡是一种动态平衡。

2. 标准平衡常数

大量实验结果表明，在封闭系统中，任一可逆的化学反应：

$$aA+bB=gG+hH$$

如果反应在溶液中进行，在一定温度下达到平衡时，反应物和产物的相对浓度(c/c^θ)之间的关系为

$$K^\theta=\frac{\left(\frac{c(G)}{c^\theta}\right)^g\left(\frac{c(H)}{c^\theta}\right)^h}{\left(\frac{c(A)}{c^\theta}\right)^a\left(\frac{c(B)}{c^\theta}\right)^b} \tag{2-19}$$

如果反应物和产物都是气体，则平衡时，其相对分压(p/p^θ)之间的关系为

$$K^\theta=\frac{\left(\frac{p(G)}{p^\theta}\right)^g\left(\frac{p(H)}{p^\theta}\right)^h}{\left(\frac{p(A)}{p^\theta}\right)^a\left(\frac{p(B)}{p^\theta}\right)^b} \tag{2-20}$$

式(2-19)、式(2-20)为标准平衡常数的表示式，其中$c^\theta=1$mol/L，为标准浓度；$p^\theta=100$kPa，为标准压力。

式(2-19)、式(2-20)中，K^θ称为标准平衡常数，只由反应本身和温度决定，与平

衡组成无关。K^θ 值大小表示反应进行程度的强弱，K^θ 值越大，表明反应进行的程度越大。K^θ 的 SI 单位是 1。

【平衡常数的书写】

书写和应用标准平衡常数表示式时应注意以下几点：

（1）各组分的浓度(或分压)应为平衡时的浓度(或分压)。

（2）反应系统中的纯固体或纯液体，其浓度或分压可视为常数 1，在标准平衡常数表示式中不予写出。如反应：

$$CaCO_3(s) \longleftrightarrow CaO(s) + CO_2(g)$$

$$K^\theta = p(CO_2)/p^\theta$$

【平衡常数的意义】

（3）水溶液中的反应，若有水参加，H_2O 的浓度可视为常数 1；非水溶液中的反应，若有水参加，H_2O 的浓度不能视为常数，应书写在标准平衡常数表示式中。

如实验室制取 $Cl_2(g)$ 的反应：

$$MnO_2(s) + 2Cl^-(aq) + 4H^+ \longleftrightarrow Mn^{2+}(aq) + Cl_2(g) + 2H_2O(l)$$

$$K^\theta = \frac{(c(Mn^{2+})/c^\theta) \cdot (p(Cl_2)/p^\theta)}{(c(Cl^-)/c^\theta)^2 \cdot (c(H^+)/c^\theta)^4}$$

（4）标准平衡常数与反应式的写法有关。同一反应，反应式的写法不同，K^θ 值不同。例如，合成氨的反应：

反应① $N_2(g) + 3H_2(g) \longleftrightarrow 2NH_3(g)$，$K_1^\theta = \dfrac{(p(NH_3)/p^\theta)^2}{(p(N_2)/p^\theta) \cdot (p(H_2)/p^\theta)^3}$

反应② $\frac{1}{2}N_2(g) + \frac{3}{2}H_2(g) \longleftrightarrow NH_3(g)$，$K_2^\theta = \dfrac{(p(NH_3)/p^\theta)}{(p(N_2)/p^\theta)^{\frac{1}{2}} \cdot (p(H_2)/p^\theta)^{\frac{3}{2}}}$

反应③ $2NH_3(g) \longleftrightarrow N_2(g) + 3H_2(g)$，$K_3^\theta = \dfrac{(p(N_2)/p^\theta) \cdot (p(H_2)/p^\theta)^3}{(p(NH_3)/p^\theta)^2}$

显然 $K_1^\theta = (K_2^\theta)^2 = 1/K_3^\theta$

（5）若某反应可以表示成几个反应的和(或差)，则总反应的标准平衡常数等于各分反应标准平衡常数的积(或商)，这种关系称为多重平衡规则。

如某温度下，已知下列两个反应：

$$2NO(g) + O_2(g) = 2NO_2(g) \quad K_1{}^\theta$$

$$2NO_2(g) = N_2O_4(g) \quad K_2{}^\theta$$

若两式相加得

$$2NO(g) + O_2(g) = N_2O_4(g) \quad K^\theta$$

【平衡常数与转化率】

则

$$K^\theta = K_1^\theta \cdot K_2^\theta$$

也可用转化率表示平衡时化学反应进行的程度。转化率是指化学反应达到平衡时，物质反应的量与原始量的比值。转化率与物质的浓度(或分压)有关。

2.4.2 标准平衡常数和标准摩尔吉布斯函数的关系

标准平衡常数和标准摩尔吉布斯函数都可以表示化学反应进行的程度，那么二者之间必然有一定的联系。

在恒温、恒压下，由化学热力学可以导出

$$\Delta_r G_m(T)=\Delta_r G_m^\theta(T)+RT\ln Q \tag{2-21}$$

式(2-21)称为化学反应等温式，式中 Q 为反应商。

对于任一反应 $a\text{A}+b\text{B}=g\text{G}+h\text{H}$

若是溶液反应，则

$$Q_c=\frac{\left(\frac{c(\text{G})}{c^\theta}\right)^g\left(\frac{c(\text{H})}{c^\theta}\right)^h}{\left(\frac{c(\text{A})}{c^\theta}\right)^a\left(\frac{c(\text{B})}{c^\theta}\right)^b} \tag{2-22}$$

式中，c 表示物质任一状态时的浓度。

若是气相反应，则

$$Q_p=\frac{\left(\frac{p(\text{G})}{p^\theta}\right)^g\left(\frac{p(\text{H})}{p^\theta}\right)^h}{\left(\frac{p(\text{A})}{p^\theta}\right)^a\left(\frac{p(\text{B})}{p^\theta}\right)^b} \tag{2-23}$$

式中，$p(\text{A})$、$p(\text{B})$、$p(\text{G})$、$p(\text{H})$分别表示 A、B、G、H 四种气体在任一状态时的分压力(非平衡状态)。

当化学反应达到平衡时，$\Delta_r G_m(T)=0$，此时 $Q=K^\theta$，由式(2-21)得

$$\Delta_r G_m^\theta(T)=-RT\ln K^\theta \tag{2-24a}$$

或

$$\Delta_r G_m^\theta(T)=-2.303RT\lg K^\theta \tag{2-24b}$$

式(2-24)说明了 $\Delta_r G_m^\theta$ 与 K^θ 的关系。化学反应的 $\Delta_r G_m^\theta$ 数值越小，K^θ 值越大，反应正向进行的程度越大，反之亦然。

将式(2-24a)代入式(2-21)得

$$\Delta_r G_m(T)=-RT\ln K^\theta+RT\ln Q \tag{2-25a}$$

$$\Delta_r G_m(T)=RT\ln(Q/K^\theta) \tag{2-25b}$$

式(2-25b)可用于判断化学反应进行的方向。

当 $Q<K^\theta$ 时，$\Delta_r G_m(T)<0$，正反应自发进行；

当 $Q=K^\theta$ 时，$\Delta_r G_m(T)=0$，反应处于平衡状态；

当 $Q>K^\theta$ 时，$\Delta_r G_m(T)>0$，逆反应自发进行。

【例 2.8】 一定温度下，将 O_2、SO_2 和 SO_3 气体混合在一容器中，分压分别为 34.25kPa，27.13kPa 和 35.77kPa，已知反应的平衡常数 $K^\theta=0.0404$，试判断反应：$2SO_2(g)+O_2(g)\longleftrightarrow 2SO_3(g)$的进行方向。

解： 可根据本题所给的物质分压，计算物质的压力商：

$$Q=\frac{(p(SO_3)/p^\theta)^2}{(p(SO_2)/p^\theta)^2(p(O_2)/p^\theta)}=\frac{(35.77/100)^2}{(27.13/100)^2\times(34.25/100)}=5.08$$

而 $K^\theta=0.0404$，$Q>K^\theta$，即在该条件下反应逆向进行，向 SO_3 分解方向进行。

【例 2.9】 计算压力为 100kPa 时，反应 $CO(g)+H_2O(g)\longleftrightarrow CO_2(g)+H_2(g)$在 298.15K 时的标准平衡常数 K^θ。

解： $CO(g)+H_2O(g)\longleftrightarrow CO_2(g)+H_2(g)$

查附表 3 得：

	$CO(g)$	$H_2O(g)$	$CO_2(g)$	$H_2(g)$
$\Delta_f H_m^\theta$(kJ/mol)	−110.5	−241.8	−393.5	0
S_m^θ[J/(mol·K)]	197.7	188.8	213.7	130.7

$\Delta_r H_m^\theta(298.15K) = \sum \nu_B \Delta_f H_m^\theta$

$= [\Delta_f H_m^\theta(CO_2) + \Delta_f H_m^\theta(H_2)] - [\Delta_f H_m^\theta(CO) + \Delta_f H_m^\theta(H_2O)]$

$= [(-393.5) + 0] - [(-110.5) + (-241.8)]$

$= -41.2(kJ/mol)$

$\Delta_r S_m^\theta(298.15K) = \sum \nu_B S_m^\theta$

$= [S_m^\theta(CO_2) + S_m^\theta(H_2)] - [S_m^\theta(CO) + S_m^\theta(H_2O)]$

$= -42.1[J/(mol \cdot K)]$

$\Delta_r G_m^\theta(298.15K) = \Delta_r H_m^\theta(298.15K) - T\Delta_r S_m^\theta(298.15K) = -28.654kJ/mol$

$$\lg K^\theta = \frac{-\Delta_r G_m^\theta}{2.303RT} = \frac{28654J/mol}{2.303 \times 8.314J/(mol \cdot K) \times 298K} = 5.19$$

$$K^\theta = 1.54 \times 10^5$$

【例 2.10】 利用标准生成吉布斯函数 $\Delta_f G_m^\theta$ 数据计算下列反应在 298K 时的 K^θ。

$$C(石墨) + 2H_2O(g) = CO_2(g) + 2H_2(g)$$

解： $\Delta_r G_m^\theta = [\Delta_f G_m^\theta(CO_2) + 2\Delta_f G_m^\theta(H_2)] - [\Delta_f G_m^\theta(石墨) + 2\Delta_f G_m^\theta(H_2O)]$

$= (-394.36 + 2 \times 0) - [0 + 2 \times (-228.59)]$

$= 62.82kJ/mol$

由 $\Delta_r G_m^\theta = -2.303RT\lg K^\theta$，得

$$\lg K^\theta = \frac{-62.82 \times 10^3}{2.303 \times 8.314 \times 298} = -11.02$$

$$K^\theta = 9.55 \times 10^{-12}$$

2.4.3 化学平衡的移动

【化学平衡的移动】

化学平衡是一种动态平衡，当外界条件发生变化时，平衡就会遭到破坏，系统内物质的浓度(或分压)发生变化，直到达到新的平衡。这种因外界条件的改变，而使可逆反应从旧平衡状态转变到新平衡状态的过程称为化学平衡的移动。浓度、压力、温度等因素都可以引起化学平衡的移动。

【浓度对化学平衡的影响】

1. 浓度对化学平衡的影响

在温度和压力不变的条件下，改变系统中物质的浓度(或分压)，产生的影响主要表现在反应商的变化。根据式(2-25b)，可使 $\Delta_r G_m$ 发生变化，从而影响化学平衡的移动。例如气相反应

$$2NO(g) + O_2(g) = 2NO_2(g)$$

增加反应物的分压或减少生成物的分压，反应商 Q 变小，使 $Q < K^\theta$，反应的 $\Delta_r G_m < 0$，平衡向正反应方向移动，直到 Q 重新等于 K^θ，系统建立新的平衡；减少反应物浓度或增加生成物浓度，则使 $Q > K^\theta$，平衡逆向移动，最后达到平衡。在化工生产中，为了提高某一反应物的转化率，常常加入过量的另一反应物，使平衡正向移动。

【压力对化学平衡的影响】

2. 压力对化学平衡的影响

压力变化对于固体或液体的体积影响很小，所以对只有固体、液体物质参与的化学反应，系统压力的改变对平衡基本没有影响。但对于有气体参加的化学平衡系统，压力改变可能引起化学平衡的移动。

对于任一化学反应：

$$aA(g)+bB(g)\longleftrightarrow gG(g)+hH(g)$$

用 Δn 表示反应前后气体物质的量的变化量：

(1) 当 $\Delta n=0$ 时，改变系统的压力，平衡不发生移动。

(2) 当 $\Delta n<0$ 时，增加系统的压力，平衡正向移动，即平衡向气体物质的量减少的方向移动。

(3) 当 $\Delta n>0$ 时，增加系统的压力，平衡逆向移动，即平衡向气体物质的量减少的方向移动。

增加系统的压力，平衡向气体物质的量减少的方向移动；减少系统的压力，平衡向气体物质的量增加的方向移动。

3. 温度对化学平衡的影响

【温度对化学平衡的影响】

改变浓度或压力能改变 Q 值，从而改变平衡状态，但 K^θ 值不变。而温度变化则使 K^θ 值改变，使化学平衡发生移动。根据

$$\Delta_r G_m^\theta=-RT\ln K^\theta$$

$$\Delta_r G_m^\theta=\Delta_r H_m^\theta-T\Delta_r S_m^\theta$$

得

$$\ln K^\theta=-\frac{\Delta_r H_m^\theta}{RT}+\frac{\Delta_r S_m^\theta}{R} \tag{2-26}$$

设该反应在温度 T_1、T_2 时的标准平衡常数分别为 K_1^θ、K_2^θ，在温度变化范围不太大时，将 $\Delta_r H_m^\theta$、$\Delta_r S_m^\theta$ 视为常数，则

$$\ln K_1^\theta=-\frac{\Delta_r H_m^\theta}{RT_1}+\frac{\Delta_r S_m^\theta}{R},\quad \ln K_2^\theta=-\frac{\Delta_r H_m^\theta}{RT_2}+\frac{\Delta_r S_m^\theta}{R}$$

二式相减得

$$\ln\frac{K_2^\theta}{K_1^\theta}=\frac{\Delta_r H_m^\theta}{R}\left(\frac{T_2-T_1}{T_2T_1}\right)\quad 或\quad \lg\frac{K_2^\theta}{K_1^\theta}=\frac{\Delta_r H_m^\theta}{2.303R}\left(\frac{T_2-T_1}{T_2T_1}\right) \tag{2-27}$$

式(2-27)称作范特霍夫(van't Hoff)方程，表明温度对平衡常数的影响。对放热反应，$\Delta_r H_m^\theta<0$，升高温度，$T_2>T_1$，$K_2^\theta<K_1^\theta$，即平衡向逆向移动；降低温度，$T_2<T_1$，$K_2^\theta>K_1^\theta$，平衡正向移动。同理，对吸热反应，升温使平衡常数增大，平衡向正反应方向移动；降温使平衡常数减小，平衡向逆反应方向移动。总之，系统温度升高，平衡向吸热方向移动，系统温度降低，平衡向放热方向移动。

催化剂对反应的 $\Delta_r G_m^\theta$、K^θ 无影响，只加速化学平衡的到达而不会影响平衡。

4. 勒·夏特列(Le Chatelier)原理

1887 年，法国科学家勒·夏特列(Le Chatelier)总结上述各因素对化学平衡移动的影响，得到平衡移动原理：改变平衡系统的条件之一，如浓度、压力或温度，平衡就向着减弱这个改变的方向移动。也可以说，如果对平衡施加影响，平衡就向着减弱这种影响的方向移动。勒·夏特列原理仅适用于平衡的系统，对未达到平衡的系统不适用。

【勒·夏特列原理】

【科学家简介】

勒·夏特列：法国化学家，1883年开始研究化学平衡，认识到“掌握支配化学平衡的规律对于工业尤为重要”，因此他把精力集中在探索影响平衡的各种因素上。勒·夏特列得到的第一个结论是升高温度对吸热反应有利，进而他又验证了压力对化学平衡的影响。1884年初步得出“平衡移动原理”，1925年对原来的表述进行简化而得现在的形式。鉴于勒·夏特列对科学研究作出巨大贡献，获得了许多的荣誉。1900年在法国巴黎获得科学大奖，1904年在美国获得圣路易奖，1907年当选法国科学院院士，1927年当选苏联科学院名誉院士。

【网络导航】

“网络导航”开航前的话

国际互联网Internet的出现以及其迅猛的发展，使当今世界跨入了真正的信息时代。

Internet拥有着世界上最大的信息资源库，已成为人们生活、学习和工作的不可缺少的工具，在这信息的海洋中，人们能够以空前未有的速度在网上索取自己需要的信息和知识。

当我们面对浩如烟海的信息世界时，多么希望有一个方便的工具，帮助我们在信息世界中遨游。本书“网络导航”将为你在Internet中浏览开辟一条便捷的通道。

获取Internet信息资源的工具大体上可分为两类：一类是Internet资源搜索引擎(search engine)，它是一种搜索工具站点，专门提供自动化的搜索工具，只要给出主题词，搜索引擎就可迅速在数以千万计的网页中筛选出你想要的信息；另一类是针对某个专门领域或主题，(用人工的方法)进行系统收集、组织而形成的资源导航系统。WWW(World - Wide Web，全球网又简称Web)有很多联机指南、目录、索引以及搜索引擎。下面列出几个国内外常见的搜索引擎的网址。

百度网：http：//www. baidu. com

搜狐网：http：//www. sohu. com/

新浪网：http：//www. sina. com/

谷歌网：http：//www. google. com

与大学化学(工程化学)课程相关的网站：

(1) 中国开放教育资源协会网：http：//www. core. org. cn/。中国开放教育资源协会是一个由部分中国大学组成的联合体，是在中国走向信息化和教育国际化，国际教育资源共享运动潮流的推动下形成的。这里引进了以美国麻省理工学院为代表的国外大学的优秀课件、先进教学技术、教学手段等资源，应用于中国教学中。同时将中国高校的优秀课件与文化精品推向世界，搭建一个国际教育资源交流与共享的平台。网站为中外学习者提供了高质量、免费的教育资源，让更多的学习者享有平等的学习机会，受到中国大学师生及社会学习者的欢迎，目前网站年点击率达1000万次以上。

(2) 国家精品课程资源网：http：//jingpinke. com/。该网站有各种课程的电子教案、教学课件及教学录像。

(3) 化学个案教学网：http：//chemcases. com/，是普通化学课程个案教学的网站。每个案例都包含一些化学原理，用这些化学原理可做出影响我们对日常用品、药品等使用的决策。该网站是美国自然科学基金会的一个项目，《科学美国人》杂志把该网站评为“WINNER of the 2004 Sci/Tech Web Awards”(2004 年科技网奖励)。

【热力学小结】

2.5 化学反应速率

化学热力学理论较成功地预测了化学反应进行的方向和限度，但是无法判断化学反应进行的快慢，即反应速率问题。如汽车尾气污染物 CO 和 NO 之间的反应：$CO(g)+NO(g)=CO_2(g)+1/2N_2(g)$，298K 时，$\Delta_r G_m^\theta=-344kJ/mol$，由热力学分析看，自发进行的趋势很大，但实际反应速率却很慢。要用此反应来治理汽车尾气的污染，还必须研究化学反应速率和影响反应速率的相关因素及反应机理等相关问题，即化学动力学理论。

2.5.1 化学反应速率

不同的化学反应，速率千差万别。炸药爆炸，酸碱中和反应可在瞬间完成，而塑料薄膜在田间降解，则需要几年甚至几十年的时间。即使是同一反应，在不同条件下的反应速率也可能有很大差别。为了比较化学反应进行的快慢，必须引入化学反应速率的概念。

化学反应速率是衡量化学反应快慢程度的物理量，通常有平均速率、瞬时速率两种表示方法，单位有 mol/(L·s)、mol/(L·min) 或 mol/(L·h) 等。

平均速率指一定时间间隔内反应物（或生成物）浓度的变化的平均值，用 $\bar{v}$ 表

$$\bar{v}=\pm\Delta c/\Delta t$$

随反应进行，反应物浓度减少，故

$$\bar{v}_{反应物}=-\Delta c/\Delta t,\ \bar{v}_{生成物}=\Delta c/\Delta t$$

以 H_2O_2 在 I^- 作用下分解反应为例：

$$H_2O_2(aq)\leftrightarrow H_2O(l)+\frac{1}{2}O_2(g)$$

经实验测定 H_2O_2 的浓度与时间的关系列于表 2-2。由表 2-2 可见，在不同时间段，反应的平均速率不一样；且在任一时间段内，前半段的平均速率与后半段的平均速率也不同。

瞬时速率，则能更真实地表示反应进行的情况。瞬时速率是指任意时刻反应物或生成物浓度随时间的变化率，以 v 表示。

$$v=\pm\lim_{\Delta t\to o}\Delta c/\Delta t=\pm dc/dt \tag{2-28}$$

式中，dc/dt 是浓度 c 对 t 的微商，是浓度 c 的变化率，即 $c\sim t$ 曲线切线的斜率。

表 2-2 H_2O_2 溶液浓度与时间关系

t/min	$c(H_2O_2)$/(mol/L)	$\bar{v}=-\Delta c/\Delta t$/mol/(L·min)
0	0.80	
20	0.40	0.40/20=0.020
40	0.20	0.20/20=0.010
60	0.10	0.10/20=0.0050
80	0.050	0.050/20=0.0025

反应系统中任一物质浓度的变化都可以表示反应的速率。由于各种物质的化学计量系数不同，用不同物质浓度表示的反应速率数值也不同。根据 IUPAC 推荐，用 dc_B/dt 除以 B 物质的化学计量数 v_B，可使反应体系的速率 v 都有一致的确定值。

对于反应

$$aA+bB=gG+hH$$

$$v=-\frac{1}{a}\cdot\frac{dc(A)}{dt}=-\frac{1}{b}\frac{dc(B)}{dt}=\frac{1}{g}\frac{dc(G)}{dt}=\frac{1}{h}\frac{dc(H)}{dt}$$

例如

$$N_2(g)+3H_2(g)\rightarrow 2NH_3(g)$$

用瞬时速率表示：

$$v=-\frac{dc(N_2)}{dt}=-\frac{1}{3}\frac{dc(H_2)}{dt}=\frac{1}{2}\frac{dc(NH_3)}{dt}$$

或 $$v(N_2):v(H_2):v(NH_3)=1:3:2$$

可见速率 v 与物质 B 的选择无关，通常采用容易测定的物质浓度来表示，但需注明该物质名称，否则速率的含义会不确定。

2.5.2 浓度对化学反应速率的影响

1. 基元反应和非基元反应

实验证明有些反应从反应物转化为生成物，是一步完成的，称为基元反应。而大多数反应是多步完成的，称为非基元反应，或复杂反应。例如：$2NO+2H_2=N_2+2H_2O$ 是由以下两个步骤完成的：

$$2NO+H_2\longrightarrow N_2+H_2O_2 \quad （慢）$$

$$H_2O_2+H_2\longrightarrow 2H_2O \quad （快）$$

这两个基元反应的组合表示了总反应经历的途径。化学反应所经历的具体途径称为反应机理，或反应历程。总的反应速率由较慢的基元反应决定。

2. 质量作用定律和速率方程

反应速率与反应物的浓度密切相关。对于基元反应，浓度和反应速率之间的关系可以用质量作用定律描述：在一定温度下，反应速率与反应物浓度幂的乘积成正比，其中幂指数为反应物的化学计量数的绝对值。对于任一基元反应

$$aA+bB=gG+hH$$

$$v = kc^{a}(\mathrm{A})c^{b}(\mathrm{B}) \quad (2-29)$$

式(2-29)是质量作用定律的数学表达式，也称为基元反应的速率方程。式中的 k 为速率常数，其大小由反应物的本性决定，与反应物的浓度无关。速率常数 k 一般是由实验测定的。

质量作用定律只适用于基元反应，不适用于复杂反应。复杂反应可用实验方法确定其速率方程和速率常数。

3. 反应级数

多数化学反应的速率方程都可表示为反应物浓度幂的乘积：

$$v = kc^{\alpha}(\mathrm{A})c^{\beta}(\mathrm{B})\cdots \quad (2-30)$$

式(2-30)中反应物浓度的幂指数为该反应物的反应级数，如反应物 A 的级数是 α，反应物 B 的级数是 β。所有反应物级数的加和 $\alpha+\beta+\cdots$ 就是该反应的级数。反应级数的大小体现了反应物浓度对反应速率的影响程度。

一般而言，基元反应中反应物的级数与其化学计量数一致，非基元反应的反应级数则需要通过实验测定，而且可能因实验条件的改变而发生变化。例如，蔗糖水解是二级反应，但当反应系统中水的量很大时，反应前后系统中水的量可认为未改变，则此反应表现为一级反应。

反应级数可以是整数，也可以是分数或为零。表 2-3 列出了一些化学反应的速率方程和反应级数。

表 2-3 某些化学反应的速率方程和反应级数

化学反应	速率方程	反应级数
$SO_2Cl_2 = SO_2 + Cl_2$	$v = kc(SO_2Cl_2)$	一
$2H_2O_2 = 2H_2O + O_2$	$v = kc(H_2O_2)$	一
$4HBr + O_2 = 2Br_2 + 2H_2O$	$v = kc(HBr) \cdot c(O_2)$	二
$2NO + O_2 = 2NO_2$	$v = kc^2(NO) \cdot c(O_2)$	三
$2NH_3 = N_2 + 3H_2$	$v = k$	零

【例 2.11】 写出下列基元反应的速率方程并指出反应级数。

(1) $NO_2 + CO = NO + CO_2$ (2) $C_2H_5Cl = C_2H_4 + HCl$

解：以上两式都为基元反应，根据质量作用定律可以写出它们的速率方程表达式，分别为

(1) $v = kc(NO_2)c(CO)$ 二级反应

(2) $v = kc(C_2H_5Cl)$ 一级反应

【例 2.12】 303K 时，乙醛分解反应为 $CH_3CHO(g) = CH_4(g) + CO(g)$，反应速率与乙醛浓度的关系如下：

$c(CH_3CHO)$/mol/L	0.10	0.20	0.30	0.40
v/mol/(L·s)	0.025	0.102	0.228	0.406

(1) 写出该反应的速率方程；

(2) 计算速率常数 k；

（3）求 $c(CH_3CHO)=0.25mol/L$ 时的反应速率。

解：（1）设该反应的速率方程为

$$v=kc^{\alpha}(CH_3CHO)$$

任选两组数据代入速率方程，如选第 1，4 组数据得

$$0.025=k(0.10)^{\alpha}$$

$$0.406=k(0.40)^{\alpha}$$

两式相除得

$$\frac{0.025}{0.406}=\frac{(0.10)^{\alpha}}{(0.40)^{\alpha}}=\left(\frac{1}{4}\right)^{\alpha}$$

解得 $\alpha\approx2$，故该反应的速率方程为

$$v=kc^2(CH_3CHO)$$

（2）将任一组实验数据（如第 3 组）代入速率方程，可求得 k 值

$$0.228=k(0.30)^2$$

$$k=2.53L/(mol\cdot s)$$

（3）$c(CH_3CHO)=0.25mol/L$ 时

$$v=kc^2(CH_3CHO)=2.53\times0.25^2=0.158\ [mol/(L\cdot s)]$$

2.5.3 温度对化学反应速率的影响

1. 范特霍夫（van't Hoff）规则

温度是影响反应速率的重要因素，升高温度可使大多数反应的速率加快，速率常数 k 值增大。范特霍夫依据大量实验事实，提出一个经验规则：温度每上升 10℃，反应速率提高 2～4 倍。该规律用于缺乏数据时进行的粗略估算。

【科学家简介】

范特霍夫：1852 年 8 月 30 日，范特霍夫出生于荷兰的鹿特丹市，父亲是当地的名医。1901 年，诺贝尔化学奖的第一道灵光降临在范特霍夫身上。这位一生痴迷实验的化学巨匠，不仅在化学反应速度、化学平衡和渗透压方面取得了骄人的研究成果，而且开创了以有机化合物为研究对象的立体化学。1911 年 3 月 1 日，年仅 59 岁的范特霍夫由于长期超负荷工作，不幸逝世。一颗科学巨星陨落了，化学界为之震惊。为了永远纪念他，范特霍夫的遗体火化后，人们将他的骨灰安放在柏林达莱姆公墓，供后人瞻仰。

2. 阿仑尼乌斯（Arrhenius）公式

1889 年，瑞典化学家阿仑尼乌斯根据实验结果，提出了一个描述反应速率常数与温度关系的经验公式：

$$\ln k = \ln A - \frac{E_a}{RT} \tag{2-31a}$$

或

$$k = A e^{-E_a/RT} \tag{2-31b}$$

式中，A 为常数，称为指前因子；E_a 为活化能，单位是 kJ/mol。式(2-31a)还表明 $\ln k$ 与 $1/T$ 之间有线性关系，直线的斜率为 $-E_a/R$。

若温度分别为 T_1 和 T_2 时，反应速率常数为 k_1 和 k_2，分别代入式(2-31a)，则得

$$\ln \frac{k_2}{k_1} = -\frac{E_a}{R}\left(\frac{1}{T_2} - \frac{1}{T_1}\right) \tag{2-32a}$$

或

$$\lg \frac{k_2}{k_1} = -\frac{E_a}{2.303R}\left(\frac{1}{T_2} - \frac{1}{T_1}\right) \tag{2-32b}$$

式(2-31)、式(2-32)称为阿仑尼乌斯公式，可根据此公式，用不同温度下的反应速率常数计算反应的活化能 E_a 和指前因子 A，或由一个温度下的速率常数 k_1 求另一温度下的速率常数 k_2。

【例 2.13】 已知某酸在水溶液中发生分解反应。当温度为 10℃时反应速率常数 $k_1 = 1.08 \times 10^{-4} s^{-1}$，温度为 60℃时反应速率常数 $k_2 = 5.48 \times 10^{-2} s^{-1}$，试计算该反应的 E_a 和 20℃时的反应速率常数。

解：(1)将已知数据代入式(2-32b)

$$\lg \frac{5.48 \times 10^{-2}}{1.08 \times 10^{-4}} = \frac{E_a}{2.303R}\left(\frac{333-283}{333 \times 283}\right)$$

$$E_a = 97.6 \text{kJ/mol}$$

(2) 20℃时，将 E_a 等数据代入式(2-32b)

$$\lg \frac{k}{1.08 \times 10^{-4}} = \frac{97.6 \times 10^3}{2.303 \times 8.314}\left(\frac{293-283}{293 \times 283}\right)$$

$$k = 4.45 \times 10^{-4} s^{-1}$$

【科学家简介】

阿仑尼乌斯：瑞典物理化学家，24 岁时在他的博士论文中提出电解质分子在水溶液中会“离解”成带正电荷和负电荷的离子，而这一过程并不需给溶液通电，然而这一见解有悖于当时流行的观点。在德国化学家奥斯特瓦尔德和荷兰化学家范特霍夫的帮助下，他继续进行电离理论的研究，再次于 1887 年发表完整的有关电离理论的论文，最终在 1903 年获得诺贝尔化学奖。阿仑尼乌斯在自然科学的其他领域也有很高的造诣，这可以从他的许多著作中表现出来：如《宇宙物理学教程》《理论电化学教程》《世界的成长》《行星的命运》《生物化学的定量法则》《免疫化学》等。

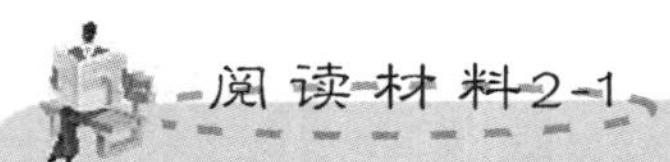
阅读材料2-1

飞秒化学——欣赏化学变化“慢动作”的镜头

1999年，诺贝尔化学奖授予艾哈迈-泽维尔(埃及-美国双重国籍)，以表彰他使用飞秒(1s的千万亿分之一，即10^{-15}s)技术(飞秒化学)对化学反应过程的研究。使用超短激光技术，使人类能研究和预测重要的化学反应给该领域带来一场革命。人类可以像观看“慢动作”那样观察处在化学反应过程中的原子和分子的转变状态，从而根本上改变了对化学的认识。

现在的激光器可达6fs，功率可达GW(吉瓦，10^9W)到TW(太瓦，10^{12}W)。我国从1994年开始研究，现在已有了自己的飞秒激光器。2001年7月我国成功地将5.4TW/46fs级小型超短光束系统大幅度升级到15TW/fs级的更高层次，标志我国在国际前沿开放场强超快激光与物质相互作用等领域的研究达到国际一流水平。

利用飞秒化学对HI光解反应过渡态的研究表明，此反应在100fs进入过渡态，200fs就光解了；对NaI光解反应的飞秒化学研究表明，在光解中共价键与离子键存在共振交叉；丙酮光解反应生成CH_3CHO等。

超快电子束和飞秒X脉冲技术、化学反应的控制和选键化学、生物分子动态学是飞秒化学今后的主要研究方向。

2.5.4 反应速率理论简介

为了从微观上对化学反应速率做出理论解释，揭示化学反应速率的规律，预计反应速率，人们提出种种关于反应速率的理论，其中影响较大的是碰撞理论和过渡态理论。

1. 碰撞理论

1918年，路易斯(Lewis)运用气体分子运动论的成果，提出了反应速率的碰撞理论。

碰撞理论认为，反应物分子碰撞是发生化学反应的前提。在反应物分子中只有少数分子能量足够高，可发生使旧的化学键断裂而引发反应的碰撞，这样的分子称为活化分子，能引发化学反应的碰撞称为有效碰撞。活化分子具有的最低能量与反应系统中分子的平均能量之差为反应的活化能。

因此，碰撞理论认为化学反应是活化分子发生有效碰撞的结果。

碰撞理论解释了反应速率与碰撞次数的关系，比较直观地提出了化学反应的模型，但由于它把反应物分子看成是刚性球体，模型过于简单，推出的结果既不能计算速率常数，也不能说明反应级数，因此是比较粗糙的。

2. 过渡态理论

为了从理论上对反应速率进行计算，1935年艾林(H. E Yring)和珀兰尼(M. Polanyi)等在统计力学和量子力学的基础上提出了过渡态理论。

过渡态理论认为，化学反应不是只通过反应物分子之间碰撞就能完成的。在反应过程中要经过一个中间的过渡态，即先形成“活化配合物”。这时反应物分子的动能暂时转变为活化配合物的势能。活化配合物不稳定，很快分解为生成物：

$$A+BC \rightarrow [A\cdots B\cdots C] \rightarrow AB+C$$

图 2.2 表明反应物 A+BC 与生成物 AB+C 均是能量最低的稳定状态，过渡态是能量高、不稳定的状态。在反应物和生成物之间有一道能量很高的势垒，过渡态是势垒上能量最高的点，又是反应历程中能量最高的点。

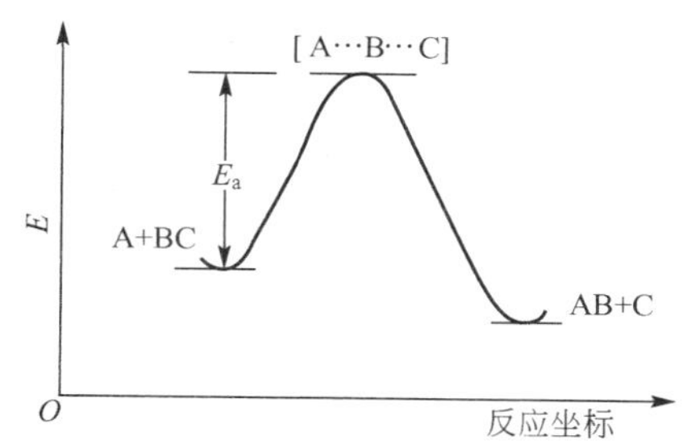

图 2.2 反应物、产物和过渡态的能量关系

从原则上讲，只要知道过渡态的结构，就可以运用光谱数据及量子力学和统计力学的方法，计算化学反应的动力学参数，如速率常数 k 等。过渡态理论考虑了分子结构的特点和化学键的特征，较好地揭示了活化能的本质，这是该理论的成功之处。但由于目前大多数反应的活化配合物的结构尚无法确知，加之计算方法复杂，使过渡态理论的应用受到很大限制。

2.5.5 催化剂对化学反应速率的影响

1. 催化剂和催化作用

催化剂是一种能显著改变反应速率，但在反应前后自身的组成、质量和化学性质保持不变的物质。催化剂改变反应速率的作用就是催化作用，加快反应速率的催化剂称为正催化剂，而减慢反应速率的催化剂称为负催化剂或阻化剂。如六次甲基四胺，可以作为负催化剂，降低钢铁在酸性溶液中的腐蚀速率，也称为缓蚀剂。一般情况下使用催化剂都是为了加快反应速率，催化剂是影响化学反应速率的重要因素。

2. 催化作用特点

(1) 催化剂参与反应，改变反应的历程，降低反应的活化能。

例如某反应的非催化历程为

$$A+B \rightarrow P$$

而催化历程为

$$A+B+C \rightarrow [A\cdots C\cdots B] \rightarrow P+C$$

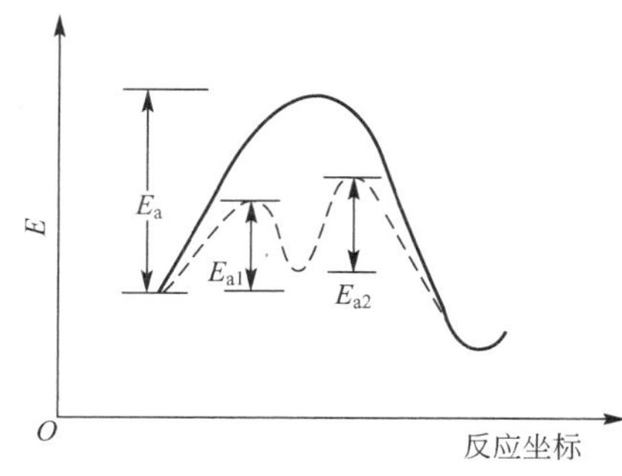

(实线为非催化历程，虚线为催化历程)

图 2.3 反应历程中能量的变化

式中，C 是催化剂。图 2.3 表示了上述两种历程中能量的变化，在非催化历程中势垒较高，活化能为 E_a；而在催化历程中只有两个较低的势垒，活化能为较小的 E_{a1} 和 E_{a2}。

例如，合成氨的反应，没有催化剂时，反应的活化能为 326.4kJ/mol，当加 Fe 粉作催化剂时，活化能降为 175.5kJ/mol，反应速率提高。

(2) 催化剂不改变反应系统的热力学状态，不影响化学平衡。

从热力学的观点看，反应系统中始态的反应物和终态的生成物，其状态不因使用催化剂而改变。所以反应的 $\Delta_r G_m$、$\Delta_r H_m$ 和 K^θ 均不受影响，催化剂只能加快反应的速率，缩短达到平衡所需的时间。

（3）催化剂具有一定的选择性。

催化剂有其使用的范围，一般只能催化一类或几类反应，有的甚至只能催化某一个反应。有的反应使用不同的催化剂可以得到不同的产物。

以上讨论了影响化学反应速率的主要因素：浓度、温度和催化剂，其总结见表 2-4。

表 2-4 浓度、温度、催化剂对反应速率的影响

外界条件	单位体积内反应物分子数	活化能 E_a	活化分子百分数	单位体积内活化分子总数	反应速率 v	反应速率常数 k
增大反应物浓度	增多	不变	不变	增多	加快	不变
升高温度	不变	不变	增大	增多	加快	变大
加入催化剂	不变	降低	增大	增多	加快	不变

【网络导航】

网络查寻化学数据

化学发展至今，积累了大量物理化学参数和各种化合物结构数据。本章给出的热力学数据是从有关手册上摘录的。现在我们可以通过访问 Internet 方便而快速地查得物质的热力学数据。目前，在 Internet 上的化学数据库按照承载化学信息内容的不同，可以划分为化学文献资料数据库、化学结构信息库、物理化学参数数据库和其他包括机构、科学家数据及化工产品和来源数据库等。

在众多的数据库中有些是非常规范的具有专业水准的数据库，如美国国家标准与技术研究院(National Institute of Standards and Technology，NIST)的物性数据库：http://webbook.nist.gov/chemistry/，输入上述网址，我们可以看到 Search Options (检索途径)：有 Name(英文名)、Formular(分子式)、Molecular weight(相对分子质量)等。单击其中的任一种方式，按照要求输入具体物质（如查苯可输入 benzene、C_6H_6 或78.11)、热力学单位和需要查的数据类型以后，单击 Search 按钮，即可给出 Gas phase thermochemistry data(气相热化学数据)、Condensed phase thermochemistry data(凝聚相热化学数据)、Phase Change data(相变数据)、Reaction thermochemistry data(反应热化学数据)等一系列的数据。如果输入分子式或相对分子质量，会给出相应的很多同分异构体，在此基础上进一步选取所查寻物质再单击它，就能找到相应的检索数据。

Cambridgesoft 公司的网站 chemfinder 也有大量的化学数据库：http://chemfinder.camsoft.com/。输入 Name（英文名）、Formular（分子式）、Molecular weight（相对分子质量）等，可查到熔点（Melting point）、沸点(Boiling point)、密度(Density)、折射率(Refractive index)、蒸汽压（Vapor pressure)等物理化学数据。

本章小结

本章重点讲述了化学反应中的能量变化、化学反应的方向、限度和反应速率等问题，具体小结如下。

1. 气体

(1) 理想气体状态方程

$$pV=nRT$$

(2) 混合物组成的表示方法

物质B的质量分数 ω_B

$$\omega_B=m_B/m_{总}$$

物质B的摩尔分数 x_B

$$x_B=n_B/n_{总}$$

物质B的质量摩尔浓度 b_B

$$b_B=n_B/m_A$$

物质B的摩尔浓度 c_B

$$c_B=n_B/V$$

(3) 气体分压定律

$$p=p_1+p_2+p_3+p_4+\cdots=\sum p_B \quad p_B=y_Bp$$

2. 化学反应中的能量计算

(1) 热力学第一定律

$$\Delta U=Q+W$$

(2) 焓、焓变和化学反应热

焓：$H=U+PV$　恒容反应热：$Q_V=\Delta U$　　恒压反应热：$Q_p=\Delta H$

(3) 标准摩尔焓变

$$\Delta_r H_m^\theta=\sum\nu_B\Delta_f H_m^\theta(B)$$

(4) 标准摩尔熵变

$$\Delta_r S_m^\theta=\sum\nu_B S_m^\theta(B)$$

(5) 标准摩尔吉布斯函数变

$$\Delta_r G_m^\theta=\sum\nu_B\Delta_f G_m^\theta(B)$$

(6) 吉布斯-亥姆霍兹方程：

$$\Delta_r G_m^\theta(T)=\Delta_r H_m^\theta(298K)-T\Delta_r S_m^\theta(298K)$$

3. 自发性的判据

(1) 熵判据：孤立系统熵增加原理

(2) 自由能判据：

$\Delta G<0$，　自发过程

$\Delta G=0$，　平衡状态

$\Delta G>0$，　非自发过程，其逆过程自发进行

4. 化学平衡

（1）化学反应等温式

$$\Delta_r G_m = \Delta_r G_m^\theta + RT\ln Q$$

（2）标准平衡常数

$$K^\theta = \frac{\left(\frac{c(G)}{c^\theta}\right)^g \left(\frac{c(H)}{c^\theta}\right)^h}{\left(\frac{c(A)}{c^\theta}\right)^a \left(\frac{c(B)}{c^\theta}\right)^b} \quad 或 \quad K^\theta = \frac{\left(\frac{p(G)}{p^\theta}\right)^g \left(\frac{p(H)}{p^\theta}\right)^h}{\left(\frac{p(A)}{p^\theta}\right)^a \left(\frac{p(B)}{p^\theta}\right)^b}$$

（3）K^θ 与 $\Delta_r G_m^\theta$ 的关系

$$\Delta_r G_m^\theta = -RT\ln K^\theta \text{ 或 } \Delta_r G_m^\theta = -2.303RT\lg K^\theta$$

（4）温度对 K^θ 的影响

$$\ln\frac{K_2^\theta}{K_1^\theta} = \frac{\Delta_r H_m^\theta}{R}\left(\frac{T_2 - T_1}{T_2 T_1}\right)$$

5. 化学反应速率

（1）反应速率的表示方法

$$v = \pm\lim_{\Delta t \to 0}\frac{\Delta c}{\Delta t} = \pm\frac{dc}{dt}$$

（2）影响反应速率的因素

浓度，质量作用定律：对于基元反应　$aA + bB = gG + hH$

$$v = kc^a(A)c^b(B) \quad 反应级数 = a + b$$

温度，阿仑尼乌斯公式：

$$\ln k = \ln A - \frac{E_a}{RT} \quad 或 \quad k = Ae^{-E_a/RT}$$

$$\ln\frac{k_2}{k_1} = -\frac{E_a}{R}\left(\frac{1}{T_2} - \frac{1}{T_1}\right)$$

催化剂能通过改变反应历程，降低活化能，从而影响反应的速率。

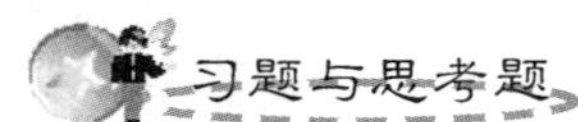

习题与思考题

一、判断题

1. 热的物体比冷的物体含有更多的热量。　（　　）
2. $\Delta G > 0$ 的反应是不可能发生的。　（　　）
3. 298K 的标准状态下，元素最稳定单质的标准摩尔生成焓和标准摩尔熵都等于零。　（　　）
4. 升高温度，反应的标准平衡常数增大，则该反应一定是吸热反应。　（　　）
5. 在 273K、101.325kPa 下，水凝结成冰：该过程的 $\Delta S < 0$、$\Delta G = 0$。　（　　）
6. 升高温度，可以提高放热反应的转化率。　（　　）
7. 活化能越大，化学反应的速率就越快。　（　　）
8. 可逆反应达到平衡时，其正、逆反应的速率都为零。　（　　）
9. 反应级数取决于反应方程式中反应物的化学计量系数。　（　　）

10. 在一定温度下，随着化学反应的进行，反应速率逐渐变慢，但反应速率常数保持不变。 (　　)

二、填空题

1. 在27℃、压力为30.39kPa时，测定1L某气体的质量为0.537g，则此气体的摩尔质量是__________。

2. 101325Pa下，空气中氧气的分压为__________。

3. 在U、Q、W、S、H、G中，属于状态函数的是__________，在这些状态函数中，可以确定其数值大小的是__________

4. 封闭系统中热力学第一定律的数学表达式为__________，焓的定义式为__________，吉布斯函数的定义式为__________。

5. 化学热力学中规定了标准状态，标准压力为__________，标准浓度为__________。

6. 若系统对环境做功160J，同时从环境吸收了200J的热，则系统的热力学能变化量为__________。

7. 两个反应$Cu(s)+Cl_2(g)=CuCl_2(s)$和$CuCl_2(s)+Cu(s)=2CuCl(s)$的标准摩尔反应焓变分别为170kJ/mol、−260kJ/mol，则$CuCl(s)$的标准摩尔生成焓为__________。

8. 一定温度下，分解反应$NH_4Cl(s)=NH_3(g)+HCl(g)$达到平衡时，测得此平衡系统的总压力为80kPa则该反应的平衡常数为__________。

9. 基元反应$2NO(g)+Cl_2(g)=2NOCl\ (g)$的速率方程式为__________。若将反应物$NO(g)$的浓度增加到原来的3倍，则反应速率变为原来的__________倍；若将反应容器的体积增加到原来的2倍，则反应速率变为原来的__________倍。

10. 在一定条件下，某反应的转化率为73.6%；加入催化剂后，该反应的转化率为__________。

11. 对一般化学反应，若增加活化分子百分数，可采取__________和__________的措施。

12. 对某一确定的化学反应，平衡常数和速率常数一样，只与__________有关，而与反应物的__________无关，平衡常数越大，表明达到平衡时生成物的浓度__________，该反应__________方向进行得越完全。

三、选择题

1. 真实气体与理想气体的行为较接近的条件是(　　)。

A. 低温和低压　　B. 高压和低温

C. 高温和高压　　D. 低压和高温

2. 若气体的压力降低为原来的1/4，热力学温度是原来的两倍，则气体的体积变化为原体积的(　　)倍。

A. 8　　B. 2

C. 1/2　　D. 1/8

3. 下列说法不正确的是(　　)。

A. 焓是状态函数

B. 焓是系统与环境进行热交换的热量

C. 焓是人为定义的一种具有能量量纲的热力学量

D. 焓只有在某种特定条件下，才与系统反应热相等

4. 下列情况中属于封闭系统的是(　　)。

A. 用水壶烧开水

B. 反应 $N_2O_4(g)=2NO_2(g)$，在密闭容器中进行

C. 氢气在盛有氯气的密闭绝热容器中燃烧

D. 任一酸碱在烧杯中反应

5. 已知 $MnO_2(s)=MnO(s)+1/2O_2(g)$，$\Delta H^\theta=134.8kJ/mol$

$MnO_2(s)+Mn(s)=2MnO(s)$，　$\Delta H^\theta=-250.18kJ/mol$

则 $\Delta_f H^\theta(MnO_2)$为(　　)kJ/mol

A. -519.78　　B. -384.9

C. 384.9　　D. -19.42

6. 室温下，元素最稳定单质的标准生成焓为(　　)。

A. 0　　B. 1

C. 大于0　　D. 小于0

7. 某反应在298K时，$\Delta_r H_m^\theta=80kJ/mol$，$\Delta_r G_m^\theta=60kJ/mol$，则该反应的 $\Delta_r S_m^\theta$ 等于(　　)J/(mol·K)。

A. 20　　B. -20

C. -0.8　　D. 67

8. 下列有关熵的叙述，正确的是(　　)。

A. 系统的有序度越大，熵值就越大　　B. 物质的熵与温度无关

C. 298K时物质的熵值大于零　　D. 熵变大于零的反应可以自发进行

9. 某反应在高温时能够自发进行，而低温时难以自发进行，那么该反应满足的条件是(　　)。

A. $\Delta H>0$，$\Delta S<0$　　B. $\Delta H>0$，$\Delta S>0$

C. $\Delta H<0$，$\Delta S>0$　　D. $\Delta H<0$，$\Delta S<0$

10. 一定温度下，可逆反应 $N_2O_4(g)=2NO_2(g)$在恒容容器中达到化学平衡时，如果 N_2O_4 的分解率为25%，那么反应系统的总压力是 N_2O_4 未分解前的(　　)倍。

A. 0.25　　B. 1.25

C. 1.5　　D. 1.75

11. 对于反应 $NO(g)+CO(g)=1/2N_2(g)+CO_2(g)$，$\Delta_r H_m^\theta=-373.8kJ/mol$，欲使有害气体NO、CO有较高的转化率的条件是(　　)。

A. 高温高压　　B. 低温低压

C. 高温低压　　D. 低温高压

12. 升高温度可使反应速率加快，主要原因是(　　)。

A. 增加了分子总数　　B. 增加了活化分子百分数

C. 降低反应活化能　　D. 促进反应朝吸热方向移动

13. 下列叙述中正确的是(　　)。

A. 非基元反应是由若干基元反应组成的

B. 凡速率方程式中各物质浓度的指数等于反应方程式中的化学计量数时，此反应必为基元反应

C. 反应级数等于反应物在反应方程式中计量数之和

D. 反应速率与反应物浓度的乘积成正比

四、简答题

1. 什么是系统、环境？什么是孤立系统、封闭系统和敞开系统？

2. 什么是状态函数？它具有哪些性质？

3. 化学热力学中规定了标准状态，有关标准状态的含义是什么？

4. 标准平衡常数改变，化学平衡是否移动？化学平衡发生了移动，标准平衡常数是否改变？

5. 什么是基元反应？什么是反应级数？如何确定反应级数？

五、计算题

1. 将 32g 氮气和 32g 氢气在一容器中混合，设气体的总压力为 $p_{总}$，试求氮气和氢气的分压。

2. 在 10L 的容器中盛有 N_2、O_2 和 CO_2 三种气体，在 30℃时测得混合气体的总压为 1.2×10^5 Pa。如果已知其中 O_2 和 CO_2 的质量分别为 8g 和 6g。试计算：

(1)容器中混合气体的总物质的量；

(2)CO_2、O_2 和 N_2 三种气体的摩尔分数；

(3) CO_2、O_2 和 N_2 三种气体的分压；

(4)容器中 N_2 的质量。

3. 根据下列热化学方程式：

(1) $Fe_2O_3(s)+3CO(g)=2Fe(s)+3CO_2(g)$，$\Delta_r H^\theta_{m,1}(T)=-27.6$kJ/mol

(2) $3Fe_2O_3(s)+CO(g)=2Fe_3O_4(s)+CO_2(g)$，$\Delta_r H^\theta_{m,2}(T)=-58.6$ kJ/mol

(3) $Fe_3O_4(s)+CO(g)=3FeO(s)+CO_2(g)$，$\Delta_r H^\theta_{m,3}(T)=38.1$kJ/mol

不查表，计算反应 $FeO(s)+CO(g)=Fe(s)+CO_2(g)$的 $\Delta_r H^\theta_m(T)$。

4. 在 101.325kPa、338K(甲醇的沸点)时，将 1mol 的甲醇蒸发变成气体，吸收了 35.2kJ 的热量，求此变化过程中的 Q、W、ΔU、ΔH 和 ΔG。

5. 计算下列反应的 $\Delta_r S^\theta_m$(298K)：

$$(1)\ 2H_2S(g)+3O_2(g)=2SO_2(g)+2H_2O(l)$$

$$(2)\ Ca(OH)_2(s)+CO_2(g)=CaCO_3(s)+H_2O(l)$$

$$(3)\ N_2(g)+3H_2(g)=2NH_3(g)$$

6. 已知反应 $2SO_2(g)+O_2(g)=2SO_3(g)$ 的 $\Delta_r H^\theta_m$(298K)$=-198.2$kJ/mol、$\Delta_r S^\theta_m$(298K)$=-190.1$J/(mol·K)。求：

(1)该反应在 298K 时的 $\Delta_r G^\theta_m$(298K)；

(2)该反应在 500K 时的 $\Delta_r G^\theta_m$(500K)和 K^θ(500K)。

7. 煤里总存在一些含硫杂质，因此在燃烧时会产生 SO_3 气体。请问能否用 CaO 固体来吸收 SO_3 气体以减少烟道气体对空气的污染？若能，请估计该方法适用的温度条件。涉及的化学反应方程式为：$CaO(s)+SO_3(g)=CaSO_4(s)$。

8. 在密闭容器中发生可逆反应 $CO(g)+H_2O(g)=CO_2(g)+H_2(g)$，749K 时的标准

平衡常数为 2.6。求：

(1)当反应物的压力比 p_{H_2O} ∶ p_{CO} =1∶1 时，CO 的转化率为多少？

(2)当反应物的压力比 p_{H_2O} ∶ p_{CO} =3∶1 时，CO 的转化率为多少？

9. 光合成反应 $6CO_2(g)+6H_2O(l)=C_6H_{12}O_6(s)+6O_2(g)$ 的 $\Delta_r H_m^\theta = 669.62kJ/mol$，试问平衡建立后，当改变下列条件时，平衡将怎样移动？

(1)增加 CO_2 的浓度；

(2)提高 O_2 的分压力；

(3)取走一半 $C_6H_{12}O_6$；

(4)提高总压力；

(5)升高温度；

(6)加入催化剂。

10. 已知反应 $1/2H_2(g)+1/2Cl_2(g)=HCl(g)$，$\Delta_r H_m^\theta(298K)=-92.2kJ/mol$，在 298K 时，$K^\theta=4.86\times10^{16}$，试计算 500K 时该反应的 K^θ 和 $\Delta_r G_m^\theta$。

11. 在 301K 时，鲜牛奶大约在 4h 后变酸；但在 278K 时，鲜牛奶要在 48h 后才变酸。假定反应速率与牛奶变酸时间成反比，求牛奶变酸反应的活化能。

【第 2 章习题答案】

第3章 溶液中的化学平衡

知识要点	掌握程度	相关知识
水的性质和稀溶液的依数性	了解稀溶液的依数性，蒸汽压下降、沸点上升和凝固点下降的原理及应用	水的性质和应用，稀溶液蒸汽压下降、沸点上升、凝固点下降和渗透压
酸碱理论	掌握酸碱质子理论、酸碱电子理论，理解共轭酸碱的概念及其关系	酸碱质子理论、酸碱电子理论，共轭酸碱对
弱电解质离解平衡	明确弱酸(弱碱)离解平衡和缓冲溶液的概念，掌握一元弱酸(弱碱)中离子浓度的有关计算	水的离解平衡、稀释定律、一元弱酸(弱碱)溶液中离子浓度计算、同离子效应、缓冲溶液
难溶电解质的沉淀溶解平衡	掌握溶度积和溶解度的基本计算，了解溶度积规则及其应用	溶度积、溶解度及其相互转换，溶度积规则，分步沉淀，沉淀溶解与转化
配合物和配离子的离解平衡	了解配合物的组成，学会配合物的基本命名和书写方法，了解配合物的离解平衡及平衡移动，了解配合物的应用	配合物的组成、命名、书写，配合物的解离常数(K_d^θ)，配合物解离平衡移动，配合物的应用

导入案例

【导入案例】

酸雨主要是人为地向大气中排放大量酸性物质造成的，雨水被大气中存在的酸性气体污染。我国的酸雨主要是因大量燃烧含硫量高的煤而形成的，多为硫酸雨，少为硝酸雨，此外，各种机动车排放的尾气也是形成酸雨的重要原因，如图3.1所示。近年来，我国一些地区已经成为酸雨多发区，酸雨污染的范围和程度已经引起人们的密切关注。什么是酸雨？科学家发现酸味大小与水溶液中氢离子浓度有关；而碱味与水溶液中氢氧根离子浓度有关。然后建立了一个指标：氢离子浓度对数的负值，称为pH。pH＜5.65的雨称为酸雨；pH＜5.65的雪称为酸雪；在高空或高山(如峨眉山)上弥漫的雾，pH＜5.65时称为酸雾。

某地收集到酸雨样品，还不能算是酸雨区，因为一年可有数十场雨，某场雨可能是酸雨，某场雨可能不是酸雨，所以要看年均值。目前我国定义酸雨区的科学标准尚在讨论之中，但一般认为：年均降水pH＞5.65，酸雨率是0～20%，为非酸雨区；pH在5.30～5.60，酸雨率是10%～40%，为轻酸雨区；pH在5.00～5.30，酸雨率是30%～60%，为中度酸雨区；pH在4.70～5.00，酸雨率是50%～80%，为较重酸雨区；pH＜4.70，酸雨率是70%～100%，为重酸雨区。这就是所谓的五级标准。我国北京、拉萨、西宁、兰州和乌鲁木齐等市也收集到几场酸雨，但年均pH和酸雨率都在非酸雨区标准内，故为非酸雨区。

酸雨在国外被称为“空中死神”，其潜在的危害主要表现在4个方面：(1)对水生系统的危害，会影响鱼类和其他生物群落，改变营养物和有毒物的循环，使有毒金属溶解到水中，并进入食物链，使物种减少和生产力下降。(2)对陆地生态系统的危害，重点表现在土壤和植物。对土壤的影响包括抑制有机物的分解和氮的固定，淋洗钙、镁、钾等营养元素，使土壤贫瘠化。对植物，酸雨损害新生的叶芽，影响其生长发育，导致森林生态系统退化，如图3.2所示。(3)对人体的影响。一是通过食物链使汞、铅等重金属进入人体，诱发癌症和老年痴呆；二是酸雾侵入肺部，诱发肺水肿或导致死亡；三是长期生活在含酸沉降物的环境中，诱使产生过多的过氧化脂，导致动脉硬化、心肌梗塞等疾病概率增加。(4)对建筑物、机械和市政设施的腐蚀，如图3.3所示。

图3.1　排向大气中的污染

(a) 酸雨腐蚀后的森林

(b) 酸雨腐蚀后的西瓜

图 3.2 酸雨对陆地生态系统的危害

图 3.3 遭酸雨腐蚀的石像

溶液是由溶质和溶剂组成的，许多化学反应都是在溶液中进行的，许多物质的性质也是在溶液中呈现的，它与人类的工农业生产、日常生活和生命现象都有极为密切的关系。溶液有许多种类，根据聚集状态不同，可分为气态溶液、液态溶液和固态溶液，液态溶液是最常见的溶液；根据溶质的不同，又可分为电解质溶液和非电解质溶液两大类。酸、碱、盐等电解质在水溶液中可解离成离子，离子之间的反应分为酸碱反应、沉淀反应、配位反应和氧化还原反应四大类。本章先介绍水的性质和稀溶液的依数性，再运用化学平衡的原理讨论电解质溶液中的酸碱反应、沉淀反应和配位反应的平衡规律。关于氧化还原反应将在第 4 章中讨论。

3.1 水的性质和稀溶液的依数性

3.1.1 水的性质和应用

水是最常见的液体，是人类生活不可缺少和工程上应用最多的廉价溶剂。水分子内，氢、氧原子以共价键相结合，水分子间存在氢键(参见第 5 章)而发生缔合，封闭了带部分正电荷的氢端和带部分负电荷的氧端，形成水的团簇结构$(H_2O)_n$，如图 3.4 所示。水分子的结构和水分子间氢键作用决定了水具有许多特殊性质。

【水和氢键】

水在4℃时密度最大。晶体水——冰，具有如图3.5所示的稳定六方晶型结构，氧原子相距0.276nm，中心的水分子以氢键和其相邻4个水分子相连构成四面体，三维伸展形成空间网状结构。随着温度升高，冰融化，这种冰山结构坍塌，水分子的排列变得更紧密，在4℃时达到极值，此时密度最大，出现所谓的“冷胀热缩”现象。

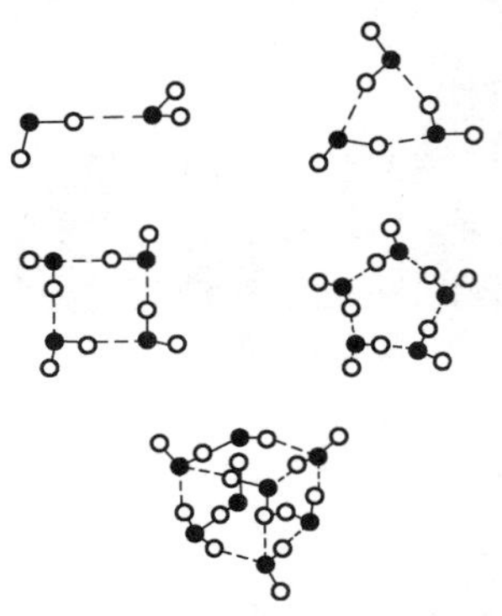

图3.4　水团簇的稳定结构

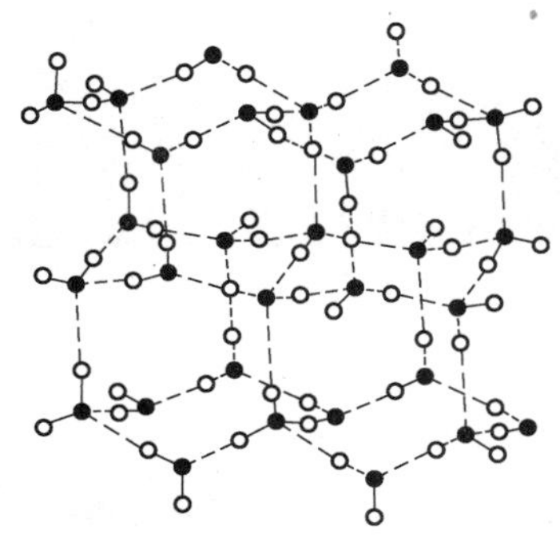

图3.5　冰的结构

纯水几乎不导电，实际应用的水中常含有可溶性电解质使其导电能力增大。

如果把一杯纯水置于密闭的容器中，液面上那些能量较大的水分子可以克服液体水分子间的引力从表面逸出，成为水蒸汽，这个过程叫作蒸发。相反，蒸发出来的水蒸汽分子不断运动时，可能碰撞到液面，被液体分子所吸引而重新进入液体中，这个过程叫凝聚。蒸发刚开始时，水蒸汽分子不多，凝聚的速率远小于蒸发的速率。随着蒸发的进行，蒸汽浓度逐渐增大，凝聚的速率也就随之加大。当凝聚的速率和蒸发的速率相等时，液体和它的蒸汽就处于平衡状态，此时，水蒸汽所具有的压力叫作该温度下水的饱和蒸汽压，或简称水的蒸汽压。例如，100℃时，$p(H_2O)=101.325$kPa（不同温度下水的饱和蒸汽压，见附表9）。水的蒸汽压随温度升高而增大，当它与外界压力相等时，液体水就会沸腾，这时的温度称为沸点。水在101.325kPa时的沸点为100℃。液体水汽化成水蒸汽时要吸收热量，所吸收的热量称为汽化热，水在100℃时的汽化热为40.67kJ/mol，在常见液体中为最大。固相水（即冰）表面的水分子也能逸入气相成为水蒸汽，所以冰也有蒸汽压，它也随温度升高而增大。当水的蒸汽压和冰的蒸汽压相等时，达到冰、水和水蒸汽三相平衡，此时的温度、压力分别为0.01℃、0.611kPa，称为水的“三相点”。液体水在一定压力下凝固为冰的温度称为水的凝固点（或称冰的熔点），冰融化成水所吸收的热量称为水的熔化热，101.325kPa时为6kJ/mol。使1mol物质升高单位温度所吸收的热量称为摩尔热容。液体水的摩尔热容较大，25℃时为75.4J/(mol·K)，意味着水升高一定温度需要吸收较多的热量。

基于以上性质，水是既廉价又安全的制冷剂，可用于制冷机工质；生命体出汗成为降低体温的有效方法；在实验室和工业上，水常用作传热介质；江河湖海可以均衡地球气温，调节环境气候。水在25℃时的相对介电常数为78.5，在常用溶剂中最高，且无色无味，无毒无害，因此是强极性的绿色溶剂。

溶液的性质与溶质和溶剂的组成有关，组成不同，溶液的性质也不同。但稀溶液的某些性质，只与溶剂的本性和溶质的量有关，而与溶质的本性无关。如溶液的蒸汽压下降、沸点升高、凝固点降低及溶液具有渗透压，这些性质只与溶质的数量（质点数）有关而与溶质的本性无关，这些性质称为稀溶液的依数性。

3.1.2 溶液的蒸汽压下降

由实验可测出，在同一温度下，溶有难挥发溶质B的溶液中，溶液的蒸汽压总是低于纯溶剂A的蒸汽压。溶液蒸汽压小于同一温度下纯溶剂蒸汽压的现象称为溶液的蒸汽压下降，如图3.6及图3.7所示。

溶液的蒸汽压比纯溶剂的要低，是由于溶剂溶解了难挥发的溶质后，溶剂的一部分表面被溶质颗粒所占据，使得溶液表面的溶剂分子数目减少，则相同温度下溶液中蒸发出的溶剂分子数比从纯溶剂中蒸发出的分子数要少，使得溶剂的蒸发速率变小。纯溶剂的蒸发-凝聚平衡，在加入难挥发溶质后，凝聚占了优势，系统在较低的蒸汽压力下，溶剂的气相与液相间重建平衡。因此，在达到平衡时，出现了蒸汽压下降现象，如图3.7所示。溶液的浓度越大，溶液的蒸汽压下降越多。

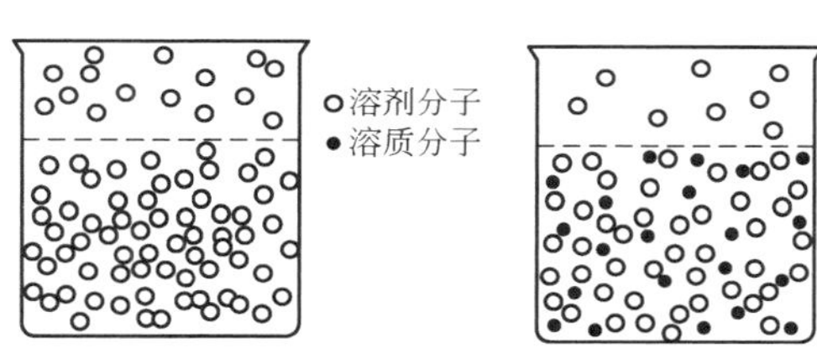

图3.6 纯溶剂与溶液的蒸汽压

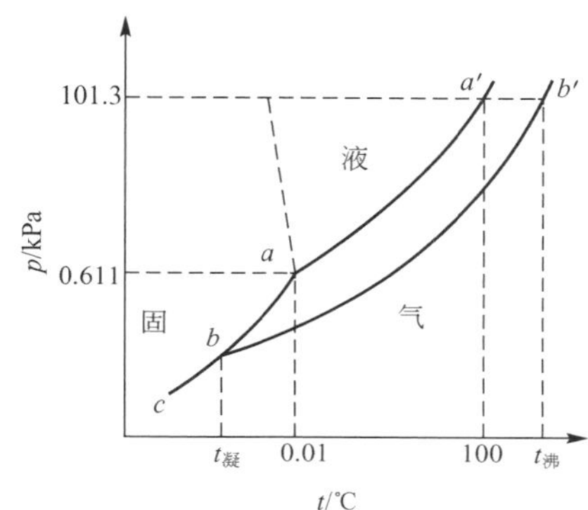

图3.7 水、冰和溶液的蒸汽压曲线

aa'—水的蒸汽压曲线，bb'—溶液的蒸汽压曲线

ac—冰的蒸汽压曲线

a—水的三相点；b—溶液的凝固点

实验结果表明，在一定温度时，难挥发的非电解质稀溶液中，溶剂的蒸汽压下降(Δp)与溶质的摩尔分数(x_B)成正比，其数学表达式为

$$\Delta p = p^* - p = p^* x_B \tag{3-1}$$

式中，x_B表示溶质B的摩尔分数；p^*表示纯溶剂的蒸汽压，p表示溶液的蒸汽压。

【例3.1】 25℃时，将17.1g蔗糖溶于100g水中，计算该溶液的蒸汽压。已知，蔗糖相对分子质量为342.3，水的蒸汽压为2338Pa。

解： 蔗糖的物质的量为

$$n_1 = \frac{17.1\text{g}}{342.3\text{g/mol}} = 0.05(\text{mol})$$

水的物质的量为

$$n_2 = \frac{100\text{g}}{18\text{g/mol}} = 5.56(\text{mol})$$

$$\Delta p = p^*_{\text{水}}\ x_B = 2338\text{Pa} \times \frac{0.05}{0.05+5.56} = 20.84(\text{Pa})$$

所以，蔗糖溶液的蒸汽压为

$$p_{溶液}=p^*_{水}-\Delta p=2338-20.84=2317.16(\text{Pa})$$

利用蒸汽压下降这一性质，工业上或实验室中常采用某些易潮解的固态物质，如氯化钙($CaCl_2$)、五氧化二磷(P_2O_5)等作为干燥剂。这是因为这些物质的强吸水性，能使其表面形成的溶液的蒸汽压显著下降，当它低于空气中水蒸汽的分压时，空气中的水蒸汽可不断凝聚而进入溶液，即这些物质可不断地吸收水蒸汽。

3.1.3 溶液的沸点升高和凝固点下降

一般地，若在纯溶剂中溶解了难挥发的溶质，会使其凝固点下降、沸点上升。而且溶液浓度越大，凝固点和沸点改变越大。

若在水中溶解了难挥发的溶质，其蒸汽压就要下降（图 3.7）。水溶液在 100℃时蒸汽压就低于 101.325kPa，要使溶液的蒸汽压与外界压力相等，以使其沸腾，就必须把溶液的温度升高到 100℃以上。

水和冰在凝固点（0℃）时蒸汽压相等（图 3.7）。由于水溶液是溶剂水中加入了溶质，使得水溶液的蒸汽压曲线下降，而冰的蒸汽压曲线没有变化，造成溶液的蒸汽压低于冰的蒸汽压，在 0℃时冰与溶液不能共存，即溶液在 0℃时不能结冰，只有在更低的温度下才能使溶液的蒸汽压与冰的蒸汽压相等。

拉乌尔用实验的方法证实，溶液的沸点上升（ΔT_b）、凝固点下降（ΔT_f）与溶液的质量摩尔浓度成正比，这个关系也称为拉乌尔定律，可用下式表示

$$\Delta T_b=K_b\cdot b_B \tag{3-2}$$

$$\Delta T_f=K_f\cdot b_B \tag{3-3}$$

式中，K_b 为溶剂的沸点上升常数，单位为 K·kg/mol；K_f 为溶剂的凝固点下降常数，单位为K·kg/mol；b_B 为溶液的质量摩尔浓度，单位为 mol/kg。K_b、K_f 取决于溶剂的特征，而与溶质的本性无关。现将几种溶剂的沸点上升常数 K_b 与凝固点下降常数 K_f 数值列于表 3-1 中。

表 3-1　一些溶剂的凝固点下降常数和沸点上升常数　(K·kg/mol)

溶　剂	凝固点/℃	K_f	沸点/℃	K_b
乙酸	17.0	3.9	118.1	2.93
苯	5.4	5.12	80.2	2.53
三氯甲烷	—	—	61.2	3.63
萘	80.0	6.8	218.1	5.80
水	0.01	1.86	100.0	0.51

溶液沸点上升及溶液凝固点下降的应用很广。例如，在筑路和建筑用水泥砂浆中加入食盐或氯化钙等，可防止冬季冰冻现象的危害；在冷冻机的循环水中加入 $CaCl_2$，可使其凝固点下降到－65℃；汽车发动机的冷却水中加入乙二醇，可使其在严寒中不结冰，保持液态。利用溶液沸点上升的原理，用含 NaOH 和 $NaNO_2$ 的水溶液，能使工件在高于 140℃以上的水溶液中进行表面处理。

3.1.4 溶液的渗透压

稀溶液除了蒸汽压下降、沸点上升和凝固点下降三种通性之外，还有一种通性，也取决于溶液的浓度，这就是渗透压。

【溶液的渗透压】

渗透压是因溶液中的溶剂分子可以透过半透膜(如动植物细胞膜、胶棉、醋酸纤维膜等)，而溶质分子不能透过而产生的压力。若被半透膜隔开的两边溶液的浓度不同，就会发生渗透现象。如按图3.8所示装置用半透膜把溶液和纯溶剂隔开，则在单位时间内由纯溶剂进入溶液内的溶剂分子数目，比在同一时间内由溶液进入纯溶剂的溶剂分子数目多，结果使得溶液的体积逐渐增大，垂直的细玻璃管中的液面逐渐上升。

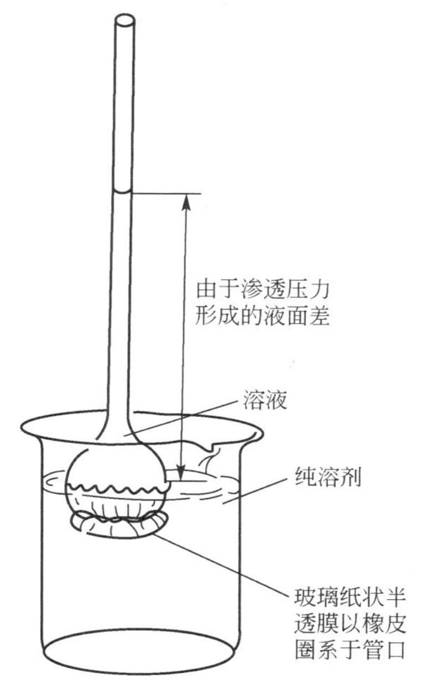

图3.8 显示渗透现象的装置

若要使膜内溶液与膜外纯溶剂的液面相平，即要使溶液的液面不上升，必须在溶液液面上施加一定压力。此时单位时间内，溶剂分子从两个相反的方向通过半透膜的数目彼此相等，即达到渗透平衡。这样，溶液液面上所施加的压力就是溶液的渗透压力。因此渗透压是为维持被半透膜所隔开的溶液与纯溶剂之间的渗透平衡而需要的额外压力。

如果外加在溶液上的压力超过渗透压，则反而会使溶液中的溶剂分子向纯溶剂方向流动，使纯溶剂的体积增加，这个过程叫作反渗透。

1887年，荷兰物理化学家范特霍夫提出了稀溶液的渗透压与温度和溶质浓度的关系式

$$\Pi = c_B RT = n_B RT/V \quad 或 \quad \Pi V = n_B RT \tag{3-4}$$

式中，Π 表示渗透压，单位为Pa；c_B 表示溶质B的摩尔浓度，单位为mol/L；T 表示热力学温度，单位为K；n_B 表示溶质B的物质的量，单位为mol；V 表示溶液的体积，单位为L。

人体血液平均渗透压约为760kPa，医院给病人进行大量补液时，常用质量分数为0.9%的氯化钠溶液或5%的葡萄糖溶液，就是为了保持人体处于正常的渗透压范围，否则会导致溶血；利用反渗透原理可以进行海水淡化、工业废水或污水处理等。

式(3-1)～式(3-4)分别用于计算难挥发的非电解质稀溶液的蒸汽压下降、沸点上升、凝固点下降和溶液渗透压。对于电解质溶液，由于解离出的离子间、离子与溶剂分子间相互作用增大，上述定量关系被破坏了，但是电解质溶液与非电解质稀溶液一样仍具有上述四种性质，其数值仍是随着溶质的粒子(离子或分子)数目增多而增大，这就是溶液的通性。例如，在日常生活中可见到海水不易结冰，其凝固点低于273.15K，沸点可高于373.15K。因电解质在溶液中会发生解离，相同物质的量的电解质在溶液中会产生比非电解质更多的粒子，故电解质溶液的以上四种性质比非电解质溶液偏高。例如，$p^*(H_2O) > p(H_2O)$(0.1mol/L 蔗糖)$> p(H_2O)$(0.1mol/L HAc)$> p(H_2O)$(0.1mol/L NaCl)$> p(H_2O)$(0.1mol/L Na_2SO_4)。

3.2 酸碱理论

人们对酸碱的认识经历了一个由浅入深。由低级到高级的过程。最初人们对酸碱的认识只限于从物质表面的性质来区分，认为具有酸味、能使石蕊变红的物质就是酸；具有涩味、滑腻感，使红色石蕊变蓝，并能与酸反应生成盐和水的物质就是碱。随着生产科学技术的发展，人们的认识不断进步，提出了多种酸碱理论，其中比较重要的有酸碱电离理论、酸碱质子理论、酸碱电子理论等。

3.2.1 酸碱电离理论

1887 年阿仑尼乌斯(S. A. Arrhenius)提出的酸碱电离理论认为，溶于水解离出的阳离子全部是氢离子(H^+)的物质称为酸；溶于水解离出的阴离子全部是氢氧根(OH^-)的物质称为碱。酸碱中和的实质是 H^+ 和 OH^- 中和成 H_2O。

酸碱电离理论对酸碱理论的发展起到了不可替代的作用，但其只局限于水溶液体系，对大量非水体系中的酸碱反应无法解释，如 NH_3 与 HCl 在气态时生成 NH_4Cl，在苯溶剂中也能生成 NH_4Cl。

3.2.2 酸碱质子理论

1923 年布朗斯特(J. N. Bronsted)和劳莱(T. Lowry)提出了酸碱质子理论：凡是能够提供质子(H^+)的分子或离子都是酸；凡是能够接受质子(H^+)的分子或离子都是碱。简言之，酸是质子的给予体，碱是质子的接受体。例如

$$HAc \rightleftharpoons H^+ + Ac^-$$
$$NH_4^+ \rightleftharpoons H^+ + NH_3$$
$$H_2PO_4^- \rightleftharpoons H^+ + HPO_4^{2-}$$

上式中，HAc、NH_4^+、$H_2PO_4^-$ 都能给出质子，都是酸；Ac^-、NH_3、HPO_4^{2-} 都能接受质子，都是碱。可见，根据酸碱质子理论酸(碱)可以是分子、阳离子、阴离子。酸给出质子生成相应的碱，碱得到质子生成相应的酸，这种酸和碱之间这种相互依存、互相转化的关系称为酸碱共轭关系，酸(或碱)与跟它共轭的碱(或酸)一起被称为共轭酸碱对。酸及其共轭碱之间的相互关系可用下式表示

$$酸_1 + 碱_2 \rightleftharpoons 酸_2 + 碱_1$$

如在 $HAc \rightleftharpoons H^+ + Ac^-$ 和 $NH_4^+ \rightleftharpoons H^+ + NH_3$ 两个关系式中，$HAc-Ac^-$、$NH_4^+-NH_3$ 都互称为共轭酸碱对。

酸碱质子理论扩大了酸碱的范畴，使其适用范围扩展到非水体系甚至无溶剂的气相中。但对一些不含质子的物质，如酸性物质 SO_3 和碱性物质 CaO 等参加的酸碱反应无法解释，这是酸碱质子理论的局限性。

3.2.3 酸碱电子理论

在酸碱质子理论提出的同年，美国化学家路易斯(G. N. Lewis)还提出了酸碱电子理

论。该理论认为，凡是可接受孤电子对的分子或离子称为酸，如 HCl、SO_3。凡是可给出孤电子对的分子或离子称为碱，如 NH_3、CaO。酸碱电子理论的基础是孤电子对的给予和接受，它不仅可以解释电离理论、质子理论所能解释的物质的酸碱性，还可以解释上述理论不能解释的物质的酸碱性，如 CO_2 和 CaO。酸碱电子理论更加扩大了酸碱的范围。

3.3 弱电解质的解离平衡

除少数强酸、强碱外，大多数酸和碱在水溶液中的解离是不完全的，且解离过程是可逆的，最后酸(或碱)与由它解离出来的离子之间能够建立动态平衡，该平衡称为解离平衡。解离平衡是水溶液中的化学平衡，其平衡常数 K_i^θ 称为解离常数(弱酸用 K_a^θ 表示，弱碱用 K_b^θ 表示)。

3.3.1 水的解离平衡和溶液的酸碱性

水是一种极弱的电解质（有微弱的导电性），绝大部分以水分子形式存在，仅能解离出少量的 H^+ 和 OH^-。水的解离平衡可表示为

$$H_2O \rightleftharpoons H^+ + OH^-$$

其平衡常数

$$K^\theta = \frac{\{c(H^+)/c^\theta\}\{c(OH^-)/c^\theta\}}{\{c(H_2O)/c^\theta\}}$$

由于大部分水仍以水分子形式存在，因此可将 $c(H_2O)$看作一个常数合并入 K^θ 项，得

$$K^\theta = \{c(H^+)/c^\theta\}\{c(OH^-)/c^\theta\} = K_w^\theta \qquad (3-5)$$

式(3-5)表明，在一定温度下，水中 $c(H^+)$和 $c(OH^-)$的乘积为一个常数，叫作水的离子积，用 K_w^θ 表示（不同温度下水的 K_w^θ，见表 3-2)。25℃时，实验测得纯水中 $c(H^+)$和 $c(OH^-)$均为 1.0×10^{-7}mol/L，因此 $K_w^\theta=1.0\times10^{-14}$。水的离子积不仅适用于纯水，对于电解质的稀溶液同样适用。

表 3-2 不同温度下水的 K_w^θ

t/℃	0	10	20	25	40	50	90	100
K_w^θ ($\times10^{-14}$)	0.114	0.292	0.681	1.01	2.92	5.47	38.0	55.0

水溶液的酸碱性与溶液中 H^+、OH^- 浓度间存在如下关系：

$c(H^+)=c(OH^-)=1.0\times10^{-7}$mol/L　　溶液为中性

$c(H^+)>c(OH^-)$，$c(H^+)>1.0\times10^{-7}$mol/L　溶液为酸性

$c(H^+)<c(OH^-)$，$c(H^+)<1.0\times10^{-7}$mol/L　溶液为碱性

当溶液中的 H^+ 或 OH^- 浓度小于 1mol/L 时，直接用摩尔浓度表示溶液的酸碱性十分不便，1909 年丹麦化学家索伦森提出用 pH 表示。所谓 pH，是溶液中 $c(H^+)$的负对数。

$$pH = -\lg\{c(H^+)/c^\theta\} \qquad (3-6a)$$

溶液的酸碱性与 pH 的关系为

酸性溶液：$c(H^+)>1.0\times10^{-7}$mol/L，　pH<7

中性溶液：$c(H^+)=1.0\times10^{-7}$ mol/L，　pH=7

碱性溶液：$c(H^+)<1.0\times10^{-7}$ mol/L，　pH>7

可见，pH 越小，溶液的酸性越强；反之，pH 越大，溶液的碱性越强。粗略测定溶液的 pH，可用 pH 试纸，精确测定时，要用 pH 计。

同样，也可以用 pOH 表示溶液的酸碱性，定义为

$$pOH=-\lg\{c(OH^-)/c^\theta\} \tag{3-6b}$$

常温下，在水溶液中

$$\{c(H^+)/c^\theta\}\{c(OH^-)/c^\theta\}=K_w^\theta$$

在等式两边分别取负对数

$$-\lg\{c(H^+)/c^\theta\}\{c(OH^-)/c^\theta\}=-\lg K_w^\theta$$

$$pH+pOH=14$$

3.3.2 弱酸(弱碱)的解离平衡

1. 一元弱酸(弱碱)的解离

一元弱酸是指每个弱酸分子只能解离出一个 H^+ 的弱酸，如 HAc，其解离平衡和解离平衡常数表达式为

$$HAc(aq)\rightleftharpoons H^+(aq)+Ac^-(aq)$$

$$K_a^\theta(HAc)=\frac{\{c(H^+)/c^\theta\}\{c(Ac^-)/c^\theta\}}{\{c(HAc)/c^\theta\}} \tag{3-7a}$$

因 $c^\theta=1.0$mol/L，在不考虑 K_a^θ 的单位时，可将式(3-7a)简化为

$$K_a^\theta(HAc)=\frac{c(H^+)c(Ac^-)}{c(HAc)}$$

同理，一元弱碱，如 $NH_3\cdot H_2O$ 的解离平衡和解离常数为

$$NH_3\cdot H_2O\ (aq)\rightleftharpoons NH_4^+(aq)+OH^-(aq)$$

$$K_b^\theta(NH_3\cdot H_2O)=\frac{c(NH_4^+)c(OH^-)}{c(NH_3\cdot H_2O)} \tag{3-7b}$$

本书附表 4 列出了一些常见弱电解质的解离常数。解离常数 K_i^θ 与其他平衡常数一样，在一定温度下与浓度无关；当温度变化时，K_i^θ 随温度变化不大。一般来说，弱电解质的解离常数可表示弱电解质的相对强弱。相同浓度下，同类型弱酸，K_a^θ 值大者酸性强，例如

$$K_a^\theta(HAc)=1.76\times10^{-5}$$

$$K_a^\theta(HCN)=4.93\times10^{-10}$$

说明 HAc 比 HCN 酸性强。

2. 解离度(α)和离子浓度计算

解离度(α)也可以表示弱电解质解离程度的大小，其表达式为

$$\alpha=\frac{\text{弱电解质已解离的浓度}}{\text{弱电解质解离前的浓度}}\times100\%$$

解离度和解离常数之间存在一定的关系，现以 HAc 为代表加以说明。

$$HAc(aq) \rightleftharpoons H^+(aq) + Ac^-(aq)$$

起始浓度/(mol/L)　　c　　0　　0

平衡浓度/(mol/L)　　$c-c\alpha$　　$c\alpha$　　$c\alpha$

则
$$K_a^\theta(HAc)=\frac{c(H^+)c(Ac^-)}{c(HAc)}=\frac{c\alpha \cdot c\alpha}{c(1-\alpha)}=\frac{c\alpha^2}{1-\alpha}$$

实验结果证明，当 $c/K_a^\theta>500$ 时，取 $1-\alpha\approx1$，其误差小于0.2%，小于测量误差，则有

$$\alpha=\sqrt{\frac{K_a^\theta}{c}} \tag{3-8}$$

式(3-8)表明了弱电解质的解离度与其浓度之间的关系，即弱电解质的浓度越稀，解离度越大，这一规律称为稀释定律。溶液中 $c(H^+)$ 为

$$c(H^+)=c\alpha=\sqrt{cK_a^\theta} \tag{3-9}$$

同理可推出一元弱碱中

$$\alpha=\sqrt{\frac{K_b^\theta}{c}} \tag{3-10}$$

$$c(OH^-)=c\alpha=\sqrt{cK_b^\theta} \tag{3-11}$$

α 和 K_i^θ 都可以表示酸(碱)的强弱，但在一定温度下，α 随 c 而变，K_i^θ 不随 c 而变，是一个常数，故 K_i^θ 更能本质地反映弱电解质的解离特性。

【例3.2】 计算25℃时，0.100mol/LHAc溶液中 H^+ 的平衡浓度和HAc的解离度(已知 $K_a^\theta(HAc)=1.8\times10^{-5}$)。

解： 设解离平衡时 H^+ 的浓度为 $x$mol/L，则有

$$HAc(aq) \rightleftharpoons H^+(aq) + Ac^-(aq)$$

初始浓度/(mol/L)　　0.100　　0　　0

平衡浓度/(mol/L)　　$0.100-x$　　x　　x

$$K_a^\theta(HAc)=\frac{c(H^+)c(Ac^-)}{c(HAc)}$$

$$1.8\times10^{-5}=\frac{x^2}{0.100-x}$$

因为 $c/K_a^\theta=\dfrac{0.100}{1.8\times10^{-5}}>500$，可作近似计算

$$0.100-x\approx0.100$$

$$1.8\times10^{-5}=\frac{x^2}{0.100}$$

$$x=\sqrt{0.100\times1.8\times10^{-5}}\approx1.34\times10^{-3}$$

$$c(H^+)\approx1.34\times10^{-3}\text{mol/L}$$

$$\alpha=\frac{x}{0.100}\times100\%\approx\frac{1.34\times10^{-3}}{0.100}\times100\%=1.34\%$$

或根据稀释定律

$$\alpha=\sqrt{\frac{K_a^\theta}{c}}=\sqrt{\frac{1.8\times10^{-5}}{0.10}}\times100\%=1.34\%$$

3. 多元弱酸（弱碱）的解离平衡

在水溶液中，若每个弱酸分子能给出两个或两个以上 H^+，则此弱酸称为多元弱酸。

多元弱酸是分步解离的，现以 H_2S 的解离为例加以说明。

$$H_2S(aq) \rightleftharpoons H^+(aq) + HS^-(aq)$$

$$K_{a1}^{\theta}(H_2S) = \frac{c(H^+)c(HS^-)}{c(H_2S)} = 1.1 \times 10^{-7}$$

$$HS^-(aq) \rightleftharpoons H^+(aq) + S^{2-}(aq)$$

$$K_{a2}^{\theta}(H_2S) = \frac{c(H^+)c(S^{2-})}{c(HS^-)} = 1.3 \times 10^{-13}$$

$K_{a1}^{\theta}(H_2S)$和 $K_{a2}^{\theta}(H_2S)$分别表示 H_2S 的一级解离和二级解离平衡常数表达式。在两式中 H^+ 平衡浓度为体系中 H^+ 的总浓度，等于一级解离和二级解离产生的 H^+ 浓度之和；HS^- 浓度等于一级解离出的 HS^- 减去二级解离掉的 HS^- 浓度之差；S^{2-} 产生于二级解离。由于 $K_{a1}^{\theta}(H_2S) \gg K_{a2}^{\theta}(H_2S)$，即一级解离程度远远大于二级解离的程度，因此二级解离产生的 H^+ 和消耗的 HS^- 浓度可以忽略不计，即

$$c(H^+) = c(H^+)_1 + c(H^+)_2 \approx c(H^+)_1$$

$$c(HS^-) = c(HS^-)_1 - c(HS^-)_2 \approx c(HS^-)_1$$

而 S^{2-} 由二级解离产生，故不可忽略二级解离，即

$$c(S^{2-}) = c(S^{2-})_2$$

【例 3.3】 计算常温、常压下，0.10mol/LH_2S 溶液中的 $c(H^+)$、$c(S^{2-})$和 H_2S 的解离度。（已知 $K_{a1}^{\theta}(H_2S) = 1.1 \times 10^{-7}$，$K_{a2}^{\theta}(H_2S) = 1.3 \times 10^{-13}$）

解： 由于 $K_{a1}^{\theta}(H_2S) \gg K_{a2}^{\theta}(H_2S)$，因此可根据一级解离平衡计算。设解离平衡时 H^+ 的浓度为 $x$mol/L，则有

	$H_2S(aq)$	$\rightleftharpoons H^+(aq)$	$+ HS^-(aq)$
初始浓度/(mol/L)	0.10	0	0
平衡浓度/(mol/L)	$0.10-x$	x	x

又

$$c/K_{a1}^{\theta} = \frac{0.10}{1.1 \times 10^{-7}} > 500,\ 0.10 - x \approx 0.10$$

$$K_{a1}^{\theta}(H_2S) = \frac{c(H^+)c(HS^-)}{c(H_2S)} = \frac{x^2}{0.10 - x} \approx \frac{x^2}{0.10} = 1.1 \times 10^{-7}$$

则

$$x = 1.0 \times 10^{-4},\ c(H^+) = 1.0 \times 10^{-4}\text{mol/L}$$

$c(S^{2-})$可根据二级解离平衡计算

$$K_{a2}^{\theta}(H_2S) = \frac{c(H^+)c(S^{2-})}{c(HS^-)}$$

$$c(S^{2-}) = K_{a2}^{\theta}(H_2S)\frac{c(HS^-)}{c(H^+)}$$

因为 $K_{a2}^{\theta}(H_2S) \ll K_{a1}^{\theta}(H_2S)$，所以 $c(HS^-) \approx c(H^+)$，而 $c(S^{2-}) \approx K_{a2}^{\theta}(H_2S) = 1.3 \times 10^{-13}$mol/L，则

$$\alpha = \sqrt{\frac{K_{a1}^{\theta}}{c}} = \sqrt{\frac{1.1 \times 10^{-7}}{0.10}} \times 100\% = 1.04\%$$

计算结果表明，二元弱酸溶液中酸根离子浓度 $c(S^{2-})$近似等于 K_{a2}^{θ}，与弱酸的浓度关系不大。

3.3.3 同离子效应和缓冲溶液

1. 同离子效应

在弱电解质如 HAc 溶液中，加入易溶的强电解质如 NaAc，由于 NaAc 全部解离，产生 Na^+ 和 Ac^-，使溶液中的 Ac^- 增多，从而使 HAc 的解离平衡向左移动，HAc 的解离度降低。

$$HAc(aq) \rightleftharpoons H^+(aq) + Ac^-(aq)$$

这种在弱电解质溶液中加入含有相同离子的易溶强电解质，使弱电解质解离度降低的现象，称为同离子效应。

同理，在 $NH_3 \cdot H_2O$ 溶液中加入 NH_4Cl 也发生同离子现象。

【例 3.4】 在 0.100mol/LHAc 溶液中，加入 NaAc 固体，使其溶解后的浓度为 0.100mol/L，求混合溶液中 $c(H^+)$ 和 HAc 的解离度。

解：由于 NaAc 为强电解质，在溶液中完全解离，则其解离出的 Ac^- 浓度为 0.100mol/L。设平衡时 $c(H^+)=x$mol/L，则

	$HAc(aq) \rightleftharpoons$	$H^+(aq)$	$+Ac^-(aq)$
初始浓度/(mol/L)	0.100	0	0.100
平衡浓度/(mol/L)	$0.100-x$	x	$0.100+x$

$$K_a^\theta(HAc)=\frac{c(H^+)c(Ac^-)}{c(HAc)}$$

$$1.8\times10^{-5}=\frac{x(0.100+x)}{0.100-x}$$

因为 $c/K_a^\theta=\frac{0.100}{1.8\times10^{-5}}>500$，再加上 NaAc 的加入，大大抑制了 HAc 的解离，使得 $x \ll 0.100$，从而 $0.100+x \approx 0.100$，$0.100-x \approx 0.100$。所以

$$x=1.8\times10^{-5}\text{mol/L},\quad c(H^+)=1.8\times10^{-5}\text{mol/L}$$

$$\alpha_2=\frac{x}{0.100}\times100\%=\frac{1.8\times10^{-5}}{0.100}\times100\%=1.8\times10^{-2}\%$$

由例 3.2 计算知，0.100mol/LHAc 溶液的解离度 α 为 1.34%，则

$$\alpha/\alpha_2=\frac{1.34\%}{1.8\times10^{-2}\%}=74.44\ (\text{倍})$$

解离度降低了 74.44 倍，可见同离子效应对平衡的影响很大。

2. 缓冲溶液

【缓冲溶液】

一般水溶液的 pH 不易保持稳定，外加少量的强酸或强碱后 pH 均有明显的变化。但是，由 HAc 和 NaAc、$NH_3 \cdot H_2O$ 和 NH_4^+、NaH_2PO_4 和 Na_2HPO_4 等组成的溶液，其 pH 比较稳定。这种当向溶液中加入少量的酸或碱，或者将溶液稀释，其 pH 并无明显变化的溶液叫作缓冲溶液。

1）缓冲作用的原理

现以 HAc－NaAc 混合溶液为例说明缓冲作用的原理。在 HAc 和 NaAc 组成的混合溶液中存在以下解离过程

$$HAc \rightleftharpoons H^+ + Ac^-$$

$$NaAc \longrightarrow Na^+ + Ac^-$$

这种缓冲溶液体系的特点是：溶液中存在大量的 Ac^- 和 HAc 分子，即在缓冲溶液中同时存在大量弱酸分子及该弱酸根离子（或大量的弱碱和该弱碱的阳离子）。缓冲溶液中的弱酸及其盐（或弱碱及其盐）称为缓冲对。

当向此混合溶液中加入适量酸时，溶液中大量的 Ac^- 瞬间即与加入的 H^+ 结合而生成难解离的 HAc 分子，使溶液中的 H^+ 浓度几乎不变，即 Ac^- 起了抗酸的作用。当加入适量强碱时，溶液中的 H^+ 将与 OH^- 结合成 H_2O，使 HAc 的解离平衡向右移动，继续解离出 H^+ 与 OH^- 结合，使溶液中 OH^- 的总浓度几乎不变，因而 HAc 分子在这里起了抗碱的作用。根据 $c(H^+)=\frac{K^\theta_{a(HAc)}c(HAc)}{c(Ac^-)}$，当适量稀释此溶液时，由于 $c(HAc)$、$c(Ac^-)$ 以同等倍数下降，比值 $\frac{c(HAc)}{c(Ac^-)}$ 基本不变，因此，$c(H^+)$、pH 也基本不变。

除弱酸与其弱酸盐、弱碱与其弱碱盐可组成缓冲溶液外，由多元弱酸所组成的两种不同酸度的盐，如 $NaHCO_3$ 和 Na_2CO_3、NaH_2PO_4 和 Na_2HPO_4 的混合溶液也有缓冲作用，其中 $NaHCO_3$ 和 NaH_2PO_4 起着弱酸的作用。

含有缓冲混合物的缓冲溶液实际上就是含有同离子的弱酸或弱碱溶液，因此其 pH 的计算方法与同离子效应的计算方法相同。

2）缓冲溶液的应用

缓冲溶液在工业、农业、生物学和化学领域应用很广。如在 Si 半导体器件的生产过程中，需要用氢氟酸腐蚀以除去硅片表面没有用胶膜保护的那部分氧化膜 SiO_2，反应式

$$SiO_2+6HF \longrightarrow H_2[SiF_6]+2H_2O$$

若单独用 HF 溶液作腐蚀液，$c(H^+)$ 太大，而且随着反应进行，$c(H^+)$ 会发生变化，溶液 pH 不稳定，造成腐蚀不均匀。因此需要用 HF 和 NH_4F 的混合溶液进行腐蚀，才能达到工艺要求。人体血液中有 $H_2CO_3-NaHCO_3$ 等缓冲体系，以维持 pH 在 7.35～7.45，才适合细胞代谢正常活动，否则将发生酸或碱中毒，使机体无法生存；在电镀、制革、染料等工业中，时常需要控制电镀液在一定的 pH；在土壤中，由于含有 H_2CO_3、$NaHCO_3$、NaH_2PO_4 和 Na_2HPO_4 及其他有机酸及盐组成的复杂的缓冲系统，能让土壤维持一定的 pH，从而保证了植物的正常生长。

缓冲溶液对生命体的意义

缓冲溶液对生命体有着十分重要的意义。人体的血液就是一种缓冲体系。经过粗略估算：每人每天需耗用氧约 600L，产生 480L 二氧化碳，约产生 21mol 碳酸。然而人从吸入氧气至呼出二氧化碳的整个过程中，血液的 pH 始终保持在 7.35～7.45，变化甚微。这除了人体具有排酸功能，即加深呼吸排除 CO_2 以及从肾排除过剩的酸外，应归功于血液的缓冲作用。

血液中能起缓冲作用的缓冲组分主要有如下 4 对：(1)碳酸-碳酸氢盐($H_2CO_3-NaHCO_3$，$H_2CO_3-KHCO_3$)；(2)血浆蛋白缓冲体系(HPr－NaPr)；(3)血红蛋白缓冲体系(HHb－KHb，$HHbO_2-KHbO_2$)；(4)磷酸氢盐缓冲体系($NaH_2PO_4-Na_2HPO_4$，$KH_2PO_4-K_2HPO_4$)。

糖、脂肪和蛋白质等营养物质在体内氧化分解的最终产物是二氧化碳和水，在碳酸酐酶的催化下，转化为碳酸，因此碳酸是体内产生量最多和最主要的酸性物质。血液中对碳酸直接起缓冲作用的是血红蛋白（HHb）和氧合血红蛋白（$HHbO_2$）缓冲体系。由于血红蛋白的酸性比氧合血红蛋白的弱，故前者的共轭碱（Hb^-）对碳酸的缓冲能力比氧合血红蛋白的共轭碱（HbO_2^-）强。当血液流经组织的毛细血管时，氧合血红蛋白释放氧气（O_2），转变为去氧血红蛋白，这时增加了对来自组织细胞的二氧化碳产生碳酸的缓冲能力。而当血液流经肺泡毛细血管时，血红蛋白结合氧转变为氧合血红蛋白，碳酸被酶催化分解为 CO_2 和水，CO_2 通过肺泡排出体外，此时血液缓冲碳酸的能力降低，酸性相对增强，这样正好抵消了由于 CO_2 的排出造成血液酸性降低的影响，使血液的 pH 维持在 7.35～7.45。

血液对体内代谢过程中产生的非挥发性酸如乳酸、丙酮酸等也有缓冲作用。这些物质一般不能在肺泡中排出，主要靠血浆中碳酸氢盐的缓冲作用，如对乳酸的作用生成的碳酸转变为二氧化碳经由肺泡排出体外。

血液对碱性物质也有缓冲作用，它们主要来源于食物。人们吃的蔬菜和果类，其中含有柠檬酸钠、钾盐、磷酸氢二钠和碳酸氢钠等碱类，它们在体内产生的碱进入血液时，会使体液的 OH^- 浓度升高。此时主要靠血浆中的碳酸-碳酸氢盐，同时也靠磷酸氢盐和血浆蛋白的缓冲作用。

当血液的 pH$<$7.3 时，新陈代谢产生的二氧化碳不能从细胞进入血液；当血液的 pH$>$7.5 时，肺中的二氧化碳不能有效地同氧气交换排出体外。这时会出现酸中毒或碱中毒现象，严重时生命就不能继续维持。

3.4 难溶电解质的沉淀溶解平衡

沉淀反应是无机化学中极为普遍的一种反应。在化工生产和科学实验中常应用沉淀反应来进行离子的鉴定、分离、除去溶液中的杂质及制备某些难溶物质。而在许多情况下，又需要防止沉淀的生成或促使沉淀溶解。本节将讨论难溶电解质沉淀、溶解的基本原理和应用。

3.4.1 沉淀溶解平衡与溶度积

1. 溶度积

通常把在 100g 水中的溶解度小于 0.01g 的物质称为难溶物质，溶解度在 0.01～0.1g 的物质称为微溶物，溶解度较大的称为易溶物，绝对不溶于水的物质是没有的。例如，难溶电解质 $BaSO_4$ 在水中的溶解度虽然很小，但还会有一定数量的 SO_4^{2-} 和 Ba^{2+} 离开晶体表面而溶入水中。同时，已溶解的 SO_4^{2-} 和 Ba^{2+} 又会不断地从溶液中回到晶体表面析出。在一定条件下，当溶解与沉淀的速率相等时，便建立了固体和溶液中离子之间的动态平衡，这种平衡叫作溶解-沉淀平衡。

$$BaSO_4(s) \rightleftharpoons Ba^{2+}(aq) + SO_4^{2-}(aq)$$

其平衡常数表达式为

$$K^{\theta}=K_{sp}^{\theta}(BaSO_4)=c(Ba^{2+})c(SO_4^{2-})$$

上式表明：难溶电解质的饱和溶液中，当温度一定时，各组分离子浓度幂的乘积为一常数，这个平衡常数称为溶度积常数 K_{sp}^{θ}，简称溶度积。

根据平衡常数表达式的书写原则，对于通式

$$A_nB_m(s) \rightleftharpoons nA^{m+}(aq)+mB^{n-}(aq)$$

溶度积的表达式简写为 $$K_{sp}^{\theta}(A_nB_m)=\{c(A^{m+})\}^n \cdot \{c(B^{n-})\}^m \qquad (3-12)$$

K_{sp}^{θ}是表征难溶电解质溶解能力的特性常数。与其他平衡常数一样，K_{sp}^{θ}也是温度的函数，K_{sp}^{θ}的数值既可由实验测定，也可以根据热力学数据来计算。本书附表 6 有常见难溶电解质溶度积的实验数据 K_{sp}，粗略计算可当做 K_{sp}^{θ}使用。

2. *溶度积与溶解度*

溶度积 K_{sp}^{θ}和溶解度 s 在概念上虽有所不同，但它们都可以表示难溶电解质在水中的溶解情况，都是反映溶解能力的特征常数。可以根据溶度积表达式进行溶度积与溶解度之间的相互换算。在换算时要注意，溶解度采用的单位为 mol/L。

【例 3.5】 已知 298.15K 时，$K_{sp}^{\theta}(BaSO_4)=1.08\times10^{-10}$，求 $BaSO_4$ 的溶解度。

解： 设 $BaSO_4$ 的溶解度为 $s$mol/L，则由

$$BaSO_4(s) \rightleftharpoons Ba^{2+}(aq)+SO_4^{2-}(aq)$$

$$K_{sp}^{\theta}(BaSO_4)=c(Ba^{2+})c(SO_4^{2-})=s^2$$

$$s=\sqrt{K_{sp}^{\theta}(BaSO_4)}=\sqrt{1.08\times10^{-10}}=1.04\times10^{-5}(mol/L)$$

计算结果表明，对于基本上不水解的 AB 型难溶强电解质，其溶解度在数值上等于其溶度积的平方根，即

$$s=\sqrt{K_{sp}^{\theta}} \qquad (3-13)$$

同理可推导出 AB_2 型或 A_2B 型难溶强电解质(如 Ag_2CrO_4、CaF_2 等)其溶度积与溶解度间的关系

$$s=\sqrt[3]{\frac{K_{sp}^{\theta}}{4}} \qquad (3-14)$$

由式 (3-13)、式(3-14)可看出，对于同一类型的难溶电解质，可以通过溶度积 K_{sp}^{θ}的大小来比较它们的溶解度大小。例如，均属 AB 型的难溶电解质 AgCl、$BaSO_4$ 和 $CaCO_3$ 等，在相同温度下，溶度积越大，溶解度也越大；反之亦然。但对不同类型的难溶电解质，则不能认为溶度积小的，溶解度也一定小，而要通过计算来比较溶解度大小。

应用溶度积不仅可以计算难溶电解质的溶解度，更重要的是可以用它判断溶液中沉淀的生成或溶解。

3. *溶度积规则及其应用*

1) 溶度积规则

难溶电解质的沉淀-溶解平衡与其他平衡一样，也是一种动态平衡。如果改变平衡条件，可以使平衡向着沉淀溶解的方向移动，即沉淀溶解；也可以使平衡向着生成沉淀的方向移动，即沉淀析出。

对于难溶电解质 A_nB_m，其有关离子浓度幂的乘积称为难溶电解质的离子积，以 Q 表示

$$Q=\{c(A^{m+})\}^n \cdot \{c(B^{n-})\}^m \quad (3-15)$$

式中，$c(A^{m+})$、$c(B^{n-})$分别为在任意时刻 A^{m+} 和 B^{n-} 的浓度。在沉淀反应中，根据溶度积的概念和平衡移动原理，可以推断：

当 $Q>K_{sp}^{\theta}$ 时，沉淀从溶液中析出；

当 $Q=K_{sp}^{\theta}$ 时，平衡状态，溶液饱和；

当 $Q<K_{sp}^{\theta}$ 时，沉淀溶解或无沉淀析出。

以上规律为溶度积规则，应用溶度积规则可以判断沉淀生成和溶解。从溶度积规则可以看出，沉淀的生成与溶解关键在于构成难溶电解质的有关离子浓度，可以通过控制这些有关的离子浓度，设法使平衡向着希望的方向进行。

2）沉淀的生成及同离子效应

（1）沉淀的生成。根据溶度积规则，在难溶电解质的溶液中，只要 $Q>K_{sp}^{\theta}$，沉淀就能生成。

【例 3.6】 298.15K 时，在 20mL 0.020mol/LNa_2SO_4 溶液中加入 10mL 0.20mol/L $BaCl_2$ 溶液，判断有无 $BaSO_4$ 沉淀生成？（已知 $K_{sp}^{\theta}(BaSO_4)=1.08\times10^{-10}$）

解：两溶液混合后，总体积为 0.03L，各相关离子浓度为

$$c(Ba^{2+})=0.01L\times0.20mol/L/0.03L=0.067mol/L$$

$$c(SO_4{}^{2-})=0.02L\times0.02mol/L/0.03L=0.013mol/L$$

离子积 $Q=c(Ba^{2+})c(SO_4^{2-})=0.067\times0.013=8.71\times10^{-4}>1.08\times10^{-10}$

$Q>K_{sp}^{\theta}$，故 $BaSO_4$ 沉淀能生成。

（2）同离子效应。在难溶电解质的饱和溶液中加入含相同离子的易溶强电解质时，难溶电解质的多相离子平衡将发生移动。例如在 $CaCO_3$ 的饱和溶液中存在如下沉淀-溶解平衡

$$CaCO_3 \rightleftharpoons Ca^{2+}+CO_3^{2-}$$

若在 $CaCO_3$ 的饱和溶液中加入 Na_2CO_3 溶液，由于 CO_3^{2-} 浓度增加，溶液中 $c(Ca^{2+})\cdot c(CO_3^{2-})>K_{sp}^{\theta}(CaCO_3)$，破坏了原来 $CaCO_3$ 的沉淀-溶解平衡，平衡将向生成 $CaCO_3$ 沉淀的方向移动，直至溶液中 $c(Ca^{2+})c(CO_3^{2-})=K_{sp}^{\theta}(CaCO_3)$为止。达到新平衡后，溶液中 Ca^{2+} 浓度降低了，也就是降低了 $CaCO_3$ 的溶解度。这种因加入含相同离子的易溶强电解质，而使难溶电解质溶解度降低的现象称作同离子效应。

【例 3.7】 求 298.15K 时，AgCl 在 0.10mol/L NaCl 溶液中的溶解度。（已知 $K_{sp}^{\theta}(AgCl)=1.77\times10^{-10}$）

解：设 AgCl 在 0.10mol/L NaCl 溶液中溶解度为 $s=x$mol/L，则

$$AgCl(s) \rightleftharpoons Ag^{+}+Cl^{-}$$

平衡浓度/(mol/L)　　x　　$x+0.10$

$$c(Ag^{+})\cdot c(Cl^{-})=K_{sp}^{\theta}(AgCl)$$

代入溶度积表达式中

$$x(x+0.10)=1.77\times10^{-10}$$

由于 $K_{sp}^{\theta}(AgCl)$很小，即 AgCl 溶解度很小，则 $x+0.10\approx0.10$，所以

$$x=1.77\times10^{-9}$$

$$s=1.77\times10^{-9}mol/L$$

即 298.15K 时，AgCl 在 0.1mol/L NaCl 溶液中的溶解度为 1.77×10^{-9}mol/L，相当于在纯水中的溶解度(1.33×10^{-5}mol/L)的万分之一。

3.4.2 分步沉淀

在实际工作中常常会遇到溶液中同时含有多种离子，当加入某种沉淀剂时，这些离子可能与该沉淀剂都能发生沉淀反应，生成难溶电解质。当控制条件逐滴加入沉淀剂时，哪种离子先沉淀出来，哪种离子后沉淀出来，即离子沉淀的先后顺序是怎样的？

根据溶度积规则，在难溶电解质的溶液中只要 $Q>K_{sp}^{\theta}$，沉淀就能生成。所以当加入的沉淀剂能使溶液中几种离子生成沉淀时，离子积(Q)首先超过溶度积(K_{sp}^{θ})的难溶电解质先沉淀出来。例如，在含有等浓度的 Cl^- 和 I^- 混合溶液中，逐滴加入 $AgNO_3$ 溶液，先是产生黄色的 AgI 沉淀，后来才出现白色的 AgCl 沉淀。这种在混合溶液中，多种离子发生先后沉淀的现象称为分步沉淀。一般认为，溶液中离子浓度小于 1.0×10^{-5} mol/L 的，即为沉淀完全。在实际工作中，常利用分步沉淀来实现离子分离的目的。

【例 3.8】 某溶液中含有 0.010mol/L Cl^- 和 0.010mol/L I^-，逐滴加入 $AgNO_3$ 溶液，哪种离子首先被沉淀出来？当第二种离子开始沉淀析出时，第一种离子是否被沉淀完全？(忽略溶液体积变化)

解： 查表得 $K_{sp}^{\theta}(AgCl)=1.77\times10^{-10}$，$K_{sp}^{\theta}(AgI)=8.52\times10^{-17}$，根据溶度积规则，生成 AgCl、AgI 所需 Ag^+ 的最低浓度分别为

$$\text{AgCl：} c_1(Ag^+)>\frac{K_{sp(AgCl)}^{\theta}}{c(Cl^-)}=\frac{1.77\times10^{-10}}{0.010}=1.77\times10^{-8}(\text{mol/L})$$

$$\text{AgI：} c_2(Ag^+)>\frac{K_{sp(AgI)}^{\theta}}{c(I^-)}=\frac{8.52\times10^{-17}}{0.010}=8.52\times10^{-15}(\text{mol/L})$$

$c_1(Ag^+)\gg c_2(Ag^+)$，所以 AgI 先沉淀出来，AgCl 后沉淀出来。

当 AgCl 开始沉淀的前一瞬间，溶液中的 $c(Ag^+)$ 必须同时满足下列两个关系式

$$c(Ag^+)\cdot c(Cl^-)=K_{sp}^{\theta}(AgCl)$$

$$c(Ag^+)\cdot c(I^-)=K_{sp}^{\theta}(AgI)$$

即在 AgCl 开始沉淀的前一瞬间，溶液中的 $c(I^-)$ 为

$$c(I^-)=K_{sp}^{\theta}(AgI)\cdot c(Cl^-)/K_{sp}^{\theta}(AgCl)=\frac{8.52\times10^{-17}\times0.010}{1.77\times10^{-10}}(\text{mol/L})$$

$$=4.81\times10^{-9}(\text{mol/L})$$

计算结果表明，在 AgCl 开始沉淀的前一瞬间，溶液中 $c(I^-)=4.81\times10^{-9}$ mol/L$<1.0\times10^{-5}$ mol/L，即溶液中 I^- 已沉淀完全，所以通过逐滴加入 $AgNO_3$ 溶液即可达到 Cl^- 与 I^- 分离的目的。

3.4.3 沉淀的溶解和转化

1. 沉淀的溶解

根据溶度积原理，只要设法降低难溶电解质饱和溶液中有关离子的浓度，使其离子积(Q)小于溶度积(K_{sp}^{θ})，沉淀就能溶解。通常可采用以下三种方法。

【沉淀的溶解】

1）生成弱电解质

利用酸与难溶电解质的组分离子结合成可溶性弱电解质，如 $Fe(OH)_3$、$Mg(OH)_2$、$Cu(OH)_2$ 等金属氢氧化物和难溶盐如 $CaCO_3$、ZnS

等，常常可以用强酸来溶解。发生反应如下

$$\begin{array}{rl} Mg(OH)_2(s) \rightleftharpoons Mg^{2+} + & 2OH^- \\ & + \\ 2HCl \longrightarrow 2Cl^- + & 2H^+ \\ & \downarrow \\ & 2H_2O \end{array}$$

$Mg(OH)_2$ 固体电离出来的 OH^- 与酸提供的 H^+ 结合成弱电解质 H_2O，降低了溶液中 OH^- 的浓度，使 $Q<K_{sp}^{\theta}$，于是平衡向着沉淀溶解的方向移动。

某些难溶氢氧化物还能溶于铵盐，如

$$\begin{array}{rl} Mg(OH)_2(s) \rightleftharpoons Mg^{2+} + & 2OH^- \\ & + \\ & 2NH_4^+ \\ & \downarrow \\ & 2NH_3 \cdot H_2O \end{array}$$

2）氧化还原法

利用氧化还原反应可降低难溶电解质组分离子的浓度，使 $Q<K_{sp}^{\theta}$，于是平衡向着沉淀溶解方向移动。一些溶度积非常小的金属硫化物，如 CuS、PbS、Ag_2S 等，它们的溶液中 S^{2-} 浓度很小，不足以与 H^+ 结合生成 H_2S，但若使用具有氧化性的硝酸，能将 S^{2-} 氧化成单质 S，从而大大降低 S^{2-} 的浓度，使沉淀溶解。例如

$$\begin{array}{rl} 3CuS(s) \rightleftharpoons 3Cu^{2+} + & 3S^{2-} \\ & + \\ & 8H^+ + 2NO_3^- \\ & \downarrow \\ & 3S\downarrow + 2NO\uparrow + 4H_2O \end{array}$$

3）生成难解离的配离子

若难溶电解质中解离出的简单离子能与某些试剂形成配离子，由于配离子具有较强的稳定性，使简单离子的浓度降低，从而达到 $Q<K_{sp}^{\theta}$，使沉淀溶解。如 AgCl 不溶于强酸，但能溶于氨水，其反应为

$$\begin{array}{rl} AgCl(s) \rightleftharpoons & Ag^+ + Cl^- \\ & + \\ & 2NH_3 \cdot H_2O \\ & \downarrow \\ & [Ag(NH_3)_2]^+ + 2H_2O \end{array}$$

2. 沉淀的转化

借助于某一试剂，将一种难溶电解质向另一种难溶电解质转变的过程，称为沉淀的转化。例如，有一种锅炉垢的主要成分是 $CaSO_4$，由于锅炉垢的导热能力很小，阻碍传热，浪费能源，但 $CaSO_4$ 既难溶于水又难溶于酸，难以除去。若用 Na_2CO_3 溶液处理，则可使 $CaSO_4$ 转化为疏松而可溶于酸的 $CaCO_3$ 沉淀，便于锅炉垢的清除。其反应是

【沉淀的转化】

$$CaSO_4(s) + CO_3^{2-} \rightleftharpoons CaCO_3(s) + SO_4^{2-}$$

反应的平衡常数

$$K^{\theta}=K_{sp}^{\theta}(CaSO_4)/K_{sp}^{\theta}(CaCO_3)=\frac{4.93\times10^{-5}}{2.8\times10^{-9}}=1.8\times10^{4}$$

此平衡常数比较大，表明沉淀转化较完全。一般来说，由一种难溶的电解质转化为更难溶的电解质的过程很容易实现；反过来，由一种很难溶的电解质转化为不太难溶的电解质则比较困难。

利用沉淀转化法制备超微粉末

近年来在人们所熟知的分子微观世界与凝聚态物体的宏观世界之间，又开辟了一个称为“介观”的领域。该领域的颗粒尺寸一般在1～100nm，称为超微粒子。超微粒子由数十或数百个原子或分子组成，当小粒子尺寸进入纳米量级时，显示出了普通大颗粒材料不具有的特性，即表面与界面效应、小尺寸效应、宏观量子隧道效应和量子尺寸效应等，使得超微粒子在保持原物质的化学性质的同时，在电学、磁学、光学、热阻、熔点、催化和化学活性等方面表现出奇异的性能。目前随着超微粉研究与应用，制备方法主要分四大类：气相法、液相法、固相法和沉淀转化法。其中沉淀转化法的理论依据是根据难溶化合物溶度积的不同，通过改变沉淀转化剂的浓度、转化温度以及借助表面活性剂来控制颗粒生长和防止颗粒团聚，获得单分散超微粒子。这种方法具有原料成本低、实验设备简单、工艺流程短、产率高等优点。

由于许多过渡金属的氢氧化物、氧化物和碳酸盐等在水中的溶解度很小，所以沉淀转化法主要用于这类材料的制备。已经制备出的材料主要包括：$Co(OH)_2$、$La(OH)_3$、$Ni(OH)_2$、Al_2O_3、SiO_2、TiO_2、CuO、CeO_2、ZnO、ZrO_2和$PbCO_3$等超微粉。

与普通材料相比，超微材料由于晶粒度小和比表面积大而具有独特的物理化学性能。例如，与普通ZnO粉末相比，超微ZnO粉末具有优良的电活性、光活性、烧结活性和催化活性，因此常被称为活性ZnO。超微ZnO有很多用途，可用来制造气体传感器(图3.9)、变阻器(图3.10)、荧光体、紫外线遮蔽材料、压敏电阻、图像记录材料、压电材料、磁性材料及医药材料等。超微SiO_2主要应用于橡胶(图3.11)、粘合剂、涂料、塑料、功能纤维添加剂、电子封装材料、树脂合成材料等领域。而$PbCO_3$广泛用于推进剂的配方设计中，使用超微$PbCO_3$粉体可以大大改善推进剂的燃烧性能。

可以相信，随着研究的不断深入，更多具有更出色的光、电、磁性质的超微材料将被制备，沉淀转化这种经典的化学合成方法也将焕发出新的活力。

图3.9　气体传感器

图3.10　ZnO压阻变阻器

图3.11　添加超微SiO_2的橡胶

3.5 配位化合物和配离子的解离平衡

配位化合物简称配合物，是指形成体与配体以配位键结合形成的复杂化合物。早在1704年，普鲁士人Diesbach发现了第一个配合物——亚铁氰化钾(俗称普鲁士蓝，分子式为$K_4[Fe(CN)_6]$)；到了1798年，Tassaert合成了第一个配合物三氯化六氨合钴(Ⅲ)(分子式为$[Co(NH_3)_6]Cl_3$))。直至今日，人类已合成了成千上万种配合物，不仅数量极大、种类繁多，而且在化学、生物学、医药学、原子能等领域有很多应用。配合物的研究发展迅速，目前已成为一门独立的学科——配位化学。

3.5.1 配位化合物的组成和命名

1. 配合物的组成

向$CuSO_4$溶液中加入一定浓度的氨水，可以看到先有浅蓝色$Cu(OH)_2$沉淀生成，随着氨水的不断加入，沉淀溶解，变为深蓝色的溶液，这是因为溶液中的Cu^{2+}与$NH_3 \cdot H_2O$生成了铜氨溶液，离子反应方程式为

$$Cu^{2+} + 4NH_3 \cdot H_2O \rightleftharpoons [Cu(NH_3)_4]^{2+} + 4H_2O$$

在$[Cu(NH_3)_4]^{2+}$中，4个NH_3通过N与Cu^{2+}以配位键结合，这种复杂离子称为配离子，为配合物的内界；SO_4^{2-}仍为游离态的离子，称为配合物的外界。含有配离子的化合物称为配位化合物，简称配合物。内界是配合物的特征部分，是由中心离子(或原子)与一定数目的配位体(分子或离子)，通过配位键结合形成的一个稳定的整体，在配合物化学式中用方括号标明。内界与外界间以离子键结合。

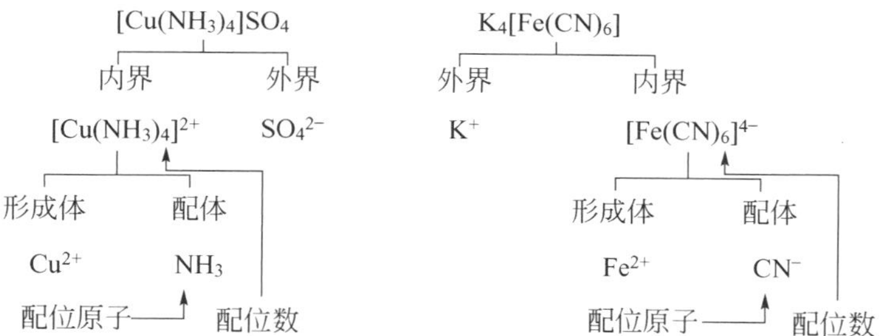

有些配离子是不带电荷的分子，本身就是配合物，如$[PtCl_2(NH_3)_2]$、$[CoCl_3(NH_3)_3]$、$[Ni(CO)_4]$、$[Fe(CO)_5]$等，这些配合物中不存在外界。

1) 形成体

在配合物内界，位于中心位置的带正电荷的离子(或中性原子)称为配合物的中心离子(或原子)，也叫配合物的形成体。配合物的形成体通常是金属阳离子和原子，如$[Cu(NH_3)_4]^{2+}$中的Cu^{2+}，$[Fe(CN)_6]^{4-}$中的Fe^{2+}，$[Ni(CO)_4]$中的Ni，$[Fe(CO)_5]$中的Fe。另外，少数高氧化态的非金属元素也可作为中心离子，如$[SiF_6]^{2-}$中的Si^{4+}，$[BF_4]^-$中的B^{3+}。

2）配位个体、配位体和配位原子

配位个体是指由形成体结合一定数目配体所形成的结构单元，如 $[Cu(NH_3)_4]^{2+}$、$[Ni(CO)_4]$。在配合物中，与形成体结合的分子或离子称为配位体，简称配体。如在 $[CrCl_2(H_2O)_4]^+$ 中，配体是 Cl^- 和 H_2O 分子；在 $[Cu(NH_3)_4]^{2+}$ 中，配体是 NH_3 分子。配位原子是指在配体中能够提供孤对电子与形成体直接配位的原子。如在 H_2O 配体中，O 原子是配位原子；在 NH_3 配体中，N 原子是配位原子；在 Cl^- 配体中，Cl 原子是配位原子。常见的配位原子有 C、N、O、S 和卤素等原子。

在配体中，如果每个配体只能提供一个配位原子，这样的配体称为单齿配体，如 NH_3、H_2O、Cl^-、CO 等。如果一个配体可以提供两个或两个以上的配位原子与形成体形成多个配位键，这样的配体称为多齿配体。如乙二胺（结构简式 $H_2N—CH_2—CH_2—NH_2$，简写为 en）就是双齿配体，其中 2 个 N 原子均可作为配位原子；又如乙二胺四乙酸根离子（简写为 EDTA，或 Y^{4-}）就是六齿配体，它的结构简式为

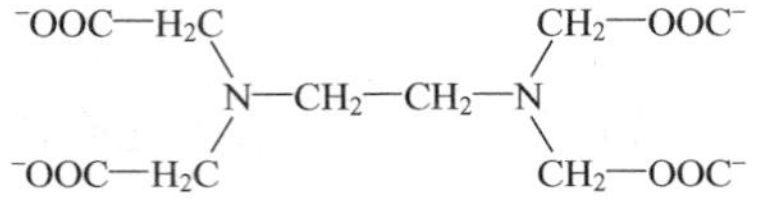

```
⁻OOC—H₂C                  CH₂—OOC⁻
        \                /
         N—CH₂—CH₂—N
        /                \
⁻OOC—H₂C                  CH₂—OOC⁻
```

其中 2 个 N 和 4 个 O 共 6 个原子均可作为配位原子。由多齿配体与同一形成体形成的环状配合物又称螯合物，如 $[Cu(en)_2]^{2+}$、$[CaY]^{2-}$ 等（图 3.12）。

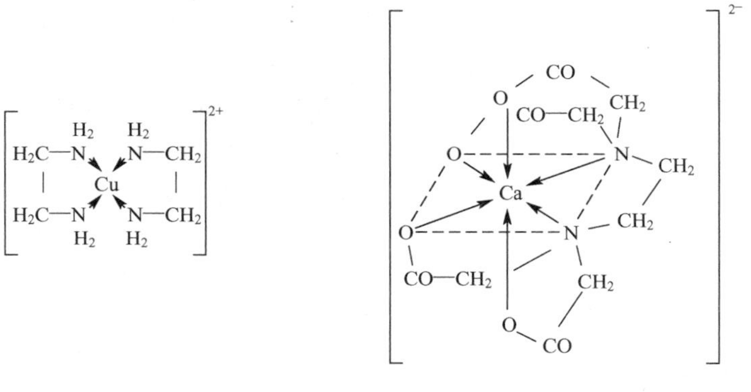

图 3.12　$[Cu(en)_2]^{2+}$、$[CaY]^{2-}$ 的结构示意图

3）配位数

配合物中，直接与形成体结合的配位原子的总数称为配位数。在只有单齿配体存在的配合物中，配位数就是配体的个数，如在 $[Cu(NH_3)_4]^{2+}$ 配离子中配位数是 4，在 $[CoCl_3(NH_3)_3]$ 配合物分子中配位数是 6。在有多齿配体存在的配合物中配位数不等于配体的个数，如乙二胺与 Cu^{2+} 形成的配离子 $[Cu(en)_2]^{2+}$ 中有两个 en 分子，即两个配体，每个配体可以提供两个配位原子，则配位数是 $2\times2=4$，又如乙二胺四乙酸根离子与 Ca^{2+} 形成 $[CaY]^{2-}$ 配离子，在这个配离子中一个配体 Y^{4-} 提供六个配位原子，所以配位数是 6。

4）配离子的电荷

配离子的电荷就是形成体和配体电荷的代数和，常根据配合物的外界离子电荷数来确

定。例如，$K_4[Fe(CN)_6]$中配离子的电荷数可根据 Fe^{2+} 和 6 个 CN^- 电荷的代数和确定为−4，也可根据配合物外界离子(4 个 K^+)电荷数，确定$[Fe(CN)_6]^{4-}$的电荷数为−4。

2. 配合物的命名及书写

1) 配合物的命名

配合物的命名一般遵循无机化合物命名的原则。在含配离子的配合物中，命名时阴离子在前，阳离子在后。对于含配阳离子的配合物，若外界为简单酸根离子，则称“某化某”；若外界为复杂酸根离子，则称“某酸某”。对于含配阴离子的配合物，则配阴离子与外界的阳离子之间加“酸”字连接，即“某酸某”；若外界为氢离子，则在配阴离子之后缀以“酸”字，即“某酸”。

配合物与一般无机化合物命名的主要不同点是配合物内界的命名，内界的命名顺序为：

配位体数⟶配位体⟶合⟶形成体(氧化数，以大写罗马数字表示)

各配位体按以下原则进行命名：

(1) 先无机配体，后有机配体，如先 NH_3，后乙二胺(en)。

(2)先阴离子配体，后中性分子配体，如先 Cl^-，后 NH_3。不同配位体之间以小黑点“·”分开。

(3) 若为同类配体，则按配位原子元素符号的英文字母顺序排列，如 NH_3 在前，H_2O 在后；若为同类配体、同配位原子，则含较少原子数的配体排在前，如 NH_3 在前，NH_2OH 在后；若为同类配体、同配位原子，且原子数目也相同，则比较与配位原子相连的原子的元素符号的英文字母顺序，如 NH_2^- 在前，NO_2^- 在后。

(4) 有些配体具有相同的化学式，但因配位原子不同而有不同的命名。如 NO_2^-(硝基，N 为配位原子)、ONO^-(亚硝酸根，O 为配位原子)、NCS^-(异硫氰根，N 为配位原子)、SCN^-(硫氰根，S 为配位原子)。

(5) 配位体个数以“一、二、三”等数字表示，常常可以将“一”省略。

配合物命名示例如下：

$[Co(NH_3)_5(H_2O)]Cl_3$	三氯化五氨·一水合钴(Ⅲ)
$[CrCl_2(H_2O)_4]Cl$	氯化二氯·四水合铬(Ⅲ)
$[Cu(NH_3)_4]SO_4$	硫酸四氨合铜(Ⅱ)
$H_2[SiF_6]$	六氟合硅(Ⅳ)酸
$Na_2[CaY]$	乙二胺四乙酸根合钙(Ⅱ)酸钠
$Fe_4[Fe(CN)_6]_3$	六氰合铁(Ⅱ)酸铁
$[Ni(CO)_4]$	四羰基合镍
$[Co(NO_2)_3(NH_3)_3]$	三硝基·三氨合钴(Ⅲ)

2) 配合物的书写

配合物的组成比较复杂，书写配合物的化学式时应遵循以下两条原则：

(1) 含配离子的配合物，其化学式中阳离子写在前，阴离子写在后。

(2) 配位个体中，先写形成体的元素符号，再依次写出配体，将整个配位个体的化学式括在方括号内。在方括号内，不同配体的书写顺序与命名顺序一致。

3.5.2 配位平衡

1. 配位平衡

向$[Cu(NH_3)_4]SO_4$溶液中滴加稀NaOH溶液，并不产生$Cu(OH)_2$沉淀。但若滴加少量Na_2S溶液，就会有黑色CuS沉淀产生。说明在$[Cu(NH_3)_4]SO_4$溶液中有自由的Cu^{2+}存在，只不过Cu^{2+}浓度极低。从上面的例子可以看出，在水溶液中，配离子本身能够或多或少地解离出它的中心离子和配体。事实上，在$[Cu(NH_3)_4]SO_4$溶液中存在如下平衡

$$[Cu(NH_3)_4]^{2+} \rightleftharpoons Cu^{2+} + 4NH_3; \quad K_d^\theta = K_{(不稳)}^\theta = \frac{c(Cu^{2+}) \cdot \{c(NH_3)\}^4}{c\{[Cu(NH_3)_4]^{2+}\}} \tag{3-16a}$$

$$Cu^{2+} + 4NH_3 \rightleftharpoons [Cu(NH_3)_4]^{2+}; \quad K_f^\theta = K_{(稳)}^\theta = \frac{c\{[Cu(NH_3)_4]^{2+}\}}{c(Cu^{2+}) \cdot \{c(NH_3)\}^4} \tag{3-16b}$$

式(3-16a)是配离子的解离反应，与之相应的标准平衡常数称为配离子的解离常数，用$K_{(不稳)}^\theta$或K_d^θ表示；式(3-16b)是配离子的生成反应，与之相应的标准平衡常数称为配离子的生成常数，用$K_{(稳)}^\theta$或K_f^θ表示。K_f^θ值越大，表示形成配离子的趋势越大，该配离子在水溶液中越稳定；K_d^θ值越大，表示配离子解离的趋势越大，该配离子在水溶液中越不稳定。因此，K_f^θ和K_d^θ又分别称为稳定常数和不稳定常数。显然，任何一个配离子稳定常数与不稳定常数互为倒数，即$K_f^\theta = 1/K_d^\theta$。对于同种类型的配离子，可以直接用$K_{(稳)}^\theta$比较其稳定性，对于不同类型的配离子，只有通过计算才能比较它们的稳定性。常见配离子的K_f^θ见附表7。

实际上在溶液中配离子的生成一般是分步进行的，每一步都对应一个稳定常数，称为逐级稳定常数，但由于配位剂往往是远远过量的，故常根据总稳定常数进行计算。

2. 配位平衡的移动

与其他平衡一样，改变影响配离子解离平衡的条件，平衡将发生移动。

1）改变溶液的pH

从配合物的组成可以看出，配体大多数是一些能与H^+结合成弱电解质的阴离子或分子，如F^-、Cl^-、CN^-、SCN^-、NH_3等，而且形成体(中心离子)在碱性条件下能发生水解。因此，改变溶液的pH会使配位平衡发生移动。例如，向深蓝色$[Cu(NH_3)_4]^{2+}$溶液中加入适量的酸，溶液会变为浅蓝色，这是因为加入的H^+与NH_3结合，生成了$NH_4{}^+$，促使$[Cu(NH_3)_4]^{2+}$配离子向解离的方向移动

$$[Cu(NH_3)_4]^{2+} + 4H^+ \rightleftharpoons Cu^{2+} + 4NH_4{}^+$$

2）配离子之间的转化

在某一配离子溶液中加入另一配体，若能形成更稳定的配离子，则原有的配位平衡被破坏，向着生成更稳定配离子的方向移动。例如

$$[Zn(NH_3)_4]^{2+} + 4CN^- \rightleftharpoons [Zn(CN)_4]^{2-} + 4NH_3$$

$$K^\theta = \frac{c([Zn(CN)_4]^{2-})}{c([Zn(NH_3)_4]^{2+})} \cdot \frac{\{c(NH_3)\}^4}{\{c(CN^-)\}^4} = \frac{c([Zn(CN)_4]^{2-})}{c([Zn(NH_3)_4]^{2+})} \cdot \frac{\{c(NH_3)\}^4}{\{c(CN^-)\}^4} \cdot \frac{c(Zn^{2+})}{c(Zn^{2+})}$$

$$= \frac{K_f^\theta([Zn(CN)_4]^{2-})}{K_f^\theta([Zn(NH_3)_4]^{2+})} = \frac{5.01 \times 10^{16}}{2.88 \times 10^9} = 1.74 \times 10^7$$

K^θ值很大，因此向含有$[Zn(NH_3)_4]^{2+}$的溶液中加入足够的CN^-，则$[Zn(NH_3)_4]^{2+}$可

完全转化为$[Zn(CN)_4]^{2-}$。一般地，两种配离子的稳定常数相差越大，配离子之间的转化越完全。

3）配离子与沉淀之间的转化

若在配合物溶液中加入一种沉淀剂，使形成体（中心离子）与沉淀剂反应生成沉淀，则配位平衡会向着配离子解离的方向移动；同样，一种沉淀物也会因与配位剂作用而溶解。例如，AgCl溶于氨水的反应

$$AgCl + 2NH_3 \rightleftharpoons [Ag(NH_3)_2]^+ + Cl^-$$

【例3.9】 计算25℃时，AgCl在6.0mol/L氨水溶液中的溶解度。

解： 查表知$K_{sp}^{\theta}(AgCl)=1.77\times10^{-10}$，$K_f^{\theta}([Ag(NH_3)_2]^+)=1.12\times10^7$。设25℃时，AgCl在氨水中的溶解度为$x$mol/L

	$AgCl+2NH_3 \rightleftharpoons$	$[Ag(NH_3)_2]^+$	$+Cl^-$
初始浓度/(mol/L)	6.0	0	0
平衡浓度/(mol/L)	$6.0-2x$	x	x

$$K^{\theta}=\frac{\{c[Ag(NH_3)_2]^+\}\cdot c(Cl^-)}{\{c(NH_3)\}^2}=K_{sp}^{\theta}(AgCl)K_f^{\theta}([Ag(NH_3)_2]^+)=\frac{x^2}{(6.0-2x)^2}$$

即

$$1.12\times10^7\times1.77\times10^{-10}=\frac{x^2}{(6.0-2x)^2}$$

解得

$$x=0.24$$

故25℃时，AgCl在6.0mol/L氨水中的溶解度为0.24mol/L。

3.5.3 配位化合物的应用

1. 分析化学方面

1）离子的定性鉴定

分析化学中的许多鉴定反应都是形成不同颜色配合物的反应。如$[Cu(NH_3)_4]^{2+}$为深蓝色，$[Fe(SCN)_n]^{3-n}$呈血红色，$[Co(NCS)_4]^{2-}$在丙酮中显艳蓝色等。

2）掩蔽剂

在用KSCN鉴定Co^{2+}时，会在丙酮中发生下列反应

$$\underset{\text{粉红}}{[Co(H_2O)_6]^{2+}} + 4SCN^- \longrightarrow \underset{\text{艳蓝}}{[Co(NCS)_4]^{2-}} + 6H_2O$$

若溶液中含有Fe^{3+}，会产生干扰，但只要在溶液中加入NaF，F^-与Fe^{3+}可以形成更稳定的无色配离子$[FeF_6]^{3-}$，这样可以避免Fe^{3+}对Co^{2+}鉴定的干扰。

3）萃取剂

金属离子与萃取剂（主要是多齿配体）形成的螯合物为中性时，一般易溶于有机溶剂，因此可用萃取法进行分离。

2. 冶金工业方面

金属的提炼过程若是在溶液中进行，称为湿法冶金。众所周知，贵金属很难氧化，但有适当配位剂存在时可形成配合物而溶解。例如，用NaCN溶液处理已经粉碎的含金、银的矿石，反应式如下

$$4Au+8NaCN+2H_2O+O_2 \longrightarrow 4Na[Au(CN)_2]+4NaOH$$

$$4Ag + 8NaCN + 2H_2O + O_2 \longrightarrow 4Na[Ag(CN)_2] + 4NaOH$$

然后用活泼金属（如锌）还原，可得单质金或银

$$2[Au(CN)_2]^- + Zn \longrightarrow [Zn(CN)_4]^{2-} + 2Au$$

目前，湿法冶金也向无毒无污染的方向发展，例如用 $S_2O_3^{2-}$ 代替 CN^- 浸出贵金属时，在溶液中加入 $[Cu(NH_3)_4]^{2+}$ 配离子，加速贵金属的溶解。

3. 生物医药方面

配合物在生物化学方面也起着重要作用。如输氧的血红素是含 Fe^{2+} 的配合物，人的呼吸就是靠该配合物来传递 O_2 的；叶绿素是含 Mg^{2+} 的复杂配合物，植物进行光合作用就是依靠叶绿素进行的；起血凝作用的是 Ca^{2+} 的配合物等。豆科植物根瘤菌中的固氮酶也是一种配合物，它可以把空气中的氮气直接转化为可被植物吸收的氮化合物，如果能实现人工合成固氮酶，就可以在常温常压下合成 NH_3，将对工农业生产的发展产生极大影响。利用放射性镓(Ga)的配合物在癌组织中集中的现象，可进行癌症诊断。

4. 电镀工业方面

电镀液中，常加配位剂来控制被镀离子的浓度。例如，用 $CuSO_4$ 溶液镀铜，操作虽简单，但镀层粗糙、厚薄不均、镀层与基体金属附着力差。若采用以 $K_4P_2O_7$ 为配位剂配成含 $[Cu(P_2O_7)_2]^{6-}$ 的电镀液，会使金属铜在镀件上析出的过程中生长速率减小，有利于形成比较光滑、均匀和附着力较好的镀层。

【科学家简介】

维尔纳：1866 年 12 月 12 日，维尔纳出生在法国阿尔萨斯的一个铁匠家庭。进入大学后，虽数学和几何总是不及格，但几何的空间概念和丰富的想象力使他在化学中取得重大成就。后来维尔纳成为瑞士苏黎世大学著名教授，首先提出“配位数”概念，建立了络合物的配位理论。1893 年，他发表了“论无机化合物的结构”一文，大胆提出了划时代的配位理论，这是无机化学和配位化学结构理论的开端。他的主要著作有《立体化学手册》《论无机化合物的结构》《无机化学领域的新观点》等。由于对配位理论的贡献，维尔纳于 1913 年获得诺贝尔化学奖。1919 年 11 月 15 日，维尔纳因动脉硬化于苏黎世逝世，年仅 53 岁。

本章小结

本章着重介绍了稀溶液的依数性、酸碱理论、弱电解质解离平衡、沉淀溶解平衡、配合物组成结构及其解离平衡，具体小结如下：

1. 稀溶液的依数性

难挥发性非电解质的稀溶液的蒸汽压下降、沸点上升、凝固点下降和渗透压与一定量溶剂中溶质的物质的量成正比；难挥发性的电解质溶液也具有以上四种性质，虽

然上述定量关系被破坏了，但其数值仍是随着溶质的粒子(离子或分子)数目增多而增大，这就是溶液的通性。因电解质在溶液中会发生解离，相同物质的量的电解质会产生比非电解质更多的粒子，故电解质溶液的以上四种性质偏高。

2. 酸碱质子理论

凡能给出质子的物质(分子或阴、阳离子)都是酸；凡能与质子结合的物质(分子或阴、阳离子)都是碱。给出质子后成为碱，接受质子后即成酸，这种酸碱的相互依存、相互转化的关系，称为酸碱共轭关系。酸碱反应的实质就是质子的传递。

3. 弱电解质的解离平衡

(1) 理解弱酸(弱碱)溶液的解离平衡，掌握一元弱酸(弱碱)溶液解离度(α)、离子浓度及pH的计算。

$$\alpha=\sqrt{\frac{K_a^\theta}{c}}$$

一元弱酸$c(H^+)$计算公式：$c(H^+)=c\alpha=\sqrt{cK_a^\theta}$

一元弱碱$c(OH^-)$计算公式：$c(OH^-)=c\alpha=\sqrt{cK_b^\theta}$

298K时 $pH=-\lg c(H^+)$，　$pOH=-\lg c(OH^-)$

$pH+pOH=14$

(2) 多元弱酸碱(分级解离)的$c(H^+)$、$c(OH^-)$一般可按一级解离常数近似计算。

(3) 同离子效应。在弱电解质溶液中，加入与该弱电解质具有相同离子的易溶强电解质，导致弱电解质的解离度降低。

(4) 缓冲溶液。溶液具有抵抗外加的少量强酸、强碱或适当稀释的影响，保持pH几乎不变的作用，称为缓冲作用。缓冲溶液是具有缓冲作用的溶液。

(5) 了解缓冲溶液在实际生产、医学和农业上应用的意义。

4. 沉淀与溶解平衡

(1) 溶度积K_{sp}^θ：溶度积是沉淀溶解平衡的平衡常数。

溶解度s：溶解度为单位体积中难溶物溶解的质量或物质的量。

(2) 难溶电解质在溶液中存在沉淀—溶解平衡

$$A_nB_m(s)\rightleftharpoons nA^{m+}(aq)+m\,B^{n-}(aq)$$

溶度积的表达式简写为　$K_{sp}^\theta(A_nB_m)=\{c(A^{m+})\}^n\cdot\{c(B^{n-})\}^m$

(3) 对于单一难溶电解质在水中的溶解度(s)，其溶度积与溶解度间的关系如下

AB型　$s=\sqrt{K_{sp}^\theta}$

A_2B型或AB_2型　$s=\sqrt[3]{\frac{K_{sp}^\theta}{4}}$

注意：对同一类型的难溶电解质，K_{sp}^θ越小，其溶解度也越小；对于不同类型的难溶电解质，K_{sp}^θ越小，溶解度不一定越小，其电解质不一定越难溶解。

(4) 溶度积规则。任一难溶电解质A_nB_m的多相离子反应，其离子积Q为

$$Q=\{c(A^{m+})\}^n\cdot\{c(B^{n-})\}^m$$

将Q与K_{sp}^θ比较，可以得出：

当 $Q>K_{sp}^{\theta}$ 时，沉淀从溶液析出；

当 $Q=K_{sp}^{\theta}$ 时，平衡状态，溶液饱和；

当 $Q<K_{sp}^{\theta}$ 时，沉淀溶解或无沉淀析出。

(5) 分步沉淀：当加入的沉淀剂能使溶液中几种离子生成沉淀时，根据溶度积规则，离子积(Q)首先超过溶度积(K_{sp}^{θ})的难溶电解质先沉淀出来。

(6) 沉淀的溶解和转化。

5. 配合物和配离子的解离平衡

(1) 配合物的组成：内界、外界，配位个体、形成体、配位体、配位原子。

(2) 配合物的命名。遵循无机化合物的命名原则。若为阳离子配合物，则称为“某化某”或“某酸某”；若为阴离子配合物，外界和内界之间用“酸”字连接。若外界为“H^+”，则在配阴离子后加“酸”字。

(3) 配合物的书写。

(4) 配位平衡。配离子在溶液中存在着解离平衡。配离子的解离常数又称为不稳定常数 K_d^{θ}(它的倒数即配位平衡的平衡常数称为稳定常数 K_f^{θ})。对相同类型的配离子来说，K_f^{θ} 越小，配离子越难解离，即配离子越稳定。

在配离子解离平衡中，改变平衡的条件，可引起平衡向生成更难解离或更难溶解的物质方向移动。

【网络导航】

专业化学网站

使用 Internet 通用资源搜索引擎获取 Internet 上的化学资源有时还不能满足要求，针对化学学科或化学的某个领域还可以用 Internet 化学资源“导航系统”获得综合性化学信息服务的站点，先给出以下几个 Internet 上的综合性化学化工资源导航系统：

(1) 化学学科信息门户 ChIN 网页 http：//www. chinweb. com. cn（中英文版）。

(2) 英国利物浦大学的 Links for Chemists http：//www. liv. ac. uk/Chemistry/Links/links. html。

化学学科信息门户是中国科学院知识创新工程科技基础设施建设专项“国家科学数字图书馆项目”的子项目。

网站提供的化学信息包括网上化学期刊、化学数据库、专利信息、网上化学教育资源、化学软件下载服务、化学资源导航、国内化学院系和机构等。

我们还可以通过某一化学系或研究机构的网站获取化学知识，国内外很多院校都提供了网上化学课程。

美国德克萨斯大学收集的世界各国网上课程，有化学、化工、生物化学等。网址为 http：//utexas. edu/world/lecture(英文版)。

化学超媒体网站网址为 http：//www. chem. vt. edu/chem - ed/，将化学术语按字母排序，检索出相应的内容。如以 S 为首字母，找到 Solubility Product，可以查到溶度积常数。

一、判断题

1. 在一定温度下，液体蒸汽产生的压力称为饱和蒸汽压。（　）

2. 液体的凝固点就是液体蒸发和凝聚速率相等时的温度。（　）

3. 弱酸或弱碱的浓度越小，其解离度也越小，酸性或碱性越弱。（　）

4. 在一定温度下，某两种酸的浓度相等，其水溶液的 pH 也必然相等。（　）

5. 当弱电解质解离达平衡时，溶液浓度越小，解离常数越小，弱电解质的解离越弱。（　）

6. 在缓冲溶液中，只要每次加少量强酸或强碱，无论添加多少次，缓冲溶液始终具有缓冲能力。（　）

7. 中和等体积、等 pH 的 HCl 溶液和 HAc 溶液，需要等物质的量的 NaOH。（　）

8. 已知 $MgCO_3$ 的溶度积为 $K^{\theta}_{sp}(MgCO_3)=6.82\times10^{-6}$，这表明在所有含 $MgCO_3$ 的溶液中，$c(Mg^{2+})=c(CO_3^{2-})$，而且 $c(Mg^{2+})$、$c(CO_3^{2-})=6.82\times10^{-6}$。（　）

9. 用 EDTA 作重金属的解毒剂是因为其可以降低金属离子的浓度。（　）

10. 由于 $K^{\theta}_{a}(HAc)>K^{\theta}_{a}(HCN)$，故相同浓度的 NaAc 溶液的 pH 比 NaCN 溶液的 pH 大。（　）

11. PbI_2 和 $CaCO_3$ 的溶度积近似都为 10^{-9}，从而可知两者的饱和溶液中，$c(Pb^{2+})$和 $c(Ca^{2+})$近似相等。（　）

二、填空题

1. 稀溶液的依数性是指溶液的________、________、________和________。它们的数值只与溶质的________成正比。

2. 下列水溶液，按凝固点由高到低的顺序排列(用字母表示)________。

A. 1mol/kg KCl　　B. 1mol/kg Na_2SO_4

C. 1mol/kg 蔗糖　　D. 0.1mol/kg 蔗糖

3. PbI_2 的溶度积常数表达式为________，其溶解度 s 与 K^{θ}_{sp} 的关系为________。

4. 填表

化学式	名称	形成体	配位体	配位原子	配位数	配离子电荷
$[Cu(NH_3)_4][PtCl_4]$						
$[Ni(en)_3]Cl_2$						
$[Fe(CO)_5]$						
	四异硫氰根二氨合钴(Ⅲ)酸铵					
	氯化二氯·四氨合钴(Ⅲ)					
	三草酸根合钴(Ⅲ)配离子					

5. 根据酸碱质子理论，$H_2PO_4^-$、$H_2[PtCl_6]$、HSO_4^- 的共轭碱化学式分别是________、________、和________。

6. 根据酸碱质子理论，下列物质中________是酸，________是碱，________是两性物质：

NH_4^+、HCO_3^-、PO_4^{3-}、HSO_3^-、$CO_3{}^{2-}$、HS^-、CN^-、$H_2PO_4^-$、HPO_4^{2-}、OH^-、NO_2^-、H_2O、H_2S

三、选择题

1. 下列叙述中正确的是(　　)

A. 溶解度表明了溶液中溶质和溶剂的相对含量

B. 溶解度是指饱和溶液中的溶质和溶剂的相对含量

C. 任何物质在水中的溶解度都随着温度的升高而升高

D. 压力的改变对任何物质的溶解度都影响不大

2. 某温度下 1mol/L 糖水的饱和蒸汽压为 P_1，1mol/L 盐水的饱和蒸汽压为 P_2，则(　　)

A. $P_1 < P_2$　　B. $P_1 > P_2$　　C. $P_1 = P_2$　　D. 无法确定

3. 往 1mol/LHAc 溶液中加入少量 NaAc 晶体使之溶解，则(　　)

A. HAc 的 K_a^θ 值增大　　B. HAc 的 K_a^θ 值减小

C. 溶液的 pH 增大　　D. 溶解的 pH 减小

4. 要降低 H_2S 溶液的解离度，可向其溶液中加入(　　)

A. NaHS　　B. NaCl　　C. NaOH　　D. H_2O

5. 相同浓度的下列溶液中沸点最高的是(　　)

A. 葡萄糖　　B. NaCl　　C. $CaCl_2$　　D. $[Cu(NH_3)_4]SO_4$

6. 0.1mol/L 的下列水溶液中 pH 最小的是(　　)

A. HAc　　B. H_2CO_3　　C. NH_4Ac　　D. HCN

7. 下列叙述错误的是(　　)

A. 配离子在溶液中的行为像弱电解质

B. 对同配离子而言，$K_d^\theta \cdot K_f^\theta = 1$

C. 配位平衡是指溶液中配离子解离为中心离子和配体的解离平衡

D. 配位平衡是指溶液中配离子解离为内界和外界的解离平衡

8. AgCl 在下列物质中溶解度最大的是(　　)

A. 纯水　　B. 6mol/L $NH_3 \cdot H_2O$

C. 0.1mol/L $BaCl_2$　　D. 0.1mol/L NaCl

9. 在 PbI_2 沉淀中加入过量的 KI 溶液，使沉淀溶解的原因是(　　)

A. 同离子效应　　B. 生成配位化合物

C. 氧化还原作用　　D. 溶液碱性增强

10. 下列说法中正确的是(　　)

A. 在 H_2S 的饱和溶液中加入 Cu^{2+}，溶液的 pH 将变小

B. 分步沉淀的结果总能使两种溶度积不同的离子通过沉淀反应完全分离开

C. 所谓沉淀完全是指沉淀剂将溶液中某一离子除净了

D. 若某系统的溶液中离子积等于溶度积，则该系统必然存在固相

11. 下列配合物的中心离子的配位数都是6，相同浓度的水溶液导电能力最强的是(　　)

A. K_2MnF_6　　B. $Co(NH_3)_6Cl_3$

C. $Cr(NH_3)_4Cl_3$　　D. $K_4Fe(CN)_6$

四、问答题

1. 溶液的沸点升高和凝固点降低与溶液的组成有什么关系？

2. 什么是缓冲溶液和缓冲作用？

3. 试用平衡移动的观点说明下列事实将产生什么现象。

(1) 向含有 Ag_2CO_3 沉淀的溶液中加入 Na_2CO_3。

(2) 向含有 Ag_2CO_3 沉淀的溶液中加入氨水。

(3) 向含有 Ag_2CO_3 沉淀的溶液中加入 HNO_3。

4. 试说明配合物的组成是什么？什么叫螯合物？

5. 酸碱质子理论与电离理论有哪些区别？

6. 在氨水溶液中分别加入下列各物质后，对氨的解离度及溶液的 pH 有什么影响？

NH_4Cl　　NaCl　　H_2O　　NaOH　　HCl

五、计算题

1. 某浓度的蔗糖溶液在−0.250℃时结冰，此溶液在20℃时的蒸汽压为多大？渗透压为多大？

2. 通过计算说明，下列溶液中的 $c(H^+)$ 是否相等。

(1) 0.01mol/L HCl 溶液；

(2) 0.01mol/L HCN 溶液。

3. 在298K时，0.01mol/L 的某一元弱酸溶液，测定其 pH 为5.0，试求：

(1) 该酸的解离度 α；

(2) 该弱酸的解离常数 K_a^θ；

(3) 加入1倍水稀释后溶液的 pH、K_a^θ 和 α。

4. 25℃时，AgCl 饱和溶液的 $s(AgCl)=1.92\times10^{-3}$g/L，求该温度下 AgCl 的溶度积[已知 Mr(AgCl)=143.3]。

5. 废水中含 0.01mol/L Cr^{3+}，加入固体 NaOH 使其生成 $Cr(OH)_3$ 沉淀，设加入固体 NaOH 后溶液体积不变，则开始生成沉淀时，溶液 OH^- 浓度最低应为多少（以 mol/L 表示)？若 Cr^{3+} 浓度小于4.0mg/L 可以排放，此时溶液 pH 最小应为多少？$K^\theta_{sp(Cr(OH)_3)}=6.3\times10^{-31}$。

6. 根据 AgI 和 Ag_2CrO_4 的溶度积，通过计算判断：

(1) 在纯水中，哪种沉淀的溶解度大？

(2) 在0.010mol/L $AgNO_3$ 溶液中，哪种沉淀的溶解度大？

7. 通过计算说明，在0.20mol/L 的 $K[Ag(CN)_2]$ 溶液中加入等体积0.20mol/L KI 溶液，是否有 AgI 沉淀产生？(已知 $K_f^\theta([Ag(CN)_2]^-)=1.3\times10^{21}$，$K_{sp}^\theta(AgI)=8.52\times10^{-17}$。)

8. 某溶液中含0.01mol/L Pb^{2+} 和0.01mol/L Ba^{2+}，若向此溶液逐滴加入 K_2CrO_4 溶液(忽略体积变化)，问哪种离子先沉淀出来？此两种离子能否被完全分离？已知 $K_{sp}^\theta(PbCrO_4)=2.8\times10^{-13}$，$K_{sp}^\theta(BaCrO_4)=1.2\times10^{-10}$。

【第3章习题答案】

第4章 氧化还原反应与电化学

知识要点	掌握程度	相关知识
电化学	掌握氧化还原反应与电化学的联系和区别；掌握 $\Delta_r G_m$ 与电能之间的关系	氧化反应、还原反应、电化学的定义
原电池	掌握原电池的组成、原理、表示方法；掌握电动势的有关计算	原电池的正负极、半反应式、总反应式、氧化还原电对、能斯特方程
电解池	掌握电解池的结构、电解原理、析出规律	电解池的阴阳极、分解电压
电极电势	掌握电极电势产生的原因、测定方法、电极的分类、电极电势的应用	标准电极电势的应用及电极电势能斯特方程的应用
电化学应用	了解金属的腐蚀与防腐原理；常见化学电源	金属的腐蚀与防腐原理

导入案例

化学热力学和化学动力学是化学基本原理的重要组成部分，第3章介绍了该理论在溶液中的具体应用，本章将讨论其在另一类反应——氧化还原反应中的应用。

氧化还原反应是一类比较常见的反应，金属腐蚀是氧化还原反应，生命现象中也有很多是氧化还原反应。如植物的光合作用(图4.1)：

$$6CO_2+6H_2O(l)\underset{光}{\overset{叶绿素}{\rightleftharpoons}}C_6H_{12}O_6(s)+6O_2$$

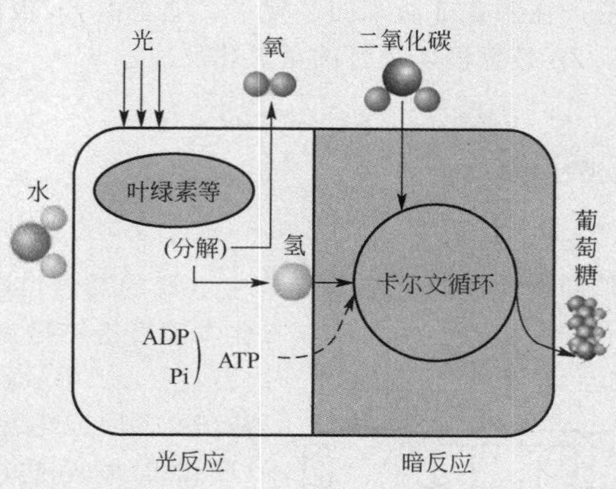

图4.1 植物的光合作用示意图

又如，动物伴随着呼吸所发生的氧化还原反应为动物提供了能量，其生化分子NADH(一种还原型辅酶)的再氧化，总反应为

$$NADH(aq)+H^+(aq)+1/2O_2(g)\longrightarrow NAD^+(aq)+H_2O(l)$$

$$\Delta_rG_m^\theta=-220.2kJ\cdot mol^{-1}$$

该反应的$\Delta_rG_m^\theta\ll0$，因此该反应是可以自发进行的，且常温下是放热反应。该反应所释放出的能量可以使其他非自发的细胞反应得以顺利进行，使动物的新陈代谢得以维持。

当该反应的反应物在同一个容器内直接接触进行，电子的转移是无序的，不会产生电流。如果氧化还原反应的反应物间不直接接触，而是利用一种装置(电池)通过导体来实现电子的转移，电子在导体中定向流动，就可以产生电流。本章主要研究的就是这种有电流通过的氧化还原反应方式。

4.1 原 电 池

1. 原电池的定义

将Zn棒插入硫酸铜溶液中，则在Zn棒上将有Cu析出，具体反应为

$$Zn+CuSO_4=ZnSO_4+Cu$$

写成离子反应方程式则为

$$Zn+Cu^{2+}=Zn^{2+}+Cu$$

对于这一氧化还原反应，可以进行热力学计算。利用热力学的相关数据可得

$$\Delta_r H_m^\theta=-216.6kJ/mol \quad \Delta_r G_m^\theta=-212.55kJ/mol$$

可见该氧化还原反应不仅可以自发进行，而且推动力还很大。实验证明反应速率也很快。但若这一反应是在烧杯中进行，由于该反应的两种反应物是直接接触的，虽然有电子的转移，但不能产生电流。如果采用一种特殊装置——原电池(图 4.2)，则利用该反应可实现化学能向电能的转变。在图 4.2 所示的装置中，电子由 Zn 极流向 Cu 极(电流是由 Cu 极流向 Zn 极的)。因此，Zn 是负极，进行的是氧化反应：

$$Zn(s)-2e^-\longrightarrow Zn^{2+}(aq)$$

Cu 是正极，进行的是还原反应：

$$Cu^{2+}(aq)+2e^-\longrightarrow Cu(s)$$

因此，原电池就是借助氧化还原反应直接产生电流的装置(或是借助氧化还原反应将化学能直接转化为电能的装置)。

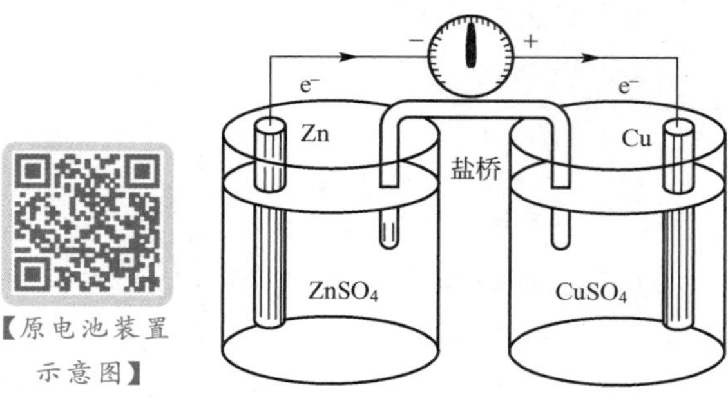

【原电池装置示意图】

图 4.2　原电池装置示意图

图 4.2 所示的原电池称为铜-锌原电池(因这种原电池是英国科学家丹尼尔(Daniell)发明的，又称为丹尼尔电池)，由图 4.2 也可以看出原电池的组成。

2. 原电池的组成

原电池由三部分组成：两个半电池、盐桥和导线。

1) 半电池

Cu-Zn 原电池有两个半电池，一个是铜半电池，另一个是锌半电池。每个半电池都由电极板和相应的电解质溶液组成，如铜棒和 $CuSO_4$ 溶液，锌棒和 $ZnSO_4$ 溶液。

每个半电池中都有高氧化数的氧化态物质，如 Zn^{2+}、Cu^{2+}，还有低氧化数的还原态物质，如 Zn 和 Cu。氧化态物质和还原态物质组成氧化还原电对，如 Zn^{2+}/Zn、Cu^{2+}/Cu。一般电对的书写规则是：氧化态/还原态。两个电对分别进行如下反应：

$$Zn(s)-2e^-\longrightarrow Zn^{2+}(aq)$$

$$Cu^{2+}(aq)+2e^-\longrightarrow Cu(s)$$

电对的半反应(电极反应)按如下方式书写(以下都是采用这种书写方法)：

$$\text{氧化态}+ze^-\rightleftharpoons\text{还原态}$$

z 为电极氧化或还原反应式中电子的计量数。在原电池中阳极(负极)进行的是氧化反应，在阴极(正极)进行的是还原反应，两极进行的总反应(正极反应减去负极反应)称为电池反应。电池中的“阴极”“阳极”按“氧化过程”和“还原过程”来划分，进行氧化反应的电极称为阳极，进行还原反应的电极称为阴极；电池中的正极是指电势高的一极，而负极是指电势低的一极。

2）电极的类型

（1）第一类电极。这类电极是将某金属或吸附了某种气体的惰性金属电极放在含有该元素离子的溶液中构成的。它又分成两种：

① 金属-该金属离子电极，如铜电极 $Cu|Cu^{2+}$、锌电极 $Zn|Zn^{2+}$ 和镍电极 $Ni|Ni^{2+}$ 等。

② 气体-离子电极，如氢电极 Pt，$H_2|H^+$、氯电极 Pt，$Cl_2|Cl^-$ 等。这种电极需要惰性电极材料(一般为 Pt 和石墨)担负输送电子的任务，其电极反应为

$$2H^+(aq)+2e^- \longrightarrow H_2(g)$$
$$Cl_2(g)+2e^- \longrightarrow 2Cl^-(aq)$$

（2）第二类电极。这类电极有两种：

① 金属-难溶盐电极，这是在金属上覆盖一层该金属的难溶盐，并把它浸入含有该难溶盐对应负离子的溶液中构成的。如甘汞电极 Pt，$Hg|Hg_2Cl_2|Cl^-$，银-氯化银电极 $Ag|AgCl|Cl^-$ 等，其电极反应分别为

$$Hg_2Cl_2(s)+2e^- \longrightarrow 2Hg(l)+2Cl^-(aq)$$
$$AgCl(s)+e^- \longrightarrow Ag(s)+Cl^-(aq)$$

② 金属-难溶氧化物电极，如锑-氧化锑电极 $Sb|Sb_2O_3|H^+$，电极反应为

$$Sb_2O_3(s)+6H^+(aq)+6e^- \longrightarrow 2Sb(s)+3H_2O(l)$$

（3）第三类电极。此类电极极板为惰性导电材料，起输送电子的作用。参加电极反应的物质存在于溶液中，如 $Pt|Fe^{3+}$，Fe^{2+}；$Pt|Cr_2O_7{}^{2-}$，Cr^{3+}，H^+；$Pt|MnO_4{}^-$，Mn^{2+}，H^+ 等电极。

3）盐桥

盐桥是用于消除电池中液体接界电位的一种装置。盐桥中装有饱和的 KCl 溶液和琼脂制成的胶冻，胶冻的作用是防止管中溶液流出。

盐桥的作用可使由它连接的两溶液保持电中性，否则锌盐溶液会由于锌溶解成为 Zn^{2+} 而带上正电，铜盐溶液会由于铜的析出减少了 Cu^{2+} 而带上负电。显然，随着反应的进行，盐桥中的负离子(如 Cl^-)移向锌盐溶液，正离子(如 K^+)移向铜盐溶液，使锌盐和铜盐溶液一直保持电中性，从而保障了电子通过外电路从锌到铜的不断转移，使锌的溶解和铜的析出过程得以继续进行。导线的作用是传递电子，沟通外电路。

3. 原电池装置的符号表示

为了书写方便，原电池装置也可用符号表示。例如，由 Zn^{2+}/Zn 半电池和 H^+/H_2 半电池组成的原电池可以表示为

$$(-)Zn|Zn^{2+}(c_1)\|H^+(c_2)|H_2(p),\ Pt(+)$$

以上符号中，“|”表示物相的界面，“‖”表示盐桥，c_1、c_2 分别表示 Zn^{2+} 和 H^+ 的浓度，p 表示 H_2 的分压，原电池的负极写在左边，正极写在右边(因此有时在原电池的符号表示中，也可不标明正负)。图 4.3 所示为干电池结构示意图。图 4.4 所示为常见干电池外形。

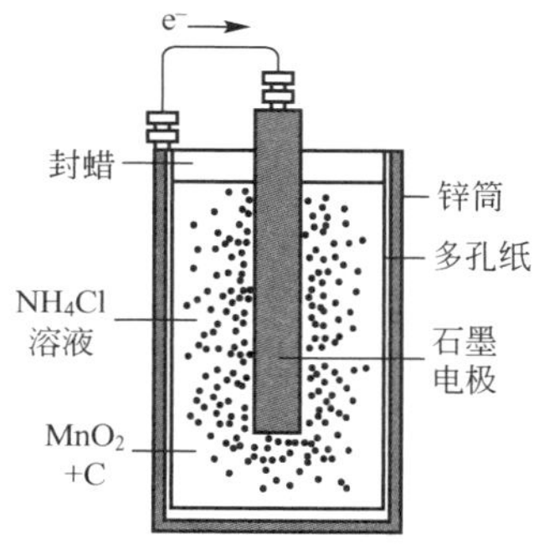

图 4.3　干电池结构示意图

图 4.4　常见的干电池

4.2　原电池电动势

原电池两极间能产生电流，说明两极间存在电势差，即构成原电池的两个电极的电势是不等的。

1. 电极电势的产生

电极电势的产生，可用 1889 年德国化学家能斯特(Nernst)提出的双电子层理论来说明。当把金属放入它的盐溶液中时，由于金属晶体中处于热运动的金属离子受到极性水分子的作用，有离开金属进入溶液的趋势，金属越活泼，这种趋势就越大；另一方面，溶液中的金属离子，由于受到金属表面电子的吸引有从溶液向金属表面沉积的趋势，溶液中的金属离子浓度越大，这种趋势也越大，在一定浓度的溶液中，如果前一种趋势大于后一种趋势，当达到动态平衡时，金属带负电，而溶液带正电。因为正、负电荷的吸引，金属离子不是均匀分布在整个溶液中，而是主要集聚在金属表面附近，形成双电层，如图 4.5(a)所示，因此在金属和溶液间产生了电势差。如果前一种趋势小于后一种趋势，则在达到动态平衡时，金属带正电，而溶液带负电，同样形成双电层，产生电势差，如图 4.5(b)所示。通常就把这种双电层的电势差称为电极电势。

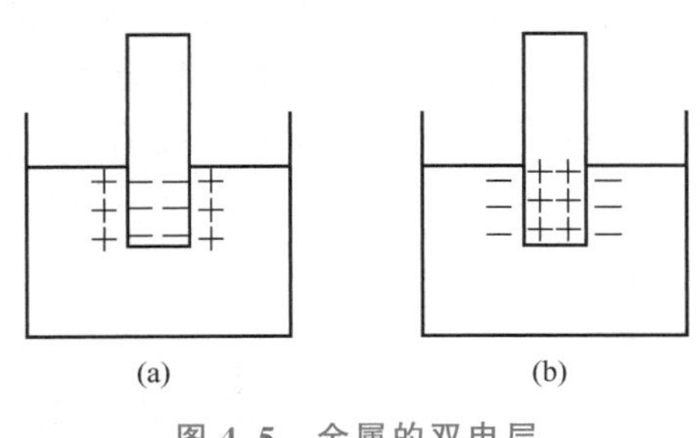

图 4.5　金属的双电层

原电池的电动势 E 等于正极的电极电势 $\varphi_{正}$ 减去负极的电极电势 $\varphi_{负}$，即

$$E=\varphi_{正}-\varphi_{负} \tag{4-1}$$

应用双电层理论就可以解释 Cu - Zn 原电池可以产生电流的原因。由于金属锌失去电子的趋势比铜大，所以锌片上有较多的负电荷，若用导线把锌片和铜片连接起来，电子就从锌片流向铜片。由于锌片上的电子流出，锌片上的负电荷减少，双电子层的平衡被破

坏，Zn^{2+} 就可以不断地进入溶液。与此同时，流到铜片上的电子，可以与溶液中的 Cu^{2+} 结合生成金属铜，并在铜片上沉积下来。这样电子不断地从锌片流向铜片，从而产生电流。

【科学家简介】

能斯特(Nernst W H，1864—1941)：德国化学家和物理学家，曾在奥斯特瓦尔德指导下学习和工作；1886 年获博士学位，后在多所大学执教，从 1905 年起一直在柏林大学执教，并曾任该校原子物理研究所所长；1932 年被选为美国皇家学会会员，后受纳粹政权迫害，1933 年退休，在农村度过了晚年。他主要从事电化学、热力学和光化学方面的研究。

1889 年，能斯特引入了溶度积这一重要概念，用于解释沉淀平衡，同年提出了电极电势和溶液浓度的关系式，即著名的能斯特公式，1906 年提出了热定理(即热力学第三定律)，有效地解决了计算平衡常数的许多问题，并断言绝对零度不可能达到。1918 年，他提出了光化学的链反应理论，用于解释氯化氢的光化学合成反应。能斯特因研究热化学，提出热力学第三定律的贡献而于 1920 年获得诺贝尔化学奖。他一生著书 14 本，最著名的为《理论化学》(1895)。

2. 电极电势的测量

单个电极的电势的绝对值无法直接测量，于是提出了电极电势的概念。电极电势实际上是一个相对电势，它的引入为比较不同电极上电势差的大小，以及计算任何两个电极组成的电池的电动势提供了方便。

要对所有电极的电势的大小作出系统的、定量的比较，就必须选择一个参比电极，依此来衡量其他电极的电极电势，这个参比电极为标准电极。

1) 标准氢电极

标准氢电极 Pt，H_2(100kPa) | H^+ (1mol/L) 是将镀有铂黑的铂片，放入 H^+ 浓度为 1mol/L 的硫酸溶液中，不断通入压力为 100kPa 的纯氢气，使铂黑吸附的氢达到饱和，这样铂黑片就像是由氢气构成的电极一样，标准氢电极的结构如图 4.6 所示。于是被铂黑吸附的 H_2 与溶液中的 H^+ 建立如下的平衡：

$$2H^+(aq, 1mol/L) + 2e^- \rightleftharpoons H_2(g, 100kPa)$$

这时双电层的电势差就是标准氢电极的电势，规定其为零，记作

$$\varphi^\theta(H^+/H_2) = 0.00V$$

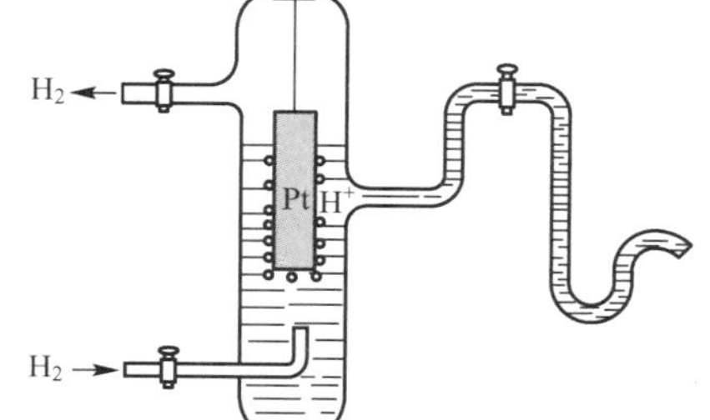

图 4.6 标准氢电极的结构示意图

式中，$\varphi^\theta(H^+/H_2)$ 为氢电极的标准电极电势，单位为 V。

2）电极电势的测定

要想测定某电极的电极电势，可将待测电极与标准氢电极组成原电池，测出该原电池的电动势 E，即可算出待测电极相对于标准氢电极的电极电势，称为该电极的电极电势。因此，以后我们所用到的电极电势都是相对于标准氢电极的电极电势。

电极电势的大小，除了取决于电极物质的本性外，还与浓度（分压）和温度有关（但温度对其影响不大）。为了便于比较，规定组成电极的所有物质都在各自标准态下，温度通常为 298.15K，这时所测得的电极电势称为该电极的标准电极电势，用 φ^θ 表示。

例如，为测量锌电极的标准电极电势，可用标准锌电极 $Zn|Zn^{2+}$（1mol/L）与标准氢电极 Pt，H_2（100kPa）$|H^+$（1mol/L）组成如下原电池：

（－）标准氢电极 ‖ 待测电极（＋）

通常规定待测电极（此处为标准锌电极）为正极，它与标准氢电极组成电池的电动势为

$$E^\theta=\varphi^\theta_{待测}-\varphi^\theta(H^+/H_2)=\varphi^\theta(Zn^{2+}/Zn)-\varphi^\theta(H^+/H_2)$$

实验测得的电动势为 0.7168V，但上述电池所对应的化学反应是不自发的，因此 $E^\theta=-0.7618V$，所以

$$\varphi^\theta(Zn^{2+}/Zn)=-0.7618V$$

用同样的方法，可以测出其他电极的标准电极电势，如 $\varphi^\theta(Cu^{2+}/Cu)=-0.3419V$ 等。由此测得的电极电势称为还原电极电势，本书采用的就是还原电极电势。

在实际应用中，由于标准氢电极的制备和使用均不方便，所以常以其他参比电极代替。最常用的参比电极有甘汞电极和银-氯化银电极等。

3）饱和甘汞电极

甘汞电极等参比电极制备简单、使用方便、性能稳定，而且其标准电极电势已用标准氢电极精确测定，并且得到了公认。甘汞电极是由 Hg(l)、Hg_2Cl_2(s)以及 KCl 溶液等组成的（图 4.7），其电极电势与 Cl^- 离子的浓度有关。若是饱和 KCl 溶液，则该电极就称为饱和甘汞电极。饱和甘汞电极的符号为

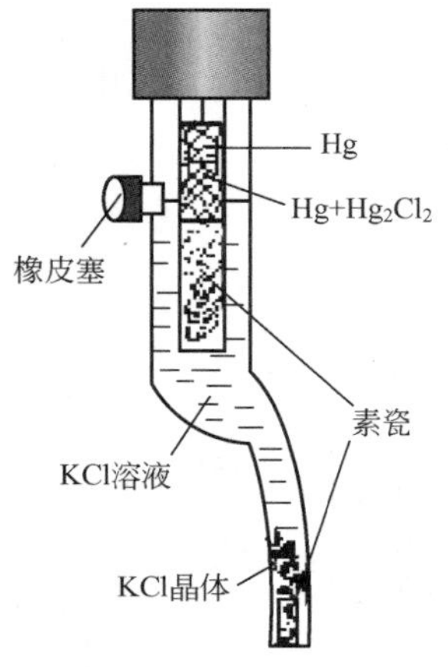

图 4.7　饱和甘汞电极示意图

$$Pt,\ Hg(l)\,|\,Hg_2Cl_2(s),\ KCl(饱和)$$

电极反应为

$$Hg_2Cl_2(s)+2e^-\rightleftharpoons 2Hg(l)+2Cl^-(aq)$$

25℃时，饱和甘汞电极的电极电势为 0.2415V。

3. 标准电极电势表

本书附表 8 中给出了多数电极的标准电极电势。使用标准电极电势表时应注意以下几点：

(1) 本书采用的是电极反应的还原电势，每一半电池的半反应均写成还原反应形式，即氧化态＋ze^- ⟶ 还原态，即用电对“氧化态/还原态”表示电极的组成。

(2) φ^θ 代数值越小，该电极上越容易发生氧化反应，其还原态物质越易失去电子，是越强的还原剂；其对应的氧化态物质则越难得到电子，是越弱的氧化剂。反之则相反。因此，在表中还原态的还原能力自上而下依次减弱，氧化态的氧化能力依次增强。

如 Li 是最强的还原剂，Li^+ 是最弱的氧化剂；F_2 是最强的氧化剂，F^- 几乎不具有还原性。

(3) φ^θ 值与电极反应的化学计量数无关(原因后面可知)。例如：

$$Zn^{2+}(aq)+2e^- \rightleftharpoons Zn(s) \qquad \varphi^\theta=-0.7618V$$

$$2Zn^{2+}(aq)+4e^- \rightleftharpoons 2Zn(s) \qquad \varphi^\theta=-0.7618V$$

(4) φ^θ 值的大小，只表示在标准态下(温度为 298K)水溶液中氧化剂的氧化能力和还原剂还原能力的相对强弱，其数据不适用于高温或非水介质体系。

4. E 与 ΔG 之间的关系

原电池产生电流的原因是原电池有电动势，它是电化学反应的推动力，而在等温等压条件下，ΔG 是反应的推动力。因此，ΔG 与 E 之间有一定联系。

因为 $\Delta_r G_m = W_{有,max}$，而 $W_{电}=qE=zFE$，即

$$\Delta_r G_m = -zFE \tag{4-2}$$

式中，$\Delta_r G_m$ 为反应的吉布斯函数变(kJ/mol)；F 为法拉第常数，F=96485C/mol，其含义是当原电池的两极在氧化还原反应中，有 1mol 电子(6.023×10^{23} 个电子，一个电子的电荷为 1.602×10^{-19}C)发生转移时，所转移的电量；E 为电池的电动势(V)；z 为电池的氧化还原反应式中传递的电子数；它实际上是两个半反应中电子的化学计量数 z_1、z_2 的最小公倍数。

在标准态下有

$$\Delta_r G_m^\theta = -zFE^\theta \tag{4-3}$$

这里要说明一点，按照定义的功的正负号，应当有 $\Delta_r G_m^\theta = W_{有,max}$，它表明系统吉布斯函数的减少等于系统所能做的最大有用功。如计算出的 $\Delta_r G_m$ 为负值，就表明系统能对环境做的最大有用功(即 $W_{电}$)也应是负值(即表示在原电池中系统对环境做的功)，该过程一定是自发进行的(系统对环境做功当然是自发)。而 $W_{电}=zFE$ 却是正值(因电池电动势总是取正值)，为了与规定的功的符号一致，在书写 $\Delta_r G_m$ 与 zFE 的等式时，人为地加上了“—”号。

式(4-2)、式(4-3)实际上又为我们提供了一种得到 $\Delta_r G_m$ 和 $\Delta_r G_m^\theta$ 的方法，即用电动势来计算。而要求电动势，应当知道每个电极的电极电势。每个电极的标准电极电势可查表得到，如果不是标准态时又怎么办呢？这就应当知道浓度对电极电势的影响。

5. 浓度或分压对电极电势的影响

1) 能斯特(Nernst)公式

对于任一氧化还原反应

$$aA+fF=gG+dD$$

应有

$$\Delta_r G_m = \Delta_r G_m^\theta + RT\ln J$$

将式(4-2)、式(4-3)代入上式可得

$$-zFE=-zFE^\theta+RT\ln J$$

$$E=E^\theta-\frac{RT}{zF}\ln J$$

$$E=E^\theta-\frac{2.303RT}{zF}\lg J$$

将 R=8.314J/(mol·K)，F=96485C/mol，T=298 K 代入上式得

$$E=E^{\theta}-\frac{0.059}{z}\lg J \qquad (4-4)$$

式(4－4)称为电池电动势的 Nernst 公式。由公式可见，当反应产物的浓度(或分压)增大时，电池电动势减小；当反应物浓度(或分压)增大时，电池电动势增加。

由式(4－4)可得

$$\varphi_{正}-\varphi_{负}=\varphi_{正}^{\theta}-\varphi_{负}^{\theta}-\frac{0.059}{z}\lg J$$

式中，J 为反应商。

如果原电池的负极选的是标准氢电极，而正极是待测电极，其电极反应为

$$氧化态+ze^{-}=还原态$$

则可得电极电势与浓度的关系为

$$\varphi=\varphi^{\theta}-\frac{0.059}{z}\lg\frac{C\,(还原态)}{C\,(氧化态)} \quad 或 \quad \varphi=\varphi^{\theta}+\frac{0.059}{z}\lg C\frac{(氧化态)}{(还原态)} \qquad (4-5)$$

式中，φ^{θ}为标准电极电势(V)；z 为电极反应式中得失电子的化学计量数。式（4－5）即为电极电势的 Nernst 公式。由该式可见，若还原态的浓度(或分压)增大，则电极电势减小；若氧化态的浓度(或分压)增大，则电极电势增大。一般来说，每一电极都有一极限最低浓度，低于这个浓度 Nernst 公式就不能使用了。例如，金属电极中金属离子的浓度一般不能低于 1×10^{-6} mol/L。

2）Nernst 公式应用举例

【例 4.1】 计算锂电极中 $c(Li^{+})=1\times10^{-3}$ mol/L 时的电极电势(以后不标明温度都是指温度是 298K)。

解：

$$Li^{+}(aq)+e^{-}\rightleftharpoons Li(s)$$

查附表 8，可得

$$\varphi^{\theta}(Li^{+}/Li)=-3.045V$$

则由 Nernst 公式可得

$$\varphi=\varphi^{\theta}+\frac{0.059}{z}\lg\frac{c(Li^{+})}{c^{\theta}}=-3.045+\frac{0.059}{1}\lg(1\times10^{-3})=-3.222(V)$$

由于锂电极的标准电极电势代数值很小，因此以它为负极组成原电池的电动势较大。以近年来研制的一种锂-锰电池为例，其放电电压为 2.9V，可制成纽扣或圆桶式小型电池，应用于携带式电子仪器、小型计算机、电子手表、照相机等，还曾想用作心脏起搏器的电源，但由于这种电池有时会爆炸，因此目前尚无法应用。

3）可逆电池

化学能直接转变为电能的装置称为电池，若此转化过程是以热力学可逆方式进行的，则称为“可逆电池”。所谓以可逆方式进行的过程(即可逆过程)，是指这一过程的每一步都可能向相反的方向进行而不引起外界的其他任何变化的过程。具体来说，热力学意义上的可逆电池必须具备两个条件：

(1) 可逆电池放电时的反应与充电时的反应必须互为逆反应。

(2) 可逆电池通过的电流必须无限小，也就是说，电池要在十分接近平衡状态下工作，这时电池能做最大有用功。

只有同时满足上述两个条件的电池才是可逆电池。即可逆电池在充、放电时，不仅物质的转变是可逆的，而且能量的转变也应是可逆的。

4.3 电极电势的应用

1. 判断原电池的正负极和计算原电池的电动势

组成原电池的两个电极，电极电势代数值较大的一极为正极，代数值较小的一极为负极。原电池的电动势等于正级的电极电势减去负极的电极电势。

我们以 MnO_4^-/Mn^{2+}，Zn^{2+}/Zn 组成的原电池为例来说明。查表可知 $\varphi^\theta(MnO_4^-/Mn^{2+})=1.507V$，$\varphi^\theta(Zn^{2+}/Zn)=-0.76V$，所以锌是负极，另一极为正极；原电池的电动势为2.27V。需要注意的是，虽然可以通过标准电极电势判断原电池的正负极和计算原电池的电动势，但却无法确定反应速率。

2. 判断氧化还原反应的方向和限度

对于等温等压化学反应方向和限度的热力学判据是 $\Delta_r G_m$，而对于一个氧化还原反应来说，由于 $\Delta_r G_m=-zFE$，所以当 $E>0$ 时，$\Delta_r G_m<0$，氧化还原反应正向自发进行；$E<0$时，$\Delta_r G_m>0$，氧化还原反应逆向自发进行；$E=0$ 时，$\Delta_r G_m=0$，氧化还原反应处于平衡状态，所以氧化还原反应方向限度的判据也可以用电池电动势，即

$E>0$，氧化还原反应正方向自发进行

$E<0$，氧化还原反应逆方向自发进行

$E=0$，氧化还原反应处于平衡状态

又因为

$$E=E^\theta-\frac{0.059}{z}\lg J$$

当反应达到平衡时，反应的 $\Delta_r G_m=0$，即原电池的电动势 $E=0$，而平衡时的反应商 J 等于标准平衡常数 K^θ，所以有

$$\lg K^\theta=\frac{zE^\theta}{0.059} \tag{4-6}$$

利用式(4-6)可由标准电动势计算氧化还原反应的平衡常数，从而判断反应进行的程度。

【例 4.2】 判断反应 $Pb^{2+}(aq)+Sn(s)=Pb(s)+Sn^{2+}(aq)$，当

(1) $c(Pb^{2+})=0.1mol/L$，$c(Sn^{2+})=1.0mol/L$ 时，反应能否自发？

(2) 标准态下反应能否自发？

(3) 该反应在 298K 时的标准平衡常数 K^θ？

解：(1) 查附表 8 可知，$\varphi^\theta(Pb^{2+}/Pb)=-0.1263V$，$\varphi^\theta(Sn^{2+}/Sn)=-0.1364V$，而

$$\varphi(Pb^{2+}/Pb)=\varphi^\theta(Pb^{2+}/Pb)+\frac{0.059}{2}\lg[c(Pb^{2+})/c^\theta]$$

$$=-0.1263+\frac{0.059}{2}\lg 0.1=-0.1558(V)$$

由所给反应方程式可以看出，如果反应正向自发进行，则锡电极应是负极，故该原电池电动势为

$$E=\varphi(Pb^{2+}/Pb)-\varphi^{\theta}(Sn^{2+}/Sn)$$
$$=-0.1558+0.1364$$
$$=-0.0194(V)<0$$

所以，该反应不能正向自发进行。

其实，只要从反应方程式确定了正负极，再算出该条件下的电极电势，就可以判断反应方向了。

(2) 如该反应是在标准态下进行，则由两极的标准电极电势的值可知

$$E^{\theta}=-0.1263+0.1364=0.0101(V)>0$$

反应可以正向自发进行。

(3) 因为 $\lg K^{\theta}=\frac{zE^{\theta}}{0.059}$，而 $E^{\theta}=0.0101V$，则

$$\lg K^{\theta}=\frac{2\times 0.0101}{0.059}=0.342$$

故 $$K^{\theta}=2.20$$

3. 判断氧化剂和还原剂的相对强弱

根据标准电极电势可知：

(1) φ^{θ}代数值越大(即电极电势表中越靠下边)，该电对氧化态的氧化能力越强，其对应的还原态的还原能力越弱。

(2) φ^{θ}代数值越小(即电极电势表中越靠上方)，该电对还原态的还原能力越强，其对应的氧化态的氧化能力越弱。

了解氧化剂和还原剂的相对强弱对于选择合适的氧化剂和还原剂有重要意义。例如，现有铁钴镍合金(4J29 合金)的边角废料，想从中提取价格较贵的钴和镍，我们可以用 $H_2SO_4+HNO_3$ 的混合酸先将合金溶解，此溶液中主要含有 Fe^{2+}、Co^{2+}、Ni^{2+}，在提取 Co^{2+}、Ni^{2+}之前要除去 Fe^{2+}，而除铁可以将 Fe^{2+} 氧化为 Fe^{3+}，然后以黄钠铁矾[$Na_2Fe_6(SO_4)_4(OH)_{12}$]形成沉淀分离。那么如何选择合适的氧化剂呢？此氧化剂必须只能氧化 Fe^{2+}，而不能氧化 Co^{2+} 与 Ni^{2+}。由有关氧化还原电对的标准电极电势值可以看出，在酸性介质中原则上可以用 $NaClO_3$ 或 NaClO 作氧化剂。因为$\varphi^{\theta}(NiO_2/Ni^{2+})=+1.68V$，$\varphi^{\theta}(Co^{3+}/Co^{2+})=+1.84V$，$\varphi^{\theta}(Fe^{3+}/Fe^{2+})=+0.77V$，$\varphi^{\theta}(ClO_3^-/Cl^-)=+1.45V$，$\varphi^{\theta}(ClO^-/Cl^-)=+1.49V$，后两者的标准电极电势代数值都大于 $\varphi^{\theta}(Fe^{3+}/Fe^{2+})$而小于$\varphi^{\theta}(NiO_2/Ni^{2+})$与 $\varphi^{\theta}(Co^{3+}/Co^{2+})$，所以只能使 Fe^{2+} 氧化。但是从经济实用方面再加以筛选，则认为 $NaClO_3$ 比较合适，因为从下列反应

$$NaClO_3+6FeSO_4+3H_2SO_4=NaCl+3Fe_2(SO_4)_3+3H_2O$$

$$NaClO+2FeSO_4+H_2SO_4=NaCl+Fe_2(SO_4)_3+H_2O$$

可以看出，1mol$NaClO_3$ 可以氧化 6mol$FeSO_4$，而 1molNaClO 只能氧化 2mol$FeSO_4$。

原电池是一种重要的化学电源，有广泛应用，但有时原电池也会带来危害。如后面要讲到的金属的电化学腐蚀就是原电池(微电池)在“作怪”。

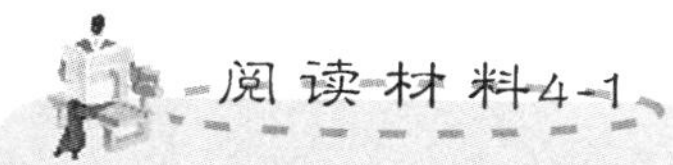

美国有一位格林太太，身体很健康，而在她笑的时候，人们可以发现她一口整齐洁白的牙齿中间镶有两颗假牙：一颗是黄金的，另一颗是不锈钢的——这是一次车祸留下的痕迹。令人百思不解的是，自从车祸镶了不锈钢假牙以后，格林太太经常头痛、夜间失眠、心情烦躁……尽管一些有名的医院动用了堪称世界一流的仪器，一些国际知名的专家教授也绞尽了脑汁，但格林太太的病症没有丝毫减轻，反而日趋严重。这是为什么呢？

一天，一位年轻的化学家来看望格林太太。他详尽地查阅了格林太太的病历，显然格林太太的病与车祸有关。经过反复思考，化学家终于找到了原因。为了说明这个病因，他做了一个实验。他在大厅中央的桌子上摆了一台灵敏检流计，并用一块金片和一块不锈钢片连接两端。然后化学家提醒大家，下面的实验就将揭示格林太太的病因。化学家把金片和不锈钢片含于口中，令人惊奇的事情发生了！电流计的指针发生了偏转——产生了电流。

化学家说“正是这种神奇的电流，残酷地折磨着格林太太！”。原来这两种不同的金属片含于口中，与唾液中的电解质接触，形成了原电池。这种原电池产生的微弱电流连续地、长时间地刺激格林太太的神经末梢，打乱了神经系统的正常秩序，引起了一系列病变。

4.4 电解的基本原理及应用

要使某些不能自发(即 $\Delta_r G_m > 0$)的氧化还原反应可以进行，或者使原电池的反应逆转，就必须向反应体系提供一定能量，将电能转变为化学能。

1. 电解的基本原理

1) 电解与电解池

使电流通过电解质溶液(或熔融电解质)而引起的氧化还原反应过程称为电解。这种能通过氧化还原反应将电能转变为化学能的装置称为电解池(或电解槽)。要想使电解池正常工作，必须加一定的外电压，这时电流才能通过电解液使电解得以顺利进行。能使电解顺利进行所必需的电压称为分解电压。

2) 分解电压

以电解水为例来说明。水的电解反应为

$$H_2O(l) = H_2(g) + \frac{1}{2}O_2(g)$$

【电解加工原理】

假设电解 H^+ 浓度为 1mol/L 的水溶液，电解池两极发生以下反应：

阳极(发生氧化反应)

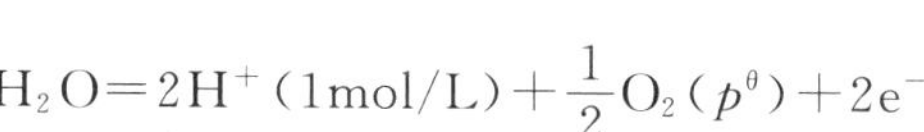

$$H_2O = 2H^+(1mol/L) + \frac{1}{2}O_2(p^\theta) + 2e^-$$

$$\varphi^{\theta}(O_2/H_2O)=1.23V$$

阴极（发生还原反应）

$$2H^+(1mol/L)+2e^-=H_2(p^{\theta})$$

$$\varphi^{\theta}(H^+/H_2)=0.00V$$

由于反应的结果在电解池阳极（正极）有氧析出，而在阴极（负极）有氢析出，则组成一个原电池，该原电池的电动势为1.23V。在这一原电池中，氢是阳极（负极），氧是阴极（正极），其电动势与外加电压正好相反。要想使电解反应顺利进行，必须克服这一电动势，施加不小于1.23V的外电压，1.23V是理论分解电压（即原电池的电动势）。实际上，由于极化的结果产生了超电势，使实际分解电压高于理论分解电压。

3）极化与超电势

电解池的理论分解电压是可逆电池的电动势，而电解池和原电池在工作时，实际上都有一定的电流通过。由于电流的通过打破了电极的平衡，电极成为不可逆电极。若无电流通过（严格讲应是电流无限小）时电极的电极电势（可逆电极电势）为φ_r，而有电流通过时不可逆电极的电极电势为φ_{ir}，则有

$$\eta=|\varphi_{ir}-\varphi_r|$$

式中，η就是超电势。

凡是电极电势偏离可逆电极电势的现象，在电化学中称为“极化”。因此，可由超电势的大小来衡量一个电极极化的程度。

极化产生的原因很复杂，既有浓度差异造成的浓差极化，也有在进行电化学反应时的电化学极化等。电极极化有以下规律：

（1）阳极极化后电极电势升高。即

$$\varphi_{ir}=\varphi_r+\eta_{阳}$$

（2）阴极极化后电极电势降低。即

$$\varphi_{ir}=\varphi_r-\eta_{阴}$$

前面已经提到，原电池的负极是阳极，正极是阴极；而电解池的负极是阴极，正极是阳极。因此由电极极化的规律可以看出，电解池的分解电压应高于理论分解电压；而原电池的实际工作电压应小于其电动势。

一般来说，除Fe、Co、Ni等少数金属离子外，通常金属离子在阴极上析出时超电势都很小；而气体在电极上析出时超电势都较大，其中H_2和O_2的超电势更大。因此，气体的超电势是不能忽视的。

影响超电势的因素很多，如电极材料、电极表面的状态、电解质溶液的浓度、温度以及电流密度等。

4）电解产物的析出规律

阴极析出规律如下：

（1）电极电势大于Al的金属离子在水溶液中首先获得电子，即$M^{z+}+ze^-=M$。

（2）电极电势小于Al（包括Al）的金属离子，在水溶液中不放电，放电的是H^+，即$2H^++2e^-=H_2\uparrow$，析出氢气。由此可见，一些金属性较强的金属如Na、Mg、Al等不能通过电解其盐的水溶液得到，而通常采用其熔融盐的电解。

阳极析出规律如下：

(1) 除 Pt、Au 外，其他可溶性金属阳极首先失去电子，即发生阳极溶解。因此在判断电解产物时，要注意采用的电极材料。

(2) 当用惰性电极而又含有如 S^{2-}、I^-、Br^-、Cl^- 等简单阴离子时，是这些阴离子先放电，而不是 OH^- 失去电子。

当不含简单阴离子而含有复杂阴离子时，复杂阴离子一般不放电，而是 OH^- 放电(但在电解 K_2MnO_4 碱性溶液时，在阳极上 MnO_4^- 失去电子，生成 $KMnO_4$)。

电解产物析出的定量规律，是由英国科学家法拉第(Faraday)于 1833 年提出来的。法拉第电解定律的数学表达式为

$$m=\frac{MIt}{zF}$$

式中，m 为物质在电极上起反应的质量(溶解或析出的克数)；I 为通过电解池的电流，单位为 A；t 为电流通过电解池的时间，单位为 s；z 为电极反应进行时得失电子的物质的量，单位为 mol；F 为法拉第常数；M 为分子或原子的摩尔质量。

当知道通过电解池的电流、时间和电极反应得失电子的物质的量时，即可利用该式计算在电极上析出物质的质量。

【科学家简介】

迈克尔·法拉第(Michael Faraday，1791—1867)：英国物理学家、化学家，也是著名的自学成才的科学家，生于萨里郡纽因顿一个贫苦铁匠家庭，仅上过小学；1831 年，他做出了关于力场的关键性突破，永远改变了人类文明；1815 年 5 月回到皇家研究所在戴维指导下进行化学研究；1824 年 1 月当选皇家学会会员；1825 年 2 月任皇家研究所实验室主任；1833—1862 年任皇家研究所化学教授；1846 年荣获伦福德奖章和皇家勋章。

2. 电解的应用

常见的电解应用有电镀、电抛光、电解加工、金属的电解精炼、含金属离子废水的回收利用以及阳极氧化等。下面仅就电抛光、电化学加工和阳极氧化为例加以说明。

1) 电抛光

电抛光是金属表面精加工的方法之一。电抛光时，将欲抛光工件(如钢铁工件)作阳极，铅板作阴极，一般选含有磷酸、硫酸和铬酐的溶液为电解液。在电解时，阳极铁因氧化而发生溶解：

$$Fe=Fe^{2+}+2e^-$$

生成的 Fe^{2+} 与溶液中的 $Cr_2O_7^{2-}$ 发生氧化还原反应：

$$6Fe^{2+}+Cr_2O_7^{2-}+14H^+=6Fe^{3+}+2Cr^{3+}+7H_2O$$

Fe^{3+} 进一步与溶液中的 HPO_4^{2-}、SO_4^{2-} 形成 $Fe_2(HPO_4)_3$ 和 $Fe_2(SO_4)_3$ 等盐。由于阳极附近盐的浓度不断增加，在金属表面形成一种黏度较大的液膜。因金属凸凹不平的表面上液膜厚度分布不均匀，突起部分液膜薄、电阻小、电流密度大、溶解快，于是金属粗糙表面逐渐变得平整光亮(图 4.8)。

2）电解加工

电解加工原理与电抛光相同，它也是利用阳极溶解将工件加工成形。区别在于，电抛光时阳极与阴极距离较大，电解液在槽中是不流动的，通过的电流密度小，金属去除量少，只能进行抛光而不能改变工件的形状。电解加工时，工件仍为阳极，而用模具作阴极，在两极间保持很小的间隙，随着阳极的溶解，阴极缓慢向阳极工件推进，电解液从间隙中高速流过并及时带走电解产物，工件表面不断溶解，一直到工件表面和阴极模型表面形状基本吻合为止(图 4.9)。

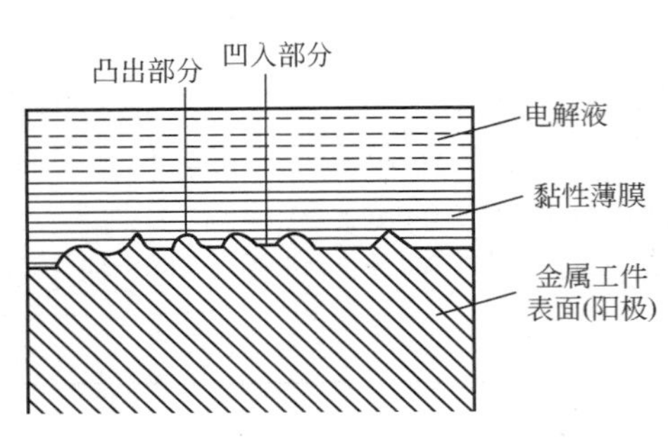

图 4.8　电抛光示意图

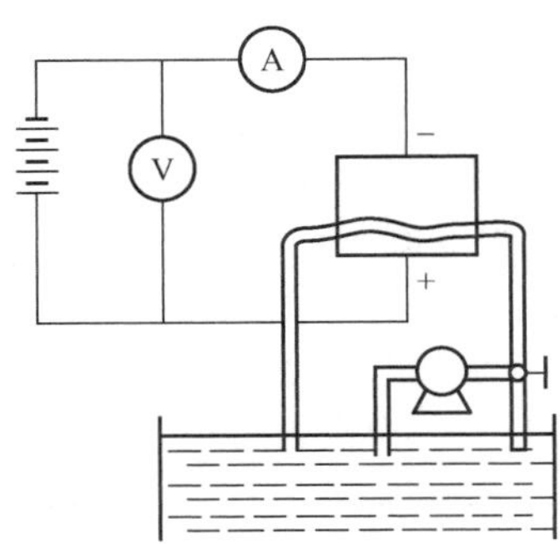

图 4.9　电解加工原理图

3）阳极氧化

有些金属在空气中能自然生成一层氧化物保护膜，起到一定的防腐作用。如铝和铝合金能自然形成一层氧化铝膜，但膜厚度仅为 0.02～1μm，保护能力不强。阳极氧化的目的是使其表面形成致密氧化膜以达到防腐的要求。

以铝和铝合金阳极氧化为例。将经过表面抛光、除油等处理的铝合金工件作电解池的阳极，铅板作阴极，稀硫酸作电解液，加适当电压，通过适当电流，阳极铝工件表面可生成一层氧化铝膜。电极反应如下：

阳极

$$2Al+6OH^- = Al_2O_3+3H_2O+6e^- \text{（主反应）}$$

$$4OH^- = 2H_2O+O_2+4e^- \text{（次反应）}$$

阴极

$$2H^+ +2e^- = H_2$$

阳极氧化所得氧化膜能与金属牢固结合，且厚度均匀，可大大地提高铝及铝合金的耐腐蚀性和耐磨性，并可提高表面的电阻和热绝缘性。由于氧化铝膜中有许多小孔，可以吸附各种染料，以增加工件表面的美观。

4.5　金属腐蚀与防护

金属材料在使用过程中，由于受周围环境的影响，发生化学或电化学作用，而引起金属材料损坏的现象称金属腐蚀。金属腐蚀现象非常普遍，它给国民经济带来很大损失。估计世界上每年由于腐蚀而报废的钢铁设备相当于钢铁年产量的 25%。根据工业发达国家的调查，每年造成的经济损失占国民经济总产值的3%～4%，我国每年因腐蚀造成的损失至少达300亿元。因此研究金属腐蚀的发生原因及其防护关系到保护资源、节约能源、节省材料、保护环境、保证正常生产和人身安全等一系列重大的社会和经济问题。

金属腐蚀的现象十分复杂，根据金属腐蚀的机理不同，通常可分为化学腐蚀和电化学腐蚀两大类。化学腐蚀就是一般的氧化还原反应，而电化学腐蚀才是电化学反应，两种腐蚀均会造成损失。

4.5.1 金属的化学腐蚀

金属材料和干燥气体或非电解质直接发生反应而引起的破坏称化学腐蚀。钢铁材料在高温气体环境中发生的腐蚀通常属于化学腐蚀。在生产中经常遇到的有以下几种类型的化学腐蚀。

1. 钢铁的高温氧化

钢铁材料在空气中加热时，铁与空气中的O_2发生反应，570℃以下时的反应为

$$3Fe+2O_2=Fe_3O_4$$

生成的Fe_3O_4是一层蓝黑色或棕褐色的致密薄膜，阻止了O_2与Fe的继续反应，起到了保护膜的作用。

在570℃以上的反应，生成以FeO为主要成分的氧化物，反应为

$$2Fe+O_2=2FeO$$

生成的FeO是一种既疏松又极易龟裂的物质，在高温下O_2可以继续与里层Fe反应，从而使腐蚀继续向深处发展。

不仅空气中的氧气会造成金属的高温氧化，高温环境中的CO_2、水蒸汽也会造成金属的高温氧化，反应如下：

$$Fe+CO_2=FeO+CO$$

$$Fe+H_2O=FeO+H_2$$

可见，温度对钢铁高温氧化影响很大。温度升高，腐蚀速率明显加快。因此钢铁材料在高温氧化介质(O_2、CO_2、H_2O等)中加热时，会产生严重的氧化腐蚀。

2. 钢的脱碳

钢中含碳量的多少与钢的性能密切相关。钢在高温氧化介质中加热时，表面的C和Fe_3C极易与介质中的O_2、CO_2、H_2O（气）和H_2等发生反应，如：

$$Fe_3C+\frac{1}{2}O_2=3Fe+CO$$

$$Fe_3C+CO_2=3Fe+2CO$$

$$Fe_3C+H_2O=3Fe+CO+H_2$$

$$Fe_3C+2H_2=3Fe+CH_4$$

上述反应使钢铁工件表面含碳量降低，这种现象称为“钢的脱碳”。钢铁工件表面脱碳后硬度和强度显著下降，直接影响零件的使用寿命，情况严重时零件报废，给生产造成很大损失。钢铁材料中含碳量太多也不好。我国早期生产的生铁，就含有较多的碳和其他有害杂质。将生铁中的碳和有害杂质含量进一步降低，铁就成为我们今天所说的钢了。我国汉代发明的“炒钢”和“百炼钢”则是我国人民对钢铁冶炼技术发展的一项杰出贡献。

炒钢就是将生铁加热成液体或半液体，然后像炒菜一样翻炒搅拌，其中的碳和有害杂质与空气接触氧化，从而使碳和有害杂质含量降低。百炼钢则是将炒钢再反复锻打，使其结构更为致密和均匀，使质量进一步提高。每锻打一次古称“一炼”，次数越多，则钢的质量越好，达到百次者，称“百炼钢”，是打造宝剑的最好材料。成语“百炼成钢”就源于古代“百炼钢”的炼制。

3. 氢脆

金属由于吸收了原子氢而使其性质变脆(发生脆性断裂)的现象，叫作氢脆。金属在水溶液中因腐蚀、酸洗、电镀和阳极保护等，其表面可能有氢产生。例如：

酸洗反应

$$FeO+2HCl=FeCl_2+H_2O$$

$$Fe+2HCl=FeCl_2+2H$$

硫化氢氧化反应

$$Fe+H_2S=FeS+2H$$

高温水蒸汽氧化反应

$$Fe+H_2O=FeO+2H$$

这些反应产生的氢，初期以原子态存在。由于原子氢体积小，极易沿晶界向钢材内部扩散，使钢的晶格发生畸变，产生很大的应力，降低了韧性，引起钢材的脆裂。合成氨、合成甲醇以及石油加氢等含氢化合物参与的化学工艺中，钢铁设备都存在产生氢脆的危害，特别对高强度钢铁构件的危害更应加以注意。

防止氢脆的方法为：①避免在金属表面上有产生氢的条件；②改善介质性质，使氢成为无害的 H_2 在金属表面逸出；③选择在给定介质中能抗氢脆的合金。

4.5.2 金属的电化学腐蚀

金属的电化学腐蚀是最为广泛的一种腐蚀。电化学腐蚀与化学腐蚀的区别在于前者在进行过程中有电流产生。金属放在水溶液或潮湿的空气中，金属表面会形成一种微原电池。阳极发生氧化反应，使阳极溶解；阴极发生还原反应，一般只起传递电子的作用。腐蚀电池形成的原因主要是由于金属表面吸附了空气中的水分，形成了一层水膜，使空气中的 CO_2、SO_2、NO_2 等溶解在这层水膜中，形成了电解质溶液。而浸泡在这层溶液中的金属一般都不纯，如工业用的钢铁，实际上是合金，除了铁以外还含有石墨、渗碳铁(Fe_3C)以及其他金属和杂质，它们大多没有铁活泼。这样形成的腐蚀原电池的阳极是铁，而阴极是杂质。又因为铁与杂质紧密接触，使得铁的腐蚀不断进行。因介质的 pH 不同，电化学腐蚀又分为析氢腐蚀和吸氧腐蚀。

1. 析氢腐蚀

如在钢铁表面吸附水膜酸性较强时，则会发生如下反应：

阳极

$$Fe=Fe^{2+}+2e^-$$

$$Fe^{2+}+2H_2O=Fe(OH)_2+2H^+$$

阴极(杂质)

$$2H^++2e^-=H_2\uparrow$$

电池反应

$$Fe+2H_2O=Fe(OH)_2+H_2\uparrow$$

这类在腐蚀过程中，阳极发生腐蚀溶解的同时阴极上有氢析出的腐蚀，称为析氢腐蚀。氢在阴极上还原并以氢气形式析出，实际上可看作一个氢电极。此时金属阳极的电极电势比氢电极的电极电势更负，这是发生析氢腐蚀的必要条件。铁、锌和镉等都是电极电势较负的金属，在酸性溶液中容易产生析氢腐蚀。

2. 吸氧腐蚀

如在钢铁表面吸附水膜酸性较弱时，则会发生如下反应：

阳极(Fe)

$$Fe=Fe^{2+}+2e^-$$

阴极(杂质)

$$O_2+2H_2O+4e^-=4OH^-$$

电池反应

$$2Fe+2H_2O+O_2=2Fe(OH)_2$$

由于在腐蚀过程中阴极要吸收氧气，所以叫吸氧腐蚀。阴极实际可看作一个氧电极。与析氢腐蚀类似，发生吸氧腐蚀的必要条件应是阳极金属的电极电势小于氧电极的电极电势。由于 O_2 氧化能力比 H^+ 强，故吸氧腐蚀是比析氢腐蚀更容易发生的一种腐蚀形式，不管在酸性、中性还是碱性溶液中，只要有氧存在，就能发生吸氧腐蚀。金属在发生析氢腐蚀的同时，也有吸氧腐蚀发生。

析氢腐蚀和吸氧腐蚀生成的 $Fe(OH)_2$ 在空气中不稳定，可进一步被氧化，生成$Fe(OH)_3$，脱水后生成 Fe_2O_3，它是红褐色铁锈的主要成分（图 4.10）。

图 4.10　铁丝在潮湿的空气中生锈

锅炉、铁制水管等都与大气相通，而且不是经常有水。无水时，管道被空气充满，由于锅炉管道系统经常含有大量氧气，所以常有严重的吸氧腐蚀。

$$Fe+2H_2O=Fe(OH)_2+H_2\uparrow$$

$$O_2+2H_2O+4e^-\longrightarrow 4OH^-$$

3. 差异充气腐蚀

当金属棒插入水或泥土中时，由于金属与含氧量不同的介质接触，各部分的电极电势就不一样。氧电极的电极电势与氧的分压有关：

$$\varphi(O_2/OH^-)=\varphi^\theta(O_2/OH^-)+\frac{0.059V}{4}\lg\frac{[p(O_2)/p^\theta]}{[c(OH^-)/c^\theta]^4}$$

在溶解氧浓度小的水面(或泥土)下部，电极电势代数值较小；而氧浓度较大的水面(或泥土)上部，电极电势代数值较大。这样便构成了以金属棒的上段(水面上部)为正极(阴极)，以金属棒下段(水面下部)为负极(阳极)的电池，结果是金属棒的水下部分发生腐蚀，这种腐蚀称为差异充气腐蚀。

浸入水中的金属设备，因为水中溶解氧比空气中少，紧靠水面下的部分电极电势较低而使阳极被腐蚀，工程上常称之为水线腐蚀。需要说明的是，金属插入土中或浸入水中的腐蚀原因是很复杂的，即金属形成的是复杂电极，因此只能说氧浓度差异造成的腐蚀是主要原因。

4. 金属腐蚀速率

1）大气相对湿度对腐蚀速率的影响

在某一大气相对湿度(称临界相对湿度)以下，金属即使较长时间暴露在大气中，也几乎不被腐蚀。但如果超过临界相对湿度，金属表面很快就会吸附水汽形成含水膜而被腐蚀。临界相对湿度因金属的种类及表面状态不同而有所不同。一般来说，钢铁生锈的临界相对湿度约为75%。如果金属表面有吸湿性物质(如灰尘、水溶性盐类等)污染，或其表面形状粗糙而多孔时，临界相对湿度值就会下降。

2）环境温度影响

环境温度及其变化也是影响金属腐蚀速率的重要因素。因为它影响大气的相对湿度、金属表面水汽的凝聚、凝聚水膜中腐蚀性气体和盐类的溶解、水膜的电阻以及腐蚀电池中阴、阳极反应过程的快慢等。

温度的影响一般要和湿度条件综合考虑。当相对湿度低于金属的临界相对湿度时，温度对腐蚀的影响很小。而当相对湿度在临界相对湿度以上时，温度的影响就会增大。在通常温度下，温度每升高10℃，锈蚀速率提高约2倍(这与温度对反应速率影响的经验规律一致)。

3）空气中污染物的影响

SO_2 和 CO_2 等气体溶于水膜，不仅增加了水膜的导电性，也增加了水膜的酸性，使析氢腐蚀和吸氧腐蚀同时发生，从而加快了腐蚀速率。

而 Cl^- 由于体积小，能穿透水膜，破坏金属表面的钝化膜，生成的 $FeCl_2$、$CrCl_3$ 等又易溶于水，大大提高水膜的导电能力，从而使钢铁材料在海滨大气及海洋运输中腐蚀速率较快。

需要注意的是，电化学腐蚀虽然也是原电池的作用，但这种原电池的电流是不能被人们利用的，它是一种短路电池。

4.5.3 金属的防护

金属防护的方法很多，常用的有以下几种：

1. 合金化法

合金化法可直接提高金属本身的耐腐蚀性。例如，含铬不锈钢就是铬与铁的合金。合金能提高电极电势，减少电极活性，从而使金属的稳定性大大提高。后来，英国科学家亨利·不莱尔利生产了这种合金钢餐刀。于是这种漂亮、耐用和不生锈的餐刀很快风靡欧洲，“不锈钢”的名字也就不胫而走，也使许多科学家研究它的兴趣越来越大。人们又向这种合金钢中加入了Ni、Mo、Cu、Ti以及稀土元素等。还有人提高了这种合金钢中的Cr含量。结果表明，随着Cr含量的增加，耐热性、耐蚀性增强；但当Cr含量达40%以上时，则合金处于疏松、干巴巴的状态。因此科学家得出结论，不锈钢的极限Cr含量不能超过30%。

但是到了20世纪90年代，有人却对这一极限提出了怀疑(大胆的怀疑往往是新发现的开始)。他们通过总结过去的工作发现，过去人们用的都是普通纯度的Fe、Cr，如采用高纯度的金属会如何呢？结果，当他们用99.995%的Fe和99.99%的Cr进行实验，Cr含量达到50%时，不仅没有出现疏松状态，而且成了耐热性大于不锈钢的稳定合金。用它加工的无缝钢管，耐热性达1000℃以上，是高超音速飞机发动机上求之不得的材料。

这一发现，不仅改变了人们对不锈钢的认识，也修正了以往对金属研究的许多结果，同时还发现了超纯金属的许多意想不到的性质。如100万个Fe原子中，加入10个P原子，就变得很脆；如再加入1个B原子，则金属就不易开裂了。Fe的纯度达99.95%时，是银白色，能像黄金一样拉长，即使在−269℃时拉长也不会断裂。这种高纯Fe放置数年都不会生锈(读者应该知道原因)。不过，高纯金属的制备花费很大，目前还不能采用提高金属纯度的办法来防腐。

有些合金虽然可以有较高的防腐性能，但如果使用不当，反而会加速腐蚀。在美国，有一位喜欢赶时髦的富翁决定不惜重金建造一艘奢侈豪华的海上游艇。造船师用相当昂贵的蒙乃尔合金把船底包起来。蒙乃尔合金是一种对海水有很强抗蚀能力的漂亮无比的铜镍合金。但是这种合金的机械强度不够大。于是，造船师不得不用特种钢来制造游艇的许多零件。在一片赞美声中游艇徐徐下水，畅游于碧海波涛之中。可是未过数日，这艘游艇底部就变得千疮百孔，过早地结束了“年轻的生命”。

2. 保护膜法

在金属表面电沉积(如电镀)金属保护膜，或覆以非金属材料涂层(如油漆、搪瓷及塑料膜等)，可使金属和大气隔绝，提高耐蚀性。

白铁和马口铁应为大家所熟悉。白铁是镀锌铁，马口铁是镀锡铁。白铁在工业、民用上应用广泛。如水桶、炉桶、金属包皮等都常用白铁板制成。而马口铁多用于罐头工业。但同样是亮光闪闪的物品，白铁制品，像水桶，即使是经常磕磕碰碰，却依然如故，没有锈痕。但用马口铁制成的存放食品的罐头盒，一旦开启，可能过不几天就出现锈斑。

3. 缓蚀剂法

在腐蚀介质中加入少量能减小腐蚀速率的物质来减缓腐蚀的方法叫作缓蚀剂法。所加的物质叫缓蚀剂。缓蚀剂按其组分可分为无机和有机缓蚀剂两类。

(1) 在中性和碱性介质中主要采用无机缓蚀剂，如铬酸盐、重铬酸盐、磷酸盐和磷酸氢盐等。它们的主要作用是在金属表面形成氧化膜或难溶物质。

(2) 在酸性介质中，无机缓蚀剂的效率很低，因此常采用有机缓蚀剂，如苯胺、动物胶和乌洛托品［六亚甲基四胺$(CH_2)_6N_4$］等。

有机缓蚀剂的缓蚀作用机理比较复杂。其中一种机理认为，有机缓蚀剂多能在金属表面形成吸附膜。吸附时它的极性基团吸附于金属表面，非极性基团背向金属表面，所形成的单分子吸附层使酸性介质中的H^+难以接近金属表面，从而阻碍了金属的腐蚀。

4. 电化学保护法

鉴于金属电化学腐蚀是阳极金属(较活泼金属)被腐蚀，我们可以使用外加阳极将被保护金属作为阴极来保护。这种电化学保护法叫阴极保护法。根据外加阳极的不同，该法又分为外加电源保护法和牺牲阳极保护法两种。

(1) 外加电源保护法(图4.11)是将被保护金属与另一附加电极作为电解池的两极。外加直流电源的负极接被保护金属(即被保护金属是阴极)，另用一废钢铁接正极。在外接电源的作用下，阴极(被保护金属)受到保护。这种方法广泛用于土壤、海水和河水中设备的防腐。

(2) 牺牲阳极保护法(图 4.12)是将较活泼金属或合金连接在被保护的金属设备上，与被保护金属形成原电池。这时活泼金属作为原电池的阳极而被腐蚀，被保护金属则作为阴极。常用作牺牲阳极的材料有 Mg、Al、Zn 及其合金。牺牲阳极保护法常用于蒸汽锅炉的内壁、海船的外壳、石油输送管道和海底设备等。牺牲阳极的面积通常占被保护金属表面积的 1%～5%，分散在被保护金属的表面上。除了阴极保护法以外，还有阳极保护法，因其使用范围不如阴极保护法广泛，这里不作介绍。

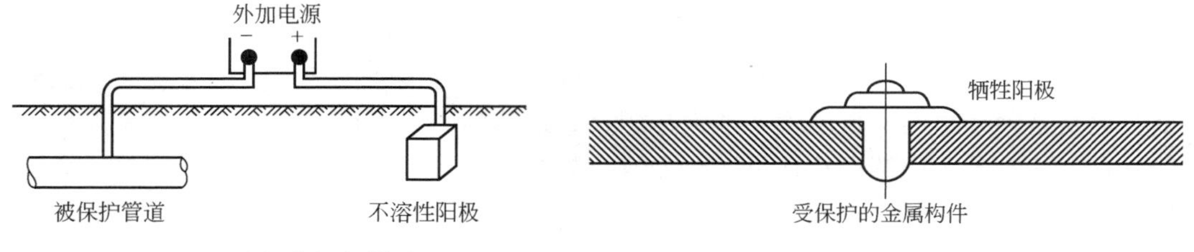

图 4.11　外加电源保护法　　　　图 4.12　牺牲阳极保护法

4.6　化 学 电 源

化学电源是将化学能转变为电能的实用装置，其品种繁多，按其使用的特点大体可分为如下两类：①一次电池，即电池中的反应物质在进行一次电化学反应放电之后就不能再次使用了，如干电池、锌-空气电池等。②二次电池，是指电池放电后，通过充电方法使活性物质复原后能再放电，且充、放电过程可以反复多次，循环进行。如铅蓄电池等，表 4－1中列出了一些常见的一次电池和二次电池。

表 4－1　目前常用的电池

电池	放电反应		电解液	电极材料		E_{cell}/V	应用
	阴极	阳极		阴极	阳极		
二次电池铅酸	$PbO_2 + 4H^+ + SO_4^{2-} + 2e^- \longrightarrow 2H_2O + PbSO_4$	$Pb + SO_4^{2-} \longrightarrow PbSO_4 + 2e^-$	H_2SO_4(aq)	Pb	Pb	2.05	汽车，飞机工业
Cd－Ni	$NiO(OH) + H_2O + e^- \longrightarrow Ni(OH)_2 + OH^-$	$Cd + 2OH^- \longrightarrow Cd(OH)_2 + 2e^-$	KOH(aq)	Ni	Cd	1.48	飞机引擎、启动机、铁路照明
一次电池 Zn－C	$2MnO_2 + H_2O + 2e^- \longrightarrow Mn_2O_3 + 2OH^-$	$Zn \longrightarrow Zn^{2+} + 2e^-$	NH_4Cl/$ZnCl_2$/MnO_2/湿 C 粉/NH_4Cl/	石墨	Zn	1.55	便携式电源（干电池）

（续）

电池	放电反应		电解液	电极材料		E_{cell}/V	应用
	阴极	阳极		阴极	阳极		
Zn－Mn	$2MnO_2+2H_2O+2e^- \longrightarrow 2MnO(OH)+2OH^-$	$Zn+2OH^- \longrightarrow ZnO+H_2O+2e^-$	NaOH(aq)	MnO_2/石墨	Zn	1.55	高质量干电池
Ag_2O－Zn	$Ag_2O+H_2O+2e^- \longrightarrow 2Ag+2OH^-$	$Zn+2OH^- \longrightarrow ZnO+H_2O+2e^-$	KOH(aq)	Ag_2O/石墨	Zn	1.5	表、照相机等
HgO－Zn	$HgO+2H_2O+2e^- \longrightarrow Hg+2OH^-$	$Zn+2OH^- \longrightarrow ZnO+H_2O+2e^-$	KOH(aq)	HgO/石墨	Zn	1.5	表、照相机等

化学电源的性能通常用电池容量、电池能量密度(比能量)和电池功率密度(比功率)等几个参数来衡量。电池容量是指电池所能输出的电荷量，一般以安［培］·［小］时为单位，用符号 A·h 表示。电池能量密度是指电池输出的电能与电池的质量或体积之比，分别称为质量能量密度或体积能量密度，单位用 W·h/kg 或 W·h/dm 表示。理论能量密度是指每千克参与反应的活性物质所提供的能量。由于化学电源有极板架、外壳等附加质量，就是所含活性物质也不可能全部参加反应，所以实际的能量密度要比理论上的能量密度小得多。

1. 燃料电池

直接燃烧燃料获得热能，再使热能转变为机械能和电能，这一过程燃料的利用效率很低，还不到20%。如果能把燃料燃烧的化学反应组成一个原电池，让化学能直接转变为电能，其效率就大大提高。这种以燃料作为能源，将燃料的化学能直接转换为电能的装置称为燃料电池，和一般化学电源相比，燃料电池的特点是在电极上所需要的物质(即提供化学能的燃料和氧化剂)储存在电池的外部，它是一个敞开系统，可以根据需要连续加入，而产物也可同时排出。电极本身在工作时并不消耗和变化。而一般化学电源(即一般的一次电池和二次电池)，其反应物质在电池体内，系统和环境之间只有能量交换而反应物不能继续补充，因而其容量受电池的体积和质量的限制。燃料电池的另一优点和一般电池一样，它不受 Carnot 循环的热机效率的限制，能量的转换效率高。

燃料电池的发电原理，与一般的化学电池一样，燃料电池的构造为

$$(-)燃料 \| 电解质 \| 氧化剂(+)$$

要将燃料的化学能转变为电能，首先应使燃料离子化，以便进行反应。由于大部分燃料为有机化合物，且为气体，这就要求电极有电催化作用，且为多孔材料，以增大燃料气、电解液和电极三相之间的接触界面，因为这界面就是电子授受的反应区。这种电极称为气体扩散电极(或三相电极)，这种电极关系到催化剂的利用率、反应的速率以及产生的电流密度，因而是燃料电池中的重要研究对象。

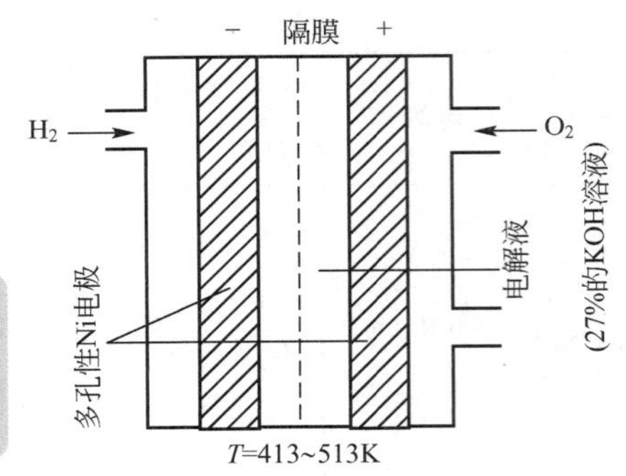

图 4.13　氢-氧燃料电池示意图

【氢-氧燃料电池示意图】

以氢为燃料的氢-氧燃料电池为例（图 4.13），当电解质是酸性介质时，反应为

阴极反应

$$O_2 + 4H^+ + 4e^- \longrightarrow 2H_2O$$

阳极反应

$$2H_2 \longrightarrow 4H^+ + 4e^-$$

电池的净反应

$$2H_2 + O_2 \longrightarrow 2H_2O$$

在碱性介质中，电池的总反应依然是 $2H_2 + O_2 \longrightarrow 2H_2O$，该电池的标准电动势为 1.229V。

氢-氧燃料电池中氢阳极交换电流可以很大，但氧阴极交换电流较小，所以一般采用含有能催化该电极反应的催化剂的材料做电极，或者提高整个电池的温度以加速电极反应的进行。同时增大电极表面，以使电池使用时能通过较大的电流，所以电极常做成多孔的。氢-氧燃料电池以覆盖着钛的铂作电极，电解质则用阴离子交换树脂。

例如，Appollo（阿波罗）宇宙飞船上的燃料电池由三组碱式氢-氧燃料电池组成，能提供的电压范围为 27～31V，功率为 563～1420W。目前航天飞机上都使用携带的 $H_2(l)$ 和 $O_2(l)$ 作为燃料电池的原料而不断产生电能，其产物 $H_2O(l)$ 又可以作为宇航员的生活用水。

若使用甲烷为燃料，则反应为

阴极反应

$$2O_2(g) + 8H^+ + 8e^- \longrightarrow 4H_2O(l)$$

阳极反应

$$CH_4(g) + 2H_2O(l) \longrightarrow CO_2(g) + 8H^+ + 8e^-$$

电池净反应

$$CH_4(g) + 2O_2(g) \longrightarrow 2H_2O(l) + CO_2(g)$$

若使用甲醇为燃料，则反应为

阴极反应

$$\frac{3}{2}O_2(g) + 6H^+ + 6e^- \longrightarrow 3H_2O(l)$$

阳极反应

$$CH_3OH(l) + H_2O(l) \longrightarrow CO_2(g) + 6H^+ + 6e^-$$

电池净反应

$$CH_3OH(l) + \frac{3}{2}O_2(g) \longrightarrow CO_2(g) + 2H_2O(l)$$

几种常用的燃料电池的热效率列于表 4－2 中。由表 4－2 可见，燃料电池的理论热效率是非常高的。

表 4-2 几种常用的燃料电池的理论热效率

反应	$\frac{\Delta_r G_m^\theta}{kJ/mol}$	$\frac{\Delta_r H_m^\theta}{kJ/mol}$	E/V	热效率 $\frac{\Delta_r G_m^\theta}{\Delta_r H_m^\theta}\times 100\%$
$H_2+\frac{1}{2}O_2 \longrightarrow H_2O$	−237.2	−285.9	1.229	0.83
$CH_4+2O_2 \longrightarrow CO_2+2H_2O$	−580.8	−604.5	1.060	0.96
$CH_3OH+\frac{3}{2}O_2 \longrightarrow CO_2+2H_2O$	−706.9	−764.0	1.222	0.93
$C+O_2 \longrightarrow CO_2$	−394.4	−393.5	0.712	1.00

事实上，早在100多年前（即19世纪中后期），燃料电池这一科学术语已被科学家使用。当时美国科学家 Grure、Mond 等曾先后构造了氢-氧燃料电池，他们在稀硫酸溶液中插入两个铂电极，然后分别向两个电极供应氧气和氢气，于是就产生了电流。氢-氧燃料电池净反应为 $2H_2(g)+O_2(g) \longrightarrow 2H_2O(l)$，实际上就是电解水的逆反应。当时这一结果并未引起足够的重视，原因之一是当时由蒸汽机带动的机械设备，可以直接带动发电机发电，人们还没有能源匮乏的危机感。另一原因是电化学的理论滞后，那时对电极上进行反应的机理研究得不够充分，电极反应动力学作为一门科学分支还没有真正建立起来。

之后，在20世纪50年代，美国人 Bacon 用高压氢气和氧气制造了大功率的燃料电池，并建立了6kW的发电装置。此类装置经过不断改进，于20世纪60年代成为阿波罗登月飞船上的工作能源。直至今日，所有的航天飞行器，其能源都来自燃料电池。由于这些资料是绝密的，因而燃料电池的研究仍是目前不少国家的重点研究课题。

与一般能源相比，燃料电池具有许多特点和优点：

(1) 能量转换率高。任何热机的效率都受 Carnot 热机效率(η)所限制，如用热机带动发电机发电，其效率仅为35%～40%，而燃料电池的能量转换效率理论上应为100%，实际操作时其总效率也在80%以上。

(2) 减少大气污染。火力发电产生废气(如 CO_2、SO_2、NO_x 等)、废渣，而氢氧燃料电池发电后只产生水，在航天飞行器中经净化后甚至可以作为航天员的饮用水。

(3) 燃料电池的比能量高。所谓比能量，是指单位质量的反应物所产生的能量，燃料电池的比能量高于其他电池。

(4) 燃料电池具有高度的稳定性。燃料电池无论是在额定功率以上超载运行，还是低于额定功率时运行，它都能承受而效率变化不大。当负载有变化时，它的响应速率快，都能承受。

燃料电池的品种很多，其分类方法也各异。以前曾按燃料的性质、工作温度、电解液的类型及结构特征等来进行分类，但目前基本上都是按燃料电池中电解质的类型来分的，大致分为下列五种类型：磷酸型燃料电池(PAFC)、熔融碳酸盐燃料电池(MCFC)、固体氧化物燃料电池(SOFC)、碱性燃料电池(AFC)和质子交换膜燃料电池(PEMFC)。燃料电池的种类甚多，设备各异，其中也存在不少问题，有待于继续深入研究。

设计并制造一个好的燃料电池具有非常重大的实际意义，它涉及能源的利用效率问题。目前在这方面还需要进行大量的研究工作，还有不少具体的困难，如使用的电极材料比较贵重，要寻找合适的催化剂，电解液的腐蚀性也比较强等，这些都有待于进一步解决。

燃料电池的最佳燃料是氢，当地球上化石燃料逐渐减少时，人类赖以生存的能量将是核能和太阳能。那时可用核能和太阳能发电，以电解水的方式制取氢气，然后利用氢作为载能体，采用燃料电池的技术与大气中的氧转化为各种用途的电能，如汽车动力、家庭用电等。那时的世界将进入氢能时代。

燃料电池作为一种高效且对环境友好的发电方式，备受各国政府的重视，它必将成为21世纪的重要研究课题。

2. 蓄电池

蓄电池是二次电池，可以反复充、放电，在工业上的用途极广，如汽车、发电站、火箭等，每年均需用大量蓄电池，所以蓄电池工业是一项很大的工业。蓄电池主要有下列几类；①酸式铅蓄电池(图 4.14)；②碱式 Fe－Ni 或 Cd－Ni 蓄电池；③Ag－Zn 蓄电池。三者各具优缺点，互为补充。铅蓄电池历史最早，较成熟，价廉，但质量大，保养要求较严，易于损坏。镍蓄电池能经受剧烈振动，比较经得起放电，保藏维护要求不高，本身质量轻，低温性能好(尤其是 Cd－Ni 蓄电池)，但结构复杂，制造费用较高，Cd 又会严重地污染环境和危害人体健康。Ag－Zn 蓄电池单位质量、单位容积所蓄电能高，能大电流放电，能经受机械振动，所以特别适合于宇宙卫星的要求，但设备费用昂贵，充电放电次数100～150 次，使用寿命较短，尚需进一步研究。

【铅蓄电池】

(a) 外观图(铅蓄电池)

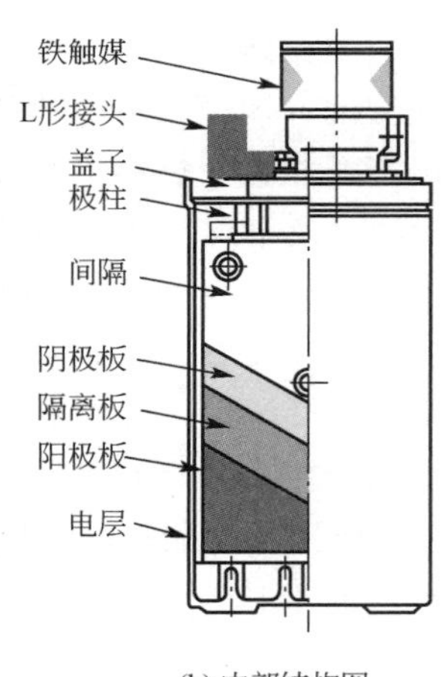

(b) 内部结构图

图 4.14 铅蓄电池图

以下是这三种蓄电池的反应。

(1) 铅蓄电池

$$Pb(s)|H_2SO_4(\text{相对密度 } 1.22\sim1.28)|PbO_2(s)$$

电池反应为

$$PbO_2(s)+Pb(s)+2H_2SO_4 \underset{充电}{\overset{放电}{\rightleftharpoons}} 2PbSO_4(s)+2H_2O(l)$$

（2）Fe－Ni 蓄电池

$$Fe(s)|KOH(质量分数\ \omega=0.22)|NiOOH(s)$$

电池反应为

$$Fe(s)+2NiOOH(s)+2H_2O \underset{充电}{\overset{放电}{\rightleftharpoons}} Fe(OH)_2(s)+2Ni(OH)_2(s)$$

Cd－Ni 蓄电池

$$Cd(s)|KOH(质量分数\ \omega=0.20)|NiOOH(s)$$

电池反应为

$$Cd(s)+2NiOOH(s)+2H_2O \underset{充电}{\overset{放电}{\rightleftharpoons}} Cd(OH)_2(s)+2Ni(OH)_2(s)$$

（3）Ag－Zn 蓄电池

$$Zn(s)|KOH(质量分数\ \omega=0.40)|Ag_2O_2(s)$$

电池反应为

$$Ag_2O_2(s)+2H_2O+2Zn(s) \underset{充电}{\overset{放电}{\rightleftharpoons}} 2Ag(s)+2Zn(OH)_2(s)$$

上述几种蓄电池以 Ag－Zn 蓄电池的电容量最大，故常被称为高能电池。

金属氢化物-镍电池，老一代 Cd－Ni 高容量可充电式电池由于镉有毒性，废电池的处理比较麻烦，有些国家已禁止使用。因此，氢-镍电池特别是氢化物作为负极，正极仍为 NiOOH 的氢-镍电池发展迅速。其电池表示式为

$$MH(s)|KOH(aq)|NiOOH(s)$$

或

$$MH(s)|KOH(aq)|Ni(OH)_2(s)+NiOOH(s)$$

电极反应为

负极反应

$$MH(s)+OH^- \longrightarrow M(s)+H_2O(l)+e^-$$

正极反应

$$NiOOH(s)+H_2O(l)+e^- \longrightarrow Ni(OH)_2(s)+OH^-$$

电池净反应

$$MH(s)+NiOOH(s)=M(s)+Ni(OH)_2(s)$$

式中，MH(s)代表金属氢化物，如 $LaNi_5H_6(s)$，此类储氢材料主要是某些过渡金属、合金和金属间化合物。由于其特殊的晶格结构，氢原子容易渗入金属晶格的四面体或八面体间隙之中，并形成金属氢化物。与至今还在应用的 Cd－Ni 电池相比，金属氢化物-镍电池有许多优点：①能量密度高，相同尺寸的电池，金属氢化物-镍电池的电容量是 Cd-Ni 电池的 1.5～2 倍；②无污染，是绿色电池；③可大电流快速放电；④工作电压与 Cd-Ni 电池相同，也是 1.2V。

有人认为碳纳米管是理想的储氢材料，50000 根碳纳米管的直径加起来也只有人的一根头发丝粗，韧性很高，并且具有金属性和半导体性。如以碳纳米管作为储氢材料，其效率想必会更高。

本章小结

1. 原电池

(1) 原电池的定义：借助氧化还原反应将化学能直接转化为电能的装置。

(2) 原电池的组成：两个半电池、盐桥和导线。

(3) 电极的类型：金属-该金属离子电极；气体-离子电极；金属-难溶盐电极；金属-难溶氧化物电极；不同价态金属离子类。

(4) 盐桥：用以消除电池中液体接界电位的一种装置。盐桥中装有饱和的 KCl 溶液和琼脂制成的胶冻，胶冻的作用是防止管中溶液流出。

(5) 原电池装置的符号表示：例如，由 Zn^{2+}/Zn 半电池和 H^+/H_2 半电池组成的原电池可以表示为

$$(-)Zn \mid Zn^{2+}(c_1) \parallel H^+(c_2) \mid H_2(p),\ Pt(+)$$

2. 原电池电动势

(1) 电极电势的产生：金属双电层。

(2) 原电池的电动势(E)

$$E=\varphi_{正}-\varphi_{负}$$

(3) 电极电势的测量。

欲测定某电极的电极电势，可将待测电极与标准氢电极(参比电极)组成原电池，测出该原电池的电动势 E，即可算出待测电极相对于标准氢电极的电极电势，称为该电极的电极电势。

(4) 标准电极电势表应用：判断原电池的正负极和计算原电池的电动势；判断氧化还原反应的方向和限度；判断氧化剂和还原剂的相对强弱。

(5) E 与 ΔG 之间的关系：

$$\Delta_r G_m = -zFE$$

(6) 浓度或分压对电极电势的影响：

$$E=E^{\theta}-\frac{2.303RT}{zF}\lg J$$

3. 电解的基本原理及应用

(1) 电解与电解池。

使电流通过电解质溶液(或熔融电解质)而引起的氧化还原反应过程称为电解。这种能通过氧化还原反应将电能转变为化学能的装置称为电解池(或电解槽)。要想使电解池正常工作，必须加一定的外电压，这时电流才能通过电解液使电解得以顺利进行。

(2) 分解电压：能使电解顺利进行所必需的电压称为分解电压。

(3) 极化与超电势。

凡是电极电势偏离可逆电极电势的现象，在电化学中称为“极化”，其差值的绝对值就是超电势。

电极极化有以下规律：①阳极极化后电极电势升高，即 $\varphi_{ir}=\varphi_r+\eta_{阳}$；②阴极极化后电极电势降低，即 $\varphi_{ir}=\varphi_r-\eta_{阴}$

(4) 电解产物的析出规律。

阴极析出规律：

① 电极电势大于 Al 的金属离子在水溶液中首先获得电子。

② 电极电势小于 Al（包括 Al）的金属离子，在水溶液中不放电，放电的是 H^+，即 $2H^++2e^-=H_2\uparrow$，析出氢气。

阳极析出规律：

① 除 Pt、Au 外，其他可溶性金属阳极首先失去电子，即发生阳极溶解。因此在判断电解产物时，要注意采用的电极材料。

② 当用惰性电极而又含有如 S^{2-}、I^-、Br^-、Cl^- 等简单阴离子时，是这些阴离子先放电，而不是 OH^- 失去电子。

(5) 电解的应用：电抛光；电解加工；阳极氧化。

4. 金属腐蚀与防护

(1) 金属的化学腐蚀：钢铁的高温氧化；钢的脱碳；氢脆。

(2) 金属的电化学腐蚀：析氢腐蚀；吸氧腐蚀；差异充气腐蚀。

(3) 金属的防护：合金化法；保护膜法；缓蚀剂法；电化学保护法。

5. 化学电源：化学电源是将化学能转变为电能的实用装置。常见的有燃料电池、蓄电池。

习题与思考题

1. 下列说法是否正确？如不正确，说明原因。

(1) 凡是电极电势偏离平衡电极电势的现象，都称为极化现象。

(2) 所有参比电极的电极电势皆为零。

(3) 因为 $\Delta_r G_m$ 值与化学反应方程式的写法（即参与反应物质的化学计量数）有关，因此 φ^θ 也是如此。

(4) 插入水中的铁棒，易被腐蚀的部位是水面以下较深部位。

2. 选择题（将正确答案的标号填入空格内，正确答案可以不止一个）

(1) 为了提高 $Fe_2(SO_4)_3$ 的氧化能力，可采用下列哪些措施？（　　）

A. 增加 Fe^{3+} 的浓度，降低 Fe^{2+} 的浓度

B. 增加 Fe^{2+} 的浓度，降低 Fe^{3+} 的浓度

C. 增加溶液的 pH

D. 降低溶液的 pH

(2) 极化的结果总是使(　　)。

A. 正极的电势升高，负极的电势降低

B. 原电池的实际工作电压小于其电动势

C. 电解池的实际分解电压大于其理论分解电压

3. 填空题

由标准氢电极和标准镍电极组成原电池，测得其电动势为0.23V，则该原电池的正极为__________，负极为__________，电池的反应方向为__________，镍电极的标准电极电势为__________；当 $c(Ni^{2+})$降到0.01mol/L时，原电池电动势将__________。

4. 如果将下列氧化还原反应装配成电池，试用符号表示所组成的原电池。

(1) $Zn(s)+2Ag^{+}(aq)\rightleftharpoons Zn^{2+}(aq)+2Ag(s)$

(2) $Cu(s)+FeCl_3(aq)\rightleftharpoons CuCl(aq)+FeCl_2(aq)$

(3) $Sn^{2+}(aq)+2Fe^{3+}(aq)\rightleftharpoons Sn^{4+}(aq)+2Fe^{2+}(aq)$

(4) $Zn(s)+2HCl(aq)\rightleftharpoons ZnCl_2(aq)+H_2(g)$

5. $SnCl_2$、$FeCl_2$、KI、Zn、H_2、Mg、Al、H_2S在一定条件下都可以作还原剂。试根据标准电极电势数据，把这些物质按其还原能力递增顺序重新排列，并写出它们对应的氧化产物。

6. 判断下列反应在标准态时进行的方向，如能正向进行，试估计进行的程度大小。已知 $\varphi^{\theta}(Fe^{2+}/Fe)=-0.44V$。

(1) $Fe(s)+2Fe^{3+}(aq)\rightleftharpoons 3Fe^{2+}(aq)$

(2) $Sn^{4+}(aq)+2Fe^{2+}(aq)\rightleftharpoons Sn^{2+}(aq)+2Fe^{3+}(aq)$

7. 在pH分别为3和6时，$KMnO_4$能否氧化I^-和Br^-［假设MnO_4^-被还原成Mn^{2+}，且 $c(MnO_4^-)=c(Mn^{2+})$，$c(I^-)=c(Br^-)=1mol/L$］。

8. 今有一种含有Cl^-、Br^-、I^-三种离子的混合溶液，欲使I^-氧化成I_2，又不使Br^-、Cl^-氧化，在常用氧化剂$Fe_2(SO_4)_3$和$KMnO_4$中应选哪一种？

9. 由标准钴电极和标准氯电极组成原电池，测得其电动势为1.63V，此时钴为负极，现知氯的标准电极电势为+1.36V，问：

(1) 此电池的反应方向为何？

(2) 钴的电极电势为多少？

(3) 当氯气的分压增大时，电池电动势将如何变化？

(4) 当 $c(Co^{2+})$降低到0.01mol/L时，通过计算说明电动势又将如何变化？

10. 问答题。试比较下列情况下铜电极电势的高低，并说明依据：

(1) 铜在0.01mol/L $CuSO_4$溶液中；

(2)铜在加有Na_2S的0.01mol/L $CuSO_4$溶液中。

11. 试说明下列现象产生的原因。

(1) 硝酸能氧化铜，而盐酸却不能；

(2) Sn^{2+}与Fe^{3+}不能在同一溶液中共存；

(3) 氟不能用电解含氟化合物的水溶液制得。

12. 利用电极电势的概念解释下列现象。

(1) 配好的Fe^{2+}溶液中要加入一些铁钉；

(2) H_2SO_3溶液不易保存，只能在使用时临时配制；

(3) 海上船舰常镶嵌镁块、锌块或铝合金块，防止船壳体的腐蚀。

13. 铜制水龙头与铁制水管接头处，哪个部位容易遭受腐蚀？这种腐蚀现象与钉入木头的铁钉的腐蚀在机理上有什么不同？试简要说明之。

14. 由两个氢半电池 Pt，$H_2(p^\theta)\,|\,H^+(0.1mol/L)$ 和 Pt，$H_2(p^\theta)\,|\,H^+(x mol/L)$ 组成一原电池，测得该原电池的电动势为 0.016V，若 Pt，$H_2(p^\theta)\,|\,H^+(x mol/L)$ 作为该原电池的正极，问组成该半电池的溶液中 H^+ 浓度是多少？

15. 根据下列反应(假设离子浓度均为 1mol/L，p_{Cl_2} 为 100kPa)

$$Ni(s)+Sn^{2+}(aq)\rightleftharpoons Ni^{2+}(aq)+Sn(s)$$

$$Cl_2(g)+2Br^-(aq)\rightleftharpoons Br_2(l)+2Cl^-(aq)$$

试分别计算：

(1) 它们组成原电池的电动势，并指出正负极；

(2) 298K 时的平衡常数；

(3) 298K 反应的标准吉布斯函数变 $\Delta_r G_m^\theta$。

16. 对于由电对 MnO_4^-/Mn^{2+} 与 Zn^{2+}/Zn 组成的原电池。

(1) 计算 298K 下，当 $c(MnO_4^-)=c(Mn^{2+})=c(Zn^{2+})=1mol/L$，$c(H^+)=0.1mol/L$ 时，该电池的电动势，该氧化还原反应的 $\Delta_r G_m$，并说明该氧化还原反应进行的方向；

(2) 计算该氧化还原反应在 298K 时的 $\lg K^\theta$；

(3) 当温度升高时，该反应的 K^θ 是增大还是减小？为什么？

【第4章习题答案】

第5章 物质结构基础

【物质结构基础】

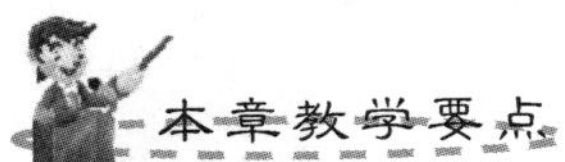

知识要点	掌握程度	相关知识
原子结构	了解原子结构的近代概念；掌握四个量子数及其意义；熟悉原子核外电子排布；掌握元素周期律与核外电子排布的关系，原子性质的周期性	电子的运动特征、核外电子的运动状态、原子核外电子的排布、原子电子层结构与元素周期表、元素的周期性
分子结构	了解离子键、金属键、共价键的形成；熟悉键参数、共价键类型；掌握现代价键理论；了解杂化轨道理论；了解分子的极性和变形性、分子间力和氢键	离子键、共价键、金属键；现代价键理论、杂化轨道理论；分子的极性和变形性、分子间作用力
晶体结构	了解晶体的基本类型和性质	离子晶体、原子晶体、分子晶体、金属晶体、过渡型晶体

导入案例

液　晶

1888年，奥地利科学家莱尼茨尔合成出一种奇怪的有机化合物，它有两个熔点。把它的固态晶体加热到145℃时，便熔成液体，但是浑浊的，而一切纯净物质熔化时却是透明的。如果继续加热到175℃时，它似乎再次熔化，变成清澈透明的液体。后来，德国物理学家列曼把处于“中间地带”的浑浊液体叫作液晶。液晶被发现后，人们并不知道它有何用途，直到1968年，人们才把它作为电子工业上的材料。

液晶显示材料最常见的用途是电子表和计算器的显示板，为什么会显示数字呢？原来这种液态光电显示材料，利用液晶的电光效应把电信号转换成字符、图像等可见信号。液晶在正常情况下，其分子排列很有秩序，显得清澈透明，一旦加上直流电场后，分子的排列被打乱，一部分液晶变得不透明，颜色加深，因而能显示数字和图像。

根据液晶会变色的特点，人们利用它来指示温度、报警毒气等(图5.1)。例如，液晶能随着温度的变化，使颜色从红变绿、蓝。这样可以指示出某个实验中的温度。液晶遇上氯化氢、氢氰酸之类的有毒气体，也会变色。在化工厂，人们把液晶片挂在墙上，一旦有微量毒气逸出，液晶变色了，就提醒人们赶紧去检查、补漏。

液晶种类很多，通常按液晶分子的中心桥键和环的特征进行分类。目前已合成了一万多种液晶材料，其中常用的液晶显示材料有上千种，主要有联苯液晶、苯基环己烷液晶及酯类液晶等。液晶显示材料具有明显的优点：驱动电压低、功耗微小、可靠性高、显示信息量大、彩色显示、无闪烁、对人体无危害、生产过程自动化、成本低廉、可以制成各种规格和类型的液晶显示器及便于携带等。由于这些优点，用液晶材料制成的计算机终端和电视(图5.2)可以大幅度减小体积。液晶显示技术对显示显像产品结构产生了深刻影响，促进了微电子技术和光电信息技术的发展。

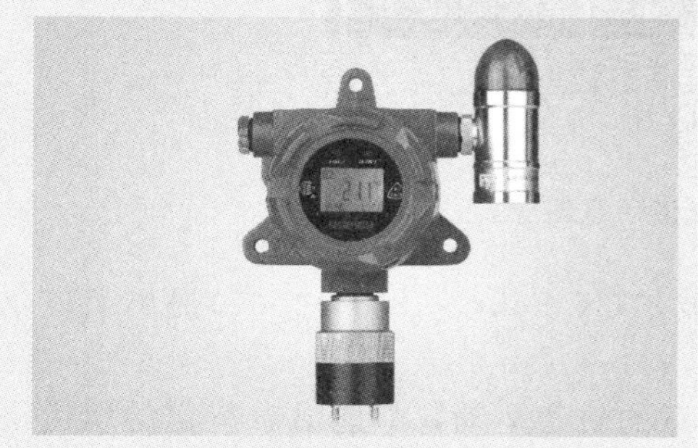

图5.1　液晶气体报警器

图5.2　液晶电视

世界上的物质种类繁多，性质各异，究竟物质之间为什么会发生这样或那样的化学变化？自然界中为什么会形成如此繁多的化合物，而它们又具有各自特性与功能？其根本原因在于物质内部的组成和结构不同。为了掌握物质性质及其变化的规律，必须深入学习物质结构的知识。本章首先从研究原子结构入手，然后讨论化学键、分子结构与晶体结构方面的基本理论和基础知识。

5.1 原子结构

在通常情况下，化学反应并不涉及原子核的变化，而是原子核外电子的运动状态发生改变，因此，在化学中讨论原子结构主要是研究核外电子运动状态和它的运动规律，以及原子核外电子分布与元素性质之间的变化规律。

5.1.1 电子的运动特征

电子等微观粒子的运动规律与经典力学中的质点运动规律截然不同，它具有三个重要特征，即能量量子化、波粒二象性和统计性规律。

1. 能量量子化

复色光经过棱镜或光栅后，形成按波长(或频率)大小依次排列的图案，称为光谱。当一束白光经过色散后，可得到连续分布的彩色光谱，这种光谱叫作连续光谱。而当原子被激发时，发出的光经过色散后只能看到几条亮线，是不连续的光谱，称为线状光谱。每种元素的原子都有它自己的特征线状光谱，氢原子光谱是最简单的。如图 5.3 所示，充有低压氢气的放电管中通入高压电，使气体变成激发态原子，当发出的光通过棱镜时，可获得氢原子的线状光谱。

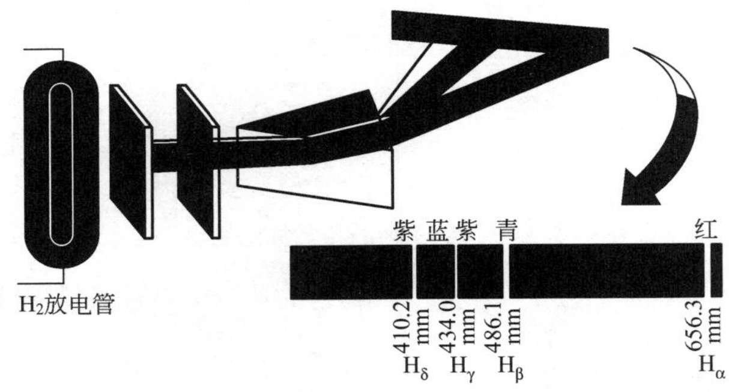

图 5.3 氢原子光谱示意图

为解释氢原子光谱，1913 年丹麦物理学家玻尔(N. Bohr，1885—1962)提出了玻尔原子结构模型，其基本内容包括三点假设：

(1) 定态假设。在原子中，电子不能沿着任意的轨道运动，只能沿着特定的轨道绕原子核做圆周运动，这些轨道称作稳定轨道。这时电子不放出也不吸收能量，处于稳定状态。

(2) 能级假设。电子在不同轨道上运动时具有确定的、不同的能量。电子运动时所处的能量状态称为能级。能级是量子化的(不连续的)。

$$E=-\frac{1}{n^2}\times 2.179\times 10^{-18}\,\text{J} \tag{5-1}$$

离核越近的轨道，能量越低；离核越远的轨道，能量越高。正常状态下，电子尽可能处于离核较近、能量较低的轨道上，这时原子所处的状态称为基态($n=1$)；当基态原子中的电子吸收能量，跃迁到能量较高、离核较远的空轨道时，此时原子所处的状态称为激发态。

(3) 跃迁假设。电子从某一轨道跳跃到另一轨道的过程称为电子的跃迁。当电子从能量较高的轨道跃迁到能量较低的轨道时，会以光子(量子)的形式放出能量，因此产生原子光谱。由于轨道的能量是量子化的，所以电子跃迁时吸收或放出的能量也是量子化的，光子的频率也一定是量子化的，所以得到的光谱是不连续的。

$$E=E_2-E_1=h\nu \tag{5-2}$$

玻尔模型成功地解释了氢原子和类氢离子的光谱，他提出的电子运动能量量子化(能级)的概念是正确的，所谓能量量子化就是指电子只能在一定的能量状态上运动，不同能级之间的能量变化是不连续的。但玻尔理论不能正确解释多电子原子的光谱，也不能说明如谱线强度、偏振等重要光谱现象，其主要原因是原子中电子并非在固定半径的圆形轨道上运动，电子等微观粒子的运动具有波动性特征。

2. 波粒二象性

波粒二象性是指电子等微观粒子具有波动性和粒子性的双重性能。

在光有波粒二象性的启发下，1924年法国年仅32岁的物理学家德布罗意(De Broglie，1892—1987)提出一个大胆假设，认为光的波粒二象性概念也适用于电子等微观粒子。即电子、中子、分子等实物微粒除了具有粒子性外，还具有波的性质。电子具有静止质量，其粒子性易于理解，而其波动性最直接的证据就是电子衍射实验。

1927年，戴维逊(C. J. Davisson)和革末(L. H. Germer)进行了电子衍射实验，他们用镍晶体反射电子，在照相底片上得到一系列明暗相间的衍射环纹，如图5.4所示。电子衍射实验测得的电子波波长与德布罗意关系式计算结果相符，验证了电子的波动性，也证实了德布罗意的假设。

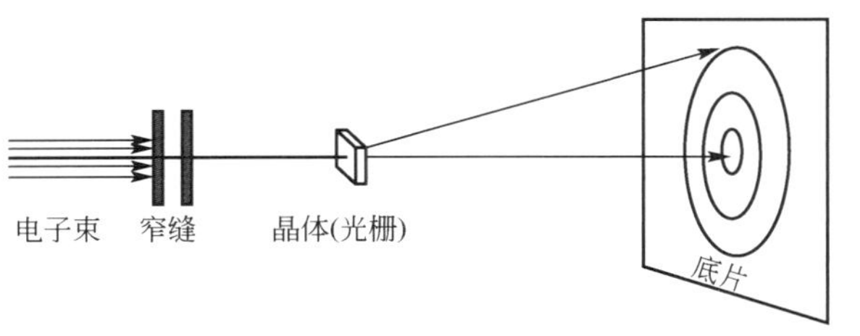

【电子衍射示意图】

图5.4　电子衍射示意图

3. 统计性

通过电子衍射实验发现，用较强的电子流可在短时间内得到前面提到的电子衍射环纹。若以一束极弱的电子流使电子一个一个地发射出去，电子打在底片上的是一个一个的斑点，并不形成衍射环纹，从底片上看不出电子落点的规律性，这表现了电子的粒子性，如图5.5(a)所示。但如果衍射时间足够长，衍射斑点足够多时，大量衍射斑点在底片上就会形成环纹，与较强电子流在短时间内得到的衍射图形完全相同，如图5.5(b)所示。这表明电子的波动性是电子无数次行为的统计结果。衍射斑点密集，衍射强度大，即电子波强度大的地方，单位微体积内电子出现的概率密度大；反之，概率密度小。

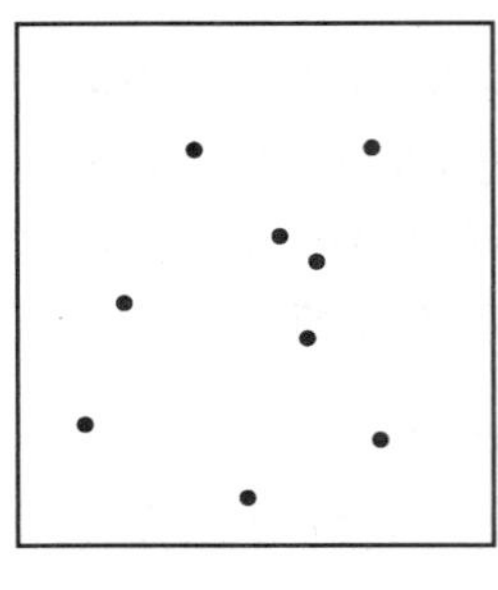

(a) 实验时间不长　　　(b) 实验时间较长

图 5.5　电子衍射环纹示意图

5.1.2　核外电子的运动状态

【核外电子的运动状态】

在认识了电子运动的特征后，科学家开始探索用数学语言来描述电子的运动状态，逐渐发展成较完整的量子力学体系。在量子力学中原子核外电子运动状态是用波函数 ψ 来描述的，下面进行具体介绍。

1. 波函数与原子轨道

1926 年，奥地利物理学家薛定谔(E. Schrodinger，1887—1961)，从微观粒子的波粒二象性出发，提出了描述核外电子运动的波动方程(又称薛定谔方程)：

$$\frac{\partial^2\psi}{\partial x^2}+\frac{\partial^2\psi}{\partial y^2}+\frac{\partial^2\psi}{\partial z^2}+\frac{8\pi^2 m}{h^2}(E-V)\psi=0 \tag{5-3}$$

式中，m 为电子的质量；E 为电子总能量；V 为系统的势能。ψ 代表波函数，是空间坐标 x、y、z 的函数。对于原子核外的电子，每个波函数 ψ 都代表一种具有一定能量的在定态下的电子运动状态。原子中电子的波函数既是描述电子运动状态的数学表达式，又是空间坐标的函数，其空间图像可以形象地理解为电子运动的空间范围，俗称原子轨道。波函数的空间图像就是原子轨道，原子轨道的数学式就是波函数，波函数与原子轨道常作同义语混用。这里所说的“轨道”是指电子的一种运动状态，并不是玻尔理论中所说的那种固定半径的圆形轨迹。

薛定谔方程把微观粒子的粒子性和波动性有机融合在一起，从而更真实反映出电子的运动状态。但由于求解薛定谔方程涉及较深的数学知识，不属于本课程的要求，介绍的目的是要了解它的一些重要结论。

2. 四个量子数

现在只能对最简单的氢原子薛定谔方程精确求解。在求解过程中需引入三个参数 n、l、m，称量子数。核外电子空间运动状态可以用这三个量子数描述，此外，还有一个描述电子自旋运动特征的量子数－m_s。用这四个量子数，可以完整地描述一个电子的运动状态，既简单又方便。

1）主量子数 n

主量子数 n 用来描述电子离核的远近，是确定电子能级的主要参数。对单电子原子来说，n 值越大，电子离核平均距离越远，电子能级越高。通常把具有相同 n 的各原子轨道称为同属一个电子层。

n=1、2、3、4…正整数，分别称电子处于第一、第二、第三、第四……第 n 电子层，与 n 对应电子层的符号表示如下

主量子数 n	1	2	3	4	5	6	…
电子层符号	K	L	M	N	O	P	…

2）角量子数 l

角量子数 l 与电子运动的角动量有关，l 值可以取 0 到 $(n-1)$ 间的任意正整数，共 n 个取值。角量子数用于确定原子轨道（或电子云）的形状，也可以表示同一电子层中不同状态的亚层，通常将具有相同角量子数的各原子轨道称为同属一个电子亚层。l 数值与对应的亚层符号及原子轨道（或电子云）的形状如下

角量子数 l	0	1	2	3	4	…	$(n-1)$
电子亚层符号	s	p	d	f	g	…	
原子轨道（或电子云）形状	球形	哑铃形	花瓣形	形状复杂不介绍			

当 $n=1$ 时，只有 $l=0$，称为 1s 亚层；当 $n=2$ 时，$l=0$、1，分别称为 2s 亚层和 2p 亚层；依此类推。

单电子原子中，各轨道的能量只与 n 有关。例如氢原子

$$E_{4s}=E_{4p}=E_{4d}=E_{4f}$$

多电子原子中，各轨道能量除与 n 有关外，还与 l 有关。同一电子层中的轨道（即 n 相同），l 值越大，其能量越高，例如

$$E_{4s}<E_{4p}<E_{4d}<E_{4f}$$

3）磁量子数 m

原子中某些原子轨道在核外空间有不同的伸展方向，用来表示原子轨道或电子云在空间伸展方向的量子数称作磁量子数 m。

磁量子数的取值受 l 限制，可以是从 $-l$ 到 $+l$ 间的所有整数，即 $m=0$、±1、$\pm2\cdots\pm l$，共有 $2l\pm1$ 个。如球形原子轨道 $l=0$，$m=0$，在空间只有一种取向，即只有一个 s 轨道；哑铃型原子轨道 $l=1$，m 可以取 -1、$+1$、0 三个数值，在空间有三种伸展方向，表示 p 亚层有三个轨道 p_x、p_y、p_z。

磁量子数 m 与轨道能量无关。处于同一亚层中磁量子数不同的各轨道（如 p_x、p_y、p_z）能量相等，叫等价轨道或简并轨道。

4）自旋量子数 m_s

实验表明，原子中的电子，除了绕原子核运动外还可以自转，称为电子自旋。电子自旋方向只有顺时针和逆时针两种情况。与电子自旋相联系的量子数叫自旋量子数，用 m_s 表示。m_s 只能取 $+\frac{1}{2}$ 或 $-\frac{1}{2}$ 两个数值，一般用“↑”和“↓”表示电子的两种自旋状态。

用 n、l、m 三个量子数可以确定一个原子轨道，用 n、l、m、m_s 四个量子数可以确

定核外电子的运动状态。各量子数的取值及各电子层、亚层中最多可存在的电子运动状态详见表 5－1。

表 5－1　量子数与电子的运动状态

<table>
<tr><th colspan="2">n</th><th colspan="2">l</th><th colspan="3">m</th><th colspan="2">m_s</th><th rowspan="3">状态总数
$2n^2$</th></tr>
<tr><th rowspan="2">取值</th><th rowspan="2">电子层
符号</th><th rowspan="2">取值</th><th rowspan="2">能级
符号</th><th rowspan="2">取值</th><th colspan="2">原子轨道</th><th rowspan="2">取值</th><th rowspan="2">符号</th></tr>
<tr><th>符号</th><th>轨道数</th></tr>
<tr><td>1</td><td>K</td><td>0</td><td>1s</td><td>0</td><td>1s</td><td>1</td><td>±1/2</td><td>↑ ↓</td><td>2</td></tr>
<tr><td rowspan="2">2</td><td rowspan="2">L</td><td>0</td><td>2s</td><td>0</td><td>2s</td><td rowspan="2">4</td><td>±1/2</td><td>↑ ↓</td><td rowspan="2">8</td></tr>
<tr><td>1</td><td>2p</td><td>0
±1</td><td>$2p_z$
$2p_x$　$2p_y$</td><td>±1/2
±1/2</td><td>↑ ↓
↑ ↓</td></tr>
<tr><td rowspan="3">3</td><td rowspan="3">M</td><td>0</td><td>3s</td><td>0</td><td>3s</td><td rowspan="3">9</td><td>±1/2</td><td>↑ ↓</td><td rowspan="3">18</td></tr>
<tr><td>1</td><td>3p</td><td>0
±1</td><td>$3p_z$
$3p_x$ $3p_y$</td><td>±1/2
±1/2</td><td>↑ ↓
↑ ↓</td></tr>
<tr><td>2</td><td>3d</td><td>0
±1
±2</td><td>d_z^2
$3d_{xz}$　$3d_{yz}$
$3d_{xy}$ $3d_{x^2-y^2}$</td><td>±1/2
±1/2
±1/2</td><td>↑ ↓
↑ ↓
↑ ↓</td></tr>
</table>

量子数之间有一定的制约关系，当赋予 n，l，m，m_s 一组合理的数值，就可以得到一个相应的波函数 $\psi_{(n,l,m,m_s)}$ 的数学表达式。用一套（n，l，m，m_s）量子数就可以完全描述和确定一个核外电子的运动状态了。

3. 概率密度与电子云

波函数 ψ 本身无明确、直观的物理意义，它的物理意义只有通过波函数绝对值的平方 $|\psi|^2$ 来体现。$|\psi|^2$ 可以反映核外电子在空间某处单位体积内出现的概率，即概率密度。如果用小黑点疏密来表示空间各点的概率密度大小，黑点密集的地方，$|\psi|^2$ 大，电子在该处出现的概率密度也大；黑点稀疏的地方，$|\psi|^2$ 小，电子在该处出现的概率也小。这种以黑点疏密形象地表示电子概率密度分布的图形叫作电子云，如图 5.6(a)所示。

应当注意，图 5.6(a)中黑点的数目并不代表电子的数目，而是代表一个电子在瞬间出现的那些可能位置的分布。对氢原子来说，核外只有一个电子。电子云只是电子行为具有

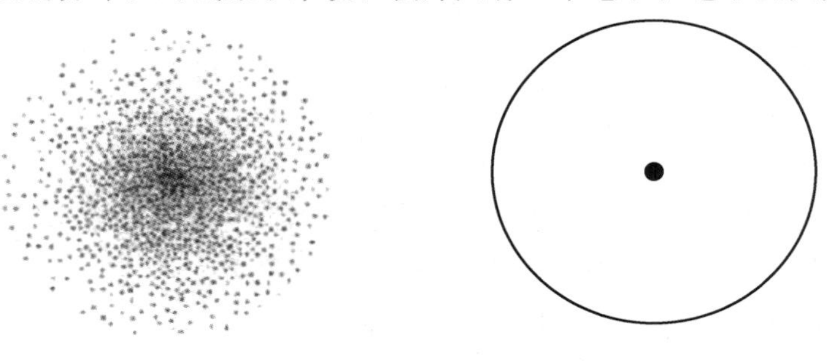

(a) 1s电子云　　(b) 界面图

图 5.6　氢原子的 1s 电子云和界面图

统计性的一种形象的描述。若把电子出现概率密度相等的地方连接起来，作为一个界面，使界面内电子出现的概率很大(如大于95%)，在界面外概率很小(如小于5%)，这种图形叫作电子云的界面图。氢原子的1s电子云界面图是一个球面，如图5.6(b)所示。

4. 原子轨道与电子云的图像

波函数的数学函数式也可用图形来表示，在解薛定谔方程时，将直角坐标 x，y，z 转换成球坐标 r，θ，φ。为了把 ψ 随 r，θ，φ 的变化表示清楚，把 $\psi(r, \theta, \varphi)$写为两个函数的乘积，即

$$\psi_{n,l,m}(r, \theta, \varphi)=R_n(r)\cdot Y_{l,m}(\theta, \varphi)$$

式中，函数 $R_n(r)$表示波函数的径向部分，它是变量 r 即电子离核距离的函数；$Y_{l,m}(\theta, \varphi)$表示波函数的角度部分，它是两个角度变量 θ 和 φ 的函数。

1) 原子轨道角度分布图

若将波函数的角度部分 $Y_{l,m}(\theta, \varphi)$随 θ，φ 变化的规律以球坐标作图，可以获得波函数或原子轨道的角度分布图，如图5.7所示。角度分布图着重说明了原子轨道的极大值出现在空间哪个方向，利用它便于直观地讨论共价键成键方向。角度分布图中“+、−”号，不是表示正、负电荷，而是表示 Y 值是正值还是负值，还代表了原子轨道角度分布图形的对称关系：符号相同，对称性相同；符号相反，对称性不同或反对称。

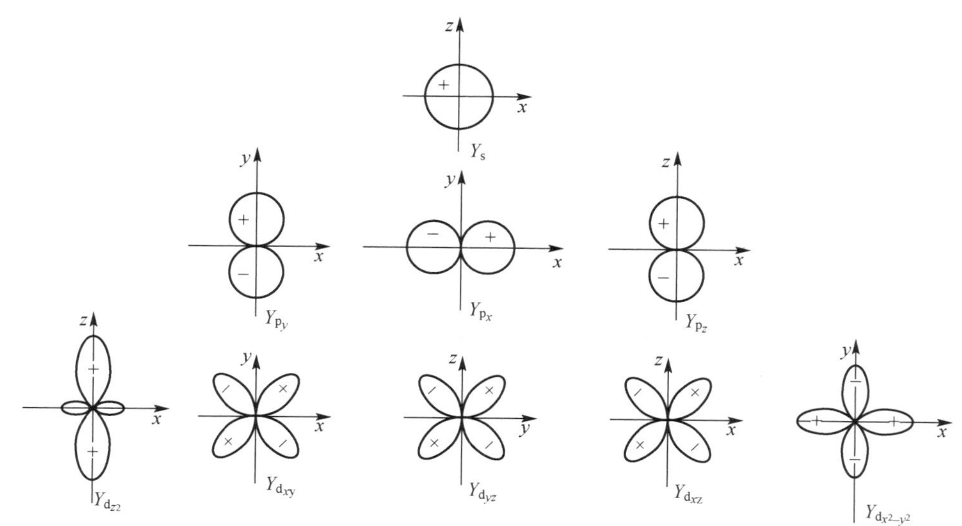

图5.7 原子轨道角度分布图

2) 电子云角度分布图

将 $|\psi|^2$ 的角度部分 $Y^2_{l,m}(\theta, \varphi)$随角度 θ，φ 的变化作图，所得的图像称作电子云的角度分布图，如图5.8所示。

电子云的角度分布图与原子轨道的角度分布图的形状和空间取向相似，但有两点区别：①原子轨道的角度分布有“+、−”号之分，而电子云的角度分布没有“+、−”号，这是因为 Y 经平方之后便没有负号了；②除s轨道电子云外，电子云的角度分布图形比原子轨道的角度分布图形“瘦”了些，这是因为 Y 值介于0～1，Y^2 值更小。

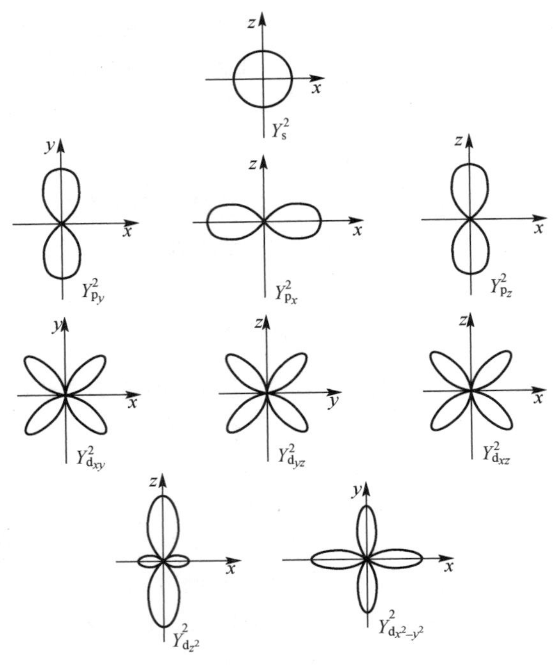

图 5.8　电子云角度分布图

5.1.3　原子核外电子的排布

本节要求运用核外电子排布的原则熟练书写一般原子的电子构型和价层电子构型，并应用元素原子的价层电子构型确定元素在周期表中的位置，反之也会根据元素在周期表中的位置判断出原子构型。

1. 多电子原子轨道的能级

原子中电子分布的顺序与原子轨道的能级高低有关，要研究原子中各个电子在轨道上的具体能量是很复杂的问题。在此，仅讨论原子中各个轨道能级的相对高低。

美国化学家鲍林(L. Pauling，1901—1994)根据大量光谱实验数据，得到了多电子原子中原子轨道近似能级图，如图 5.9 所示。图中小圆圈代表原子轨道，此图表示的是原子轨道能级的高低，不是表示原子轨道离核的远近。

我国量子化学家徐光宪先生总结出一个经验公式($n+0.7l$)，用以比较不同轨道能量的高低。($n+0.7l$)值越大，对应轨道的能级越高。他还把($n+0.7l$)中的整数部分相同的能级划为同一个能级组，如图 5.9 中实线框内的轨道。同一能级组内各能级计算结果的整数部分都相同，且和能级组的序号一致。例如，第五能级组中的三个能级 5s、5p、4d 的($n+0.7l$)值分别为 5.0、5.7、5.4，整数部分都是 5，所以同属于第五能级组。同一能级组中各原子轨道的能级较接近，相邻两能级组的能级差较大。

从能级近似图可见：

(1) 当角量子数 l 相同时，随主量子数 n 增大，轨道能级升高。例如

$$E_{1s}<E_{2s}<E_{3s}\quad E_{2p}<E_{3p}<E_{4p}$$

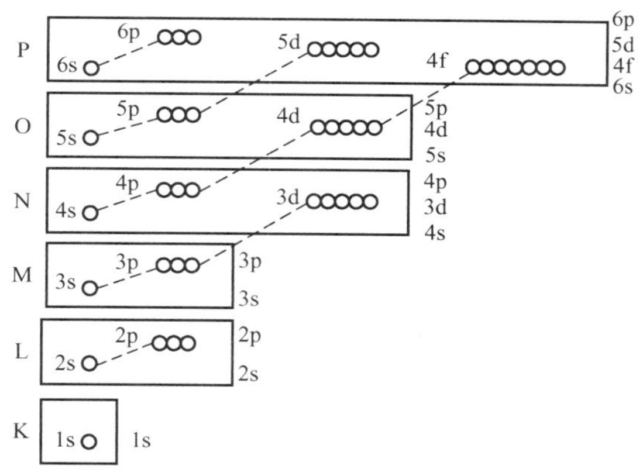

图 5.9　多电子原子的近似能级图

(2) 当主量子数 n 相同时，随角量子数 l 增大，轨道能级升高。例如

$$E_{4s}<E_{4p}<E_{4d}<E_{4f}$$

(3) 当主量子数和角量子数都不同时，有时会出现能级交错现象。例如

$$E_{4s}<E_{3d}\quad E_{5s}<E_{4d}$$

为什么会出现能级交错现象呢？可通过屏蔽效应、有效核电荷等概念加以解释。

2. 基态原子的核外电子分布规则

根据原子光谱实验和量子力学理论，总结出原子在基态时，核外电子排布遵循以下三个原则。

1) 泡利不相容原理

1925年奥地利物理学家泡利(Pauli)提出，一个原子内不可能有四个量子数完全相同的两个电子存在。或者说，一个原子轨道最多只能容纳两个自旋相反的电子。根据这一原理可得出 s，p，d，f 各亚层最多可容纳电子数分别为 2、6、10、14，而每个电子层所能容纳的电子数最多为 $2n^2$。

2) 能量最低原理

在不违背泡利不相容原理的前提下，电子在原子轨道的排布，总是尽量占据能量较低的原子轨道，即电子按照原子轨道的能量由低到高的顺序依次填充，使整个原子体系处于能量最低的状态。如 5 号元素 B 核外的 5 个电子就填充为 $1s^2 2s^2 2p^1$，这就是 B 的核外电子排布式。

3) 洪特规则

美国化学家洪特(Hund)提出，电子在等价轨道上分布时，将尽可能分占不同的轨道，且自旋状态相同(自旋平行)。电子分占等价轨道，可以减小同一轨道两个电子间的相互排斥作用，有利于使系统能量最低。

此外，作为洪特规则的特例，当简并轨道处于全充满(p^6，d^{10}，f^{14})、半满(p^3，d^5，f^7)和全空(p^0，d^0，f^0)状态时，原子结构较为稳定。

3. 原子的核外电子分布式和外层电子构型

1) 原子的核外电子分布式

根据以上三条核外电子分布规则及原子轨道能级顺序，就可以写出各元素基态原子的电子结构，表 5-2 给出了 118 种元素基态原子的核外电子分布式。其写法是：先把原子中各个可能的轨道符号如 1s、2s、2p、3s、3p、3d、4s、4p…，按 n、l 递增的顺序自左向右排列起来，然后在各个轨道符号的右上角用一个小数字表示该轨道中的电子数，没有填入电子的全空轨道不必列出。例如，Fe 原子，原子序数 $Z=26$，原子核外 26 个电子的排布为 $1s^2 2s^2 2p^6 3s^2 3p^6 3d^6 4s^2$。注意，按能级高低，电子的填充顺序虽然是 4s 先于 3d，但在书写电子排布式时，要将 3d 轨道放在 4s 轨道前面，与同层的 3s、3p 轨道写在一起。

表 5-2 基态原子的核外电子分布

周期序号	原子序数	元素	电子分布式
一	1	H	$1s^1$
	2	He	$1s^2$
二	3	Li	$[He]2s^1$
	4	Be	$[He]2s^2$
	5	B	$[He]2s^2 2p^1$
	6	C	$[He]2s^2 2p^2$
	7	N	$[He]2s^2 2p^3$
	8	O	$[He]2s^2 2p^4$
	9	F	$[He]2s^2 2p^5$
	10	Ne	$[He]2s^2 2p^6$
三	11	Na	$[Ne]3s^1$
	12	Mg	$[Ne]3s^2$
	13	Al	$[Ne]3s^2 3p^1$
	14	Si	$[Ne]3s^2 3p^2$
	15	P	$[Ne]3s^2 3p^3$
	16	S	$[Ne]3s^2 3p^4$
	17	Cl	$[Ne]3s^2 3p^5$
	18	Ar	$[Ne]3s^2 3p^6$
四	19	K	$[Ar]4s^1$
	20	Ca	$[Ar]4s^2$
	21	Sc	$[Ar]3d^1 4s^2$
	22	Ti	$[Ar]3d^2 4s^2$
	23	V	$[Ar]3d^3 4s^2$
	24	Cr	$[Ar]3d^5 4s^1$
	25	Mn	$[Ar]3d^5 4s^2$
	26	Fe	$[Ar]3d^6 4s^2$
	27	Co	$[Ar]3d^7 4s^2$
	28	Ni	$[Ar]3d^8 4s^2$
	29	Cu	$[Ar]3d^{10} 4s^1$
	30	Zn	$[Ar]3d^{10} 4s^2$
	31	Ga	$[Ar]3d^{10} 4s^2 4p^1$
	32	Ge	$[Ar]3d^{10} 4s^2 4p^2$
	33	As	$[Ar]3d^{10} 4s^2 4p^3$
	34	Se	$[Ar]3d^{10} 4s^2 4p^4$
	35	Br	$[Ar]3d^{10} 4s^2 4p^5$
	36	Kr	$[Ar]3d^{10} 4s^2 4p^6$

（续）

周期序号	原子序数	元素	电子分布式
五	37	Rb	$[Kr]5s^1$
	38	Sr	$[Kr]5s^2$
	39	Y	$[Kr]4d^1 5s^2$
	40	Zr	$[Kr]4d^2 5s^2$
	41	Nb	$[Kr]4d^4 5s^1$
	42	Mo	$[Kr]4d^5 5s^1$
	43	Tc	$[Kr]4d^5 5s^2$
	44	Ru	$[Kr]4d^7 5s^1$
	45	Rh	$[Kr]4d^8 5s^1$
	46	Pd	$[Kr]4d^{10}$
	47	Ag	$[Kr]4d^{10} 5s^1$
	48	Cd	$[Kr]4d^{10} 5s^2$
	49	In	$[Kr]4d^{10} 5s^2 5p^1$
	50	Sn	$[Kr]4d^{10} 5s^2 5p^2$
	51	Sb	$[Kr]4d^{10} 5s^2 5p^3$
	52	Te	$[Kr]4d^{10} 5s^2 5p^4$
	53	I	$[Kr]4d^{10} 5s^2 5p^5$
	54	Xe	$[Kr]4d^{10} 5s^2 5p^6$
六	55	Cs	$[Xe]6s^1$
	56	Ba	$[Xe]6s^2$
	57	La	$[Xe]5d^1 6s^2$
	58	Ce	$[Xe]4f^1 5d^1 6s^2$
	59	Pr	$[Xe]4f^3 6s^2$
	60	Nd	$[Xe]4f^4 6s^2$
	61	Pm	$[Xe]4f^5 6s^2$
	62	Sm	$[Xe]4f^6 6s^2$
	63	Eu	$[Xe]4f^7 6s^2$
	64	Gd	$[Xe]4f^7 5d^1 6s^2$
	65	Tb	$[Xe]4f^9 6s^2$
	66	Dy	$[Xe]4f^{10} 6s^2$
	67	Ho	$[Xe]4f^{11} 6s^2$
	68	Er	$[Xe]4f^{12} 6s^2$
	69	Tm	$[Xe]4f^{13} 6s^2$
	70	Yb	$[Xe]4f^{14} 6s^2$
	71	Lu	$[Xe]4f^{14} 5d^1 6s^2$
	72	Hf	$[Xe]4f^{14} 5d^2 6s^2$
	73	Ta	$[Xe]4f^{14} 5d^3 6s^2$
	74	W	$[Xe]4f^{14} 5d^4 6s^2$
	75	Re	$[Xe]4f^{14} 5d^5 6s^2$
	76	Os	$[Xe]4f^{14} 5d^6 6s^2$
	77	Ir	$[Xe]4f^{14} 5d^7 6s^2$
	78	Pt	$[Xe]4f^{14} 5d^9 6s^1$
	79	Au	$[Xe]4f^{14} 5d^{10} 6s^1$
	80	Hg	$[Xe]4f^{14} 5d^{10} 6s^2$
	81	Tl	$[Xe]4f^{14} 5d^{10} 6s^2 6p^1$
	82	Pb	$[Xe]4f^{14} 5d^{10} 6s^2 6p^2$
	83	Bi	$[Xe]4f^{14} 5d^{10} 6s^2 6p^3$
	84	Po	$[Xe]4f^{14} 5d^{10} 6s^2 6p^4$
	85	At	$[Xe]4f^{14} 5d^{10} 6s^2 6p^5$
	86	Rn	$[Xe]4f^{14} 5d^{10} 6s^2 6p^6$

（续）

周期序号	原子序数	元　　素	电子分布式
七	87	Fr	$[Rn]7s^1$
	88	Ra	$[Rn]7s^2$
	89	Ac	$[Rn]6d^1 7s^2$
	90	Th	$[Rn]6d^2 7s^2$
	91	Pa	$[Rn]5f^2 6d^1 7s^2$
	92	U	$[Rn]5f^3 6d^1 7s^2$
	93	Np	$[Rn]5f^4 6d^1 7s^2$
	94	Pu	$[Rn]5f^6 7s^2$
	95	Am	$[Rn]5f^7 7s^2$
	96	Cm	$[Rn]5f^7 6d^1 7s^2$
	97	Bk	$[Rn]5f^9 7s^2$
	98	Cf	$[Rn]5f^{10} 7s^2$
	99	Es	$[Rn]5f^{11} 7s^2$
	100	Fm	$[Rn]5f^{12} 7s^2$
	101	Md	$[Rn]5f^{13} 7s^2$
	102	No	$[Rn]5f^{14} 7s^2$
	103	Lr	$[Rn]5f^{14} 6d^1 7s^2$
	104	Rf	$[Rn]5f^{14} 6d^2 7s^2$
	105	Db	$[Rn]5f^{14} 6d^3 7s^2$
	106	Sg	$[Rn]5f^{14} 6d^4 7s^2$
	107	Bh	$[Rn]5f^{14} 6d^5 7s^2$
	108	Hs	$[Rn]5f^{14} 6d^6 7s^2$
	109	Mt	$[Rn]5f^{14} 6d^7 7s^2$
	110	Uuu	$[Rn]5f^{14} 6d^8 7s^2$
	111	Uun	$[Rn]5f^{14} 6d^9 7s^2$
	112	Uub	$[Rn]5f^{14} 6d^{10} 7s^2$
	114	Ung	$[Rn]5f^{14} 6d^{10} 7s^2 7p^2$
	116	Unh	$[Rn]5f^{14} 6d^{10} 7s^2 7p^4$
	118	Uno	$[Rn]5f^{14} 6d^{10} 7s^2 7p^6$

又如元素周期表中，24 号元素铬(Cr)的电子排布式为 $1s^2 2s^2 2p^6 3s^2 3p^6 3d^5 4s^1$，29 号铜(Cu)的电子排布式为 $1s^2 2s^2 2p^6 3s^2 3p^6 3d^{10} 4s^1$。根据洪特规则，半充满($d^5$)和全充满($d^{10}$)电子排布比较稳定，所以 Cr 的最后 6 个电子不是按 $3d^4 4s^2$，而是按 $3d^5 4s^1$ 方式排布；Cu 的最后 11 个电子不是按 $3d^9 4s^2$，而是按 $3d^{10} 4s^1$ 方式排布。

书写核外电子分布式时，为简便起见，可将$_{26}$Fe 的核外电子排布式表示为 $[Ar]\ 3d^6 4s^2$。即用元素前一周期的稀有气体的元素符号表示原子内层电子 $1s^2 2s^2 2p^6 3s^2 3p^6$，称为原子实，如$_{29}$Cu 核外电子排布式可简写为 $[Ar]\ 3d^{10} 4s^1$。

2) 原子的外层电子构型

在化学反应中，参与反应的只是原子的外层价电子，其内层电子结构通常是不变的。通常只需写出参与化学反应的原子外层电子构型即可。注意，“外层电子”并不只是最外层电子，而是指对参与化学反应有重要意义的外层价电子，如：

主族和零族是指最外层 s 亚层和 p 亚层的电子，即 ns 和 np；

过渡元素是指最外层 s 亚层和次外层 d 亚层的电子，即 $(n-1)d$ 和 ns；

镧系、锕系元素一般是指最外层的 s 亚层和倒数第三层的 f 亚层的电子。

根据上述，下列元素的外层电子构型依次为：$_{6}C-2s^{2}2p^{2}$，$_{26}Fe-3d^{6}4s^{2}$，$_{29}Cu-3d^{10}4s^{1}$。

需要指出的是，原子核外电子排布规则是概括大量事实后提出的一般规律，绝大多数原子的实际结构与这些规律基本一致，但也有一些元素原子的电子层结构尚不能用排布规则很好地解释。

5.1.4 原子电子层结构与元素周期表

原子核外电子分布的周期性是元素周期系的基础，元素周期表是周期系的表现形式。随着对原子结构的深入研究，人们越来越深刻地理解了周期律和周期表的本质。

1. 每周期元素的数目

从电子分布规律可以看出，各周期数与各能级组相对应。每周期元素的数目等于相应能级组内各轨道所能容纳的最多电子数 $2n^2$（参考能级图 5.9 及书后所附元素周期表）。

2. 元素在周期表中的位置

元素在周期表中所处周期的序号等于该元素原子的最外层电子层数或最外层主量子数 n（Pt 除外）。

对元素在周期表中所处族的序号来说，主族以及Ⅰ、Ⅱ副族元素的族序号等于最外层电子数；Ⅲ～Ⅶ副族元素的族号数等于最外层 s 电子数与次外层 d 电子数之和；Ⅷ族元素的最外层 s 电子数与次外层 d 电子数之和为 8～10；零族元素最外层电子数为 8 或 2。

3. 元素在周期表中的分区

根据元素原子外层电子构型的不同，可将元素周期表分为 *s*，*p*，*d*，*ds*，*f* 五个区。见表 5-3。

表 5-3 周期表中元素的分区

	ⅠA	ⅡA	ⅢB	ⅣB	VB	ⅥB	ⅦB	Ⅷ	ⅠB	ⅡB	ⅢA	ⅣA	VA	ⅥA	ⅦA	0
1																
2																
3																
4	*s* 区												*p* 区			
5					*d* 区				*ds* 区							
6																
7																

La 系	*f* 区
Ac 系	

(1) *s* 区元素：包括ⅠA～ⅡA族元素，外层电子构型为 $ns^{1\sim2}$。

(2) *p* 区元素：包括ⅢA～ⅦA和零族元素，外层电子构型为 $ns^2np^{1\sim6}$（He 为 $1s^2$）。

(3) *d* 区元素：包括ⅢB～ⅦB和第Ⅷ族元素，外层电子构型一般为 $(n-1)d^{1\sim8}ns^{1\sim2}$。

(4) *ds* 区元素：包括ⅠB～ⅡB族元素，外层电子构型为 $(n-1)d^{10}ns^{1\sim2}$。

(5) *f* 区元素：包括镧系和锕系元素，外层电子构型一般为 $(n-2)f^{1\sim14}(n-1)d^{1\sim2}ns^2$。

5.1.5 元素的周期性

原子外层电子构型的周期性变化决定了元素性质的周期性变化。此处主要介绍原子半径、电离能、电子亲和能、电负性、金属性、非金属性和氧化数的周期性。

1. 原子半径

通常说的原子半径（表 5-4）是指原子形成化学键或相互接触时，两个相邻原子核间距的一半，并非是单个原子的真实半径。根据原子在单质或化合物中键合形式的不同，原子半径可有共价半径、金属半径和范德华半径三种。

(1) 共价半径：当两个相同原子以共价单键相连时，其核间距的一半称为该原子的共价半径。例如把 Cl—Cl 分子核间距的一半(99pm)定为 Cl 原子的共价半径。

(2) 金属半径：金属晶体中，相邻两个金属原子核间距离的一半称为金属原子的金属半径。例如金属铜，两原子核间距为 256pm，则铜原子的金属半径为 128pm。

(3) 范德华半径：分子晶体中，如稀有气体晶体，两个相邻分子核间距的一半称为该原子的范德华半径。例如 Ne 的范德华半径为 160pm。

表 5-4 原子半径(单位：pm)

H 37.1																	He 122
Li 152	Be 111.3											B 83	C 77	N 70	O 66	F 64	Ne 160
Na 186	Mg 160											Al 143.1	Si 117	P 110	S 104	Cl 99	Ar 190
K 227.2	Ca 197.3	Sc 160.6	Ti 144.8	V 132.1	Cr 124.9	Mn 124	Fe 124.1	Co 125.3	Ni 124.6	Cu 127.8	Zn 133.2	Ga 122.1	Ge 122.5	As 121	Se 117	Br 114.2	Kr 200
Rb 247.5	Sr 215.1	Y 181	Zr 160	Nb 142.9	Mo 136.2	Te 135.8	Ru 132.5	Rh 134.5	Pd 137.6	Ag 144.4	Cd 148.9	In 162.6	Sn 140.5	Sb 141	Te 137	I 133.3	Xe 220
Cs 265.4	Ba 217.3	镧系	Hf 156.4	Ta 143	W 137.0	Re 137.0	Os 134	Ir 135.7	Pt 138	Au 144.2	Hg 160	Tl 170.4	Pb 175.0	Bi 155	Po 153	At	Rn
Fr 270	Ra 220	锕系															

镧系	La 187.7	Ce 182.5	Pr 182.8	Nd 182.1	Pm 181.0	Sm 180.2	Eu 204.2	Gd 180.2	Tb 178.2	Dy 177.3	Ho 176.6	Er 175.7	Tm 174.6	Yb 194.0	Lu 173.4
锕系	Ac 187.8	Th 179.8	Pa 160.6	U 138.5	Np 131	Pu 151	Am 184	Cm	Bk	Cf	Es	Fm	Md	No	Lr

从表 5-4 可以看出，主族元素原子半径的递变规律十分明显。在同一短周期中，从左到右随原子序数的递增，原子半径逐渐减小；同一主族中，自上而下各元素的原子半径

逐渐增大。副族元素原子半径的变化规律不如主族元素那么明显。同一周期中，随着核电荷数依次增加，原子半径一般依次缓慢减小。第Ⅰ、Ⅱ副族元素的原子半径反而有所增大。镧系元素的原子半径随原子序数的增大而更缓慢地减小，这种现象称镧系收缩。同一副族中从上到下，原子半径稍有增大。但第五、六周期的同一副族元素，由于镧系收缩的原因，原子半径相差很小，近似相等。

2. 电离能

元素原子失去电子的难易，可以用电离能来衡量。使基态的气态原子失去一个电子变成+1价气态阳离子所需的能量称为元素的第一电离能 I_1，如

$$Al_{(g)} \longrightarrow Al^{+}_{(g)} + e^{-};\ I_1 = 578\text{kJ/mol}$$

由+1价气态阳离子再失去一个电子变成+2价气态阳离子所需的能量，称为元素的第二电离能 I_2，如

$$Al^{+}_{(g)} \longrightarrow Al^{2+}_{(g)} + e^{-};\ I_2 = 1825\text{kJ/mol}$$

显然，同一种元素的第二电离能要比第一电离能大。依此类推，$I_1 < I_2 < I_3 < \cdots$。元素原子的电离能反映了原子失去电子的难易程度，电离能越小，原子越容易失去电子；反之，电离能越大，原子越难失去电子。

表5-5给出原子的第一电离能与原子序数的关系。由表可见，同一周期中从左到右，金属元素的第一电离能较小，非金属元素的第一电离能较大，而稀有气体元素的第一电离能最大。同一主族中自上而下，元素的电离能一般有所减小，但对副族和第Ⅷ族元素来说，这种规律性较差。

表5-5 元素的第一电离能 I_1（单位：kJ/mol）

H																	**He**
1312																	2372
Li	**Be**											**B**	**C**	**N**	**O**	**F**	**Ne**
520	900											801	1086	1402	1314	1681	2081
Na	**Mg**											**Al**	**Si**	**P**	**S**	**Cl**	**Ar**
496	738											578	787	1019	1000	1251	1251
K	**Ca**	**Sc**	**Ti**	**V**	**Cr**	**Mn**	**Fe**	**Co**	**Ni**	**Cu**	**Zn**	**Ga**	**Ge**	**As**	**Se**	**Br**	**Kr**
419	599	631	658	650	653	717	759	758	737	746	906	579	726	944	941	1140	1351
Rb	**Sr**	**Y**	**Zr**	**Nb**	**Mo**	**Te**	**Ru**	**Rh**	**Pd**	**Ag**	**Cd**	**In**	**Sn**	**Sb**	**Te**	**I**	**Xe**
403	550	616	660	664	685	702	711	720	805	731	868	558	709	832	869	1008	1170
Cs	**Ba**	**La**	**Hf**	**Ta**	**W**	**Re**	**Os**	**Ir**	**Pt**	**Au**	**Hg**	**Tl**	**Pb**	**Bi**	**Po**	**At**	**Rn**
356	503	538	642	761	770	760	840	880	870	890	1007	589	716	703	812	912	1037

La	Ce	Pr	Nd	Pm	Sm	Eu	Gd	Tb	Dy	Ho	Er	Tm	Yb	Lu
538	528	523	530	536	549	547	592	564	572	581	589	597	603	524

3. 电子亲和能

元素原子结合电子的难易，可以用电子亲和能来衡量。与第一电离能相对应，基态气态原子获得一个电子成为-1价气态负离子时所放出的能量，称为该元素的第一电子亲和

能。例如

$$F_{(g)} + e^{-} \longrightarrow F^{-}_{(g)}；E_1 = -328kJ/mol$$

同样，也有第二、第三电子亲和能等(E_2、E_3…)。亲和能数值越大，则气态原子结合一个电子释放的能量越多，与电子的结合越稳定，表明该元素的原子越易获得电子。一般情况下金属元素电子亲和能都比较小，通常难以获得电子形成负离子；活泼非金属一般具有较大的电子亲和能，容易获得电子形成负离子。目前电子亲和能由于难于测定，数据少，且不甚可靠。

4. 电负性

一个原子既有得电子能力，又有失电子能力，电离能反映了原子失电子的能力，电子亲和能反映了原子得电子的能力。为全面衡量原子得失电子能力，1932 年鲍林(L. Pauling)提出元素电负性的概念。

电负性是指分子中原子吸引电子的能力。鲍林指定最活泼的非金属元素原子氟的电负性值 $X(F)=4.0$，通过计算得到其他元素原子的电负性值，见表 5-6。

表 5-6　元素的电负性 X

H 2.11																	
Li 1.0	**Be** 1.5											**B** 2.0	**C** 2.5	**N** 3.0	**O** 3.5	**F** 4.0
Na 0.9	**Mg** 1.2											**Al** 1.5	**Si** 1.8	**P** 2.1	**S** 2.5	**Cl** 3.0
K 0.8	**Ca** 1.0	**Sc** 1.3	**Ti** 1.5	**V** 1.6	**Cr** 1.6	**Mn** 1.5	**Fe** 1.8	**Co** 1.9	**Ni** 1.9	**Cu** 1.9	**Zn** 1.6	**Ga** 1.6	**Ge** 1.8	**As** 2.0	**Se** 2.4	**Br** 2.8
Rb 0.8	**Sr** 1.0	**Y** 1.2	**Zr** 1.4	**Nb** 1.6	**Mo** 1.8	**Te** 1.9	**Ru** 2.2	**Rh** 2.2	**Pd** 2.2	**Ag** 1.9	**Cd** 1.7	**In** 1.7	**Sn** 1.8	**Sb** 1.9	**Te** 2.1	**I** 2.5
Cs 0.7	**Ba** 0.9	**La～Lu** 1.0～1.2	**Hf** 1.3	**Ta** 1.5	**W** 1.7	**Re** 1.9	**Os** 2.2	**Ir** 2.2	**Pt** 2.2	**Au** 2.4	**Hg** 1.9	**Tl** 1.8	**Pb** 1.9	**Bi** 1.9	**Po** 2.0	**At** 2.2
Fr 0.7	**Ra** 0.9	**Ac** 1.1	**Th** 1.3	**Pa** 1.4	**U** 1.4	**Np～No** 1.4～1.3										

由表 5-6 可见，随着原子序数的递增，电负性明显的呈周期性变化。同一周期自左至右，电负性增加(副族元素有些例外)；同族自上至下，电负性依次减小，但副族元素后半部，从上至下电负性略有增加。元素的电负性值越大，表明元素原子吸引能力越强；反之，电负性值越小，原子吸引电子的能力越弱。氟的电负性最大，因而非金属性最强；铯的电负性最小，因而金属性最强。

5. 金属性和非金属性

元素的金属性和非金属性是指其原子在化学反应中失去和得到电子的能力。在化学反应中，某元素原子若容易失去电子而转变为阳离子，其金属性就强；反之，若容易得到电子而转变为阴离子，则其非金属性强。

通过电离能、电子亲和能或电负性的数据，可以比较出元素金属性或非金属性的强弱。元素原子的电离能越小或电负性越小，元素的金属性越强；元素原子的电子亲和能越大或电负性越大，元素的非金属性越强。因此，同周期自左向右，元素的金属性逐渐减弱，非金属性逐渐增强；同主族，从上往下，元素的金属性逐渐增强，非金属性逐渐减弱。

6. 氧化数

元素的氧化数与原子的电子构型，特别是与价电子密切相关，多数元素的最高氧化数等于其原子的价层电子总数，即与所在周期表中的族数相同。例如，Mg 的价层电子构型为 $3s^2$，Cl 的价层电子构型为 $3s^23p^5$，Mn 的价层电子构型为 $3d^54s^2$，它们的价电子数分别为 2、7、7，故其最高氧化数分别是+2、+7、+7。

由于周期表中各周期元素原子的价电子呈周期性递变，因此其最高氧化数也呈周期性递变。同周期主族元素从左向右，其最高氧化数依次递增；同族元素其氧化数基本相同。副族元素氧化数不很有规律，但ⅢB～ⅦB族元素的氧化数等于其价层电子数，与其族数相同，其他元素则不是很规律。

【科学家简介】

【鲍林简介】

鲍林(**L. Pauling**)：著名的量子化学家，他在化学的多个领域都有重大贡献，曾两次荣获诺贝尔奖(1954 年化学奖，1962 年和平奖)，有很高的国际声誉。1901 年 2 月 28 日，鲍林出生在美国俄勒冈州波特兰市，幼年聪明好学，11 岁认识了心理学教授捷夫列斯，捷夫列斯使鲍林从小萌生了对化学的热爱，促使他走上了研究化学的道路。鲍林在 1928—1931 年，提出了杂化轨道的理论，1939 年出版了在化学史上有划时代意义的《化学键的本质》一书，赢得了 1954 年诺贝尔化学奖。1932 年，他首先提出了用以描述原子核对电子吸引能力的电负性概念，并且提出了定量衡量原子电负性的计算公式。在有机化学结构理论中，鲍林还提出过有名的“共振论”。1954 年以后，鲍林开始转向大脑的结构与功能的研究，提出了有关麻醉和精神病的分子学基础，写了《矫形分子的精神病学》的论文。鲍林是唯一一位先后两次单独获得诺贝尔奖的科学家，曾被英国《新科学家》周刊评为人类有史以来 20 位最杰出的科学家之一，与牛顿、居里夫人及爱因斯坦齐名。

5.2 分子结构

在自然界中，除了稀有气体以单原子存在外，其他各种单质和化合物都是由原子与原子或离子与离子相互作用形成分子或晶体而存在。在化学上，把分子或晶体中相邻两个原子(或离子)之间强烈的相互作用称为化学键。化学键通常分为三大类型：离子键、共价键和金属键。不同的化学键形成不同类型的化合物。本节首先介绍离子键、共价键和金属键的形成和基本特征，然后进一步讨论分子的极性和分子间的作用力。

5.2.1 键参数

表征化学键性质的物理量称为键参数。键参数通常指键能、键长、键角和键的极性等。

1. 键能

在 298K 的标准状态下，将 1mol 理想气态 AB 分子的键断开，生成气态中性 A、B 原子时所需要的能量，叫作 AB 的离解能。键能是表示化学键强度的物理量，用符号 D 表示，单位为 kJ/mol。对于双原子分子，键能等于离解能(E)。例如，1molCl_2 分子，离解时所吸收的能量为 242kJ，即

$$Cl_2(g) \longrightarrow Cl(g) + Cl(g) \quad E(Cl-Cl) = D(Cl-Cl) = 242kJ/mol$$

对于多原子分子，键能等于全部离解能的平均值。例如，H_2O 分子中有两个等价的 H—O 键，但每个 H—O 键的键能不一样。

$$H_2O(g) \longrightarrow H(g) + OH(g) \quad D_1 = 501.9kJ/mol$$

$$OH(g) \longrightarrow H(g) + O(g) \quad D_2 = 423.4kJ/mol$$

H_2O 分子中的 H—O 键的键能为

$$E(H—O) = \frac{D_1 + D_2}{2} = \frac{(501.9 + 423.4)kJ/mol}{2} = 462.7kJ/mol$$

一些化学键的键能列于表 5-7。一般来说，键能越大，表示共价键强度越大，分子越稳定。

表 5-7 某些键的键能数据 （单位：kJ/mol）

共价键名称	键 能	共价键名称	键 能
H—H	435	N—N	159
F—F	158	N═N	418
Cl—Cl	242	N≡N	946
Br—Br	193	C═O	803
I—I	151	C—H	413
F—H	567	C—C	347
Cl—H	431	C═C	598
Br—H	366	C≡C	820
I—H	298	S—H	339

2. 键长

分子中两个成键原子之间的核间距称为键长，单位为 pm。表 5-8 列出了一些化学键的键长。一般成键两原子形成的键越短，表明键越强，键越牢固。

表 5-8 某些化学键的键长 (单位：pm)

共价键名称	键 长	共价键名称	键 长
H—H	74	N—N	146
F—F	141	N═N	125
Cl—Cl	199	N≡N	110
Br—Br	228	C═O	116
I—I	267	C—H	112
F—H	92	C—C	154
Cl—H	127	C═C	134
Br—H	141	C≡C	120
I—H	161	S—H	135

3. 键角

在分子中，键与键之间的夹角称为键角。键角是决定分子空间构型的重要参数。例如，H_2O 分子中两个 H—O 键之间的夹角为 104.5°，这就决定了 H_2O 分子的 V 形结构。一般说来，由分子的键长和键角数据，就可以确定分子的几何构型。

4. 键的极性

共价键有极性和非极性之分，通常从成键原子的电负性值就可以大致判断共价键的极性。成键原子间的电负性相差越大，键的极性就越强。当成键两原子的电负性相差很大时，以致发生电子的转移，便形成了离子键。因此从键的极性来看，可以认为离子键是极性最强的共价键，极性共价键是由离子键到非极性共价键之间的一种过渡类型。

5.2.2 离子键

1. 离子键的形成

1916 年，德国化学家柯赛尔(W. Kossel)根据稀有气体原子的电子层结构特别稳定的事实提出了离子键的概念。当电负性值较小的活泼金属元素的原子与活泼的非金属元素的原子在一定条件下相互靠近时，由于两个原子的电负性相差较大，因此它们之间容易发生电子的转移。电负性小的原子失去电子而成为阳离子，电负性大的原子获得电子而成为阴离子。阴、阳离子由于静电引力结合起来形成了稳定的化学键，即离子键。通过离子键形成的化合物叫作离子型化合物。

2. 离子键的特征

离子键有如下特征：

(1) 离子键的本质是静电作用，又称库仑引力。离子之间的库仑引力为

$$f=k\frac{q_+ \cdot q_-}{r^2}$$

式中，q_-、q_+ 分别为阴、阳离子所带电荷(负电荷的绝对值)，r 为两者间的距离，k 为库伦常数。由此可见，离子所带电荷越大，离子间距离越小(一定范围内)，离子间的库仑引力越强。

(2) 离子键没有饱和性。只要空间条件允许，一个离子可以吸引尽量多的电荷相反的离子。因此离子键没有饱和性，只是由于距离的远近吸引力的大小不同而已。

(3) 离子键没有方向性。由于离子电荷分布是呈球形对称的，因此它可以在空间任何方向与带相反电荷的离子相互吸引。所以说离子键是没有方向性的。

5.2.3 共价键

1916 年，美国化学家路易斯(G. N. Lewis)提出了经典的共价键理论。他认为分子中的原子间通过共用一对或若干对电子使分子中各原子具有稀有气体原子结构(8 电子或 2 电子)，形成稳定的分子。这种分子中由原子共用电子对结合而成的化学键称为共价键。由共价键形成的化合物称为共价化合物。

经典的价键理论虽成功地解释了一些电负性相差不大的元素或电负性相同的非金属元素原子间所形成的共价键，并初步阐述了共价键与离子键的区别，但它不能解释为什么有些分子的中心原子最外层电子数少于 8(如 BF_3 等)或多于 8(如 PCl_5、SF_6 等)但仍能稳定存在，也不能解释共价键的方向性和饱和性，更不能解释单电子键、三电子键、配位键等问题。1927 年德国科学家海特勒(W. Heitler)和伦敦(F. London)把量子力学的成就应用于最简单的 H_2 结构上，才初步解释了共价键的本质，开创了现代的共价键理论。目前，现代共价键理论主要有价键理论和分子轨道理论两种。此处主要介绍价键理论。

1. 价键理论

1) 共价键的形成

电负性相同或相近的两个原子，成键时依靠共用电子对形成共价键而结合成分子。以下以氢分子为例，简要介绍氢分子的形成过程。如果两个 H 原子的电子自旋方向相同，它们相互靠近时，由于相互排斥，使两核间电子云的概率密度趋近于零，系统能量升高，说明两个 H 原子并未键合成 H_2 分子，这种状态称为排斥状态。如果电子自旋方向相反的两个 H 原子相互靠近时，由于两个原子轨道互相重叠，使核间的电子云密度较大，当核间距离为 R_0 时，两原子轨道发生最大重叠，此时体系的能量最低，说明两个 H 原子形成了稳定的共价键，这种状态称为基态，如图 5.10 所示。这两种状态可从海特勒和伦敦用量子力学通过理论计算求得的 H_2 分子的能量曲线得到证明，如图 5.11 所示。

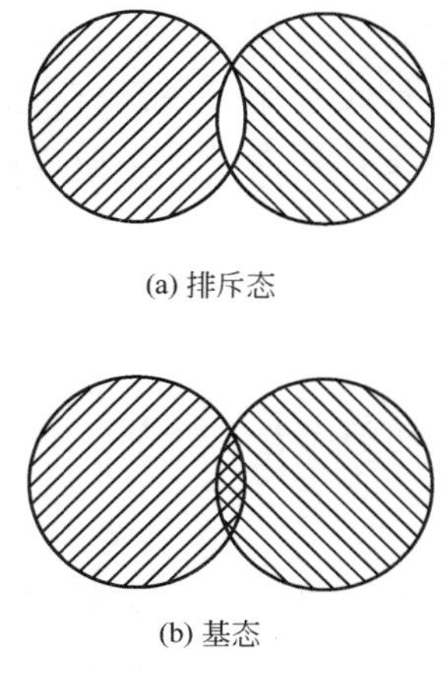

图 5.10 氢分子的两种状态

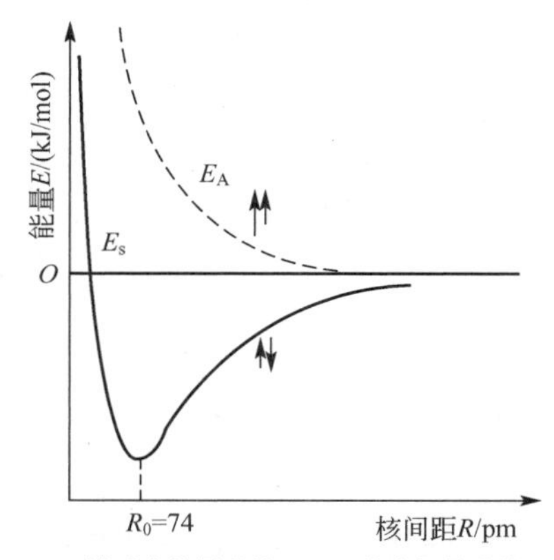

E_A：排斥态能量曲线 E_s：基态能量曲线

图 5.11 氢分子的能量与核间距的关系曲线

氢分子核间距为74pm，而氢原子的玻尔半径为53pm，氢分子核间距比两个氢原子的玻尔半径之和小，说明在氢分子中两个氢原子的1s原子轨道发生了重叠。正是由于成键的原子轨道发生了重叠，才使两核间出现了一个电子云密度较大的区域，在两核间产生了吸引力，系统能量下降，形成稳定的共价键，使氢原子结合形成了氢分子。

可见，共价键的形成，是由于相邻两原子间自旋相反的电子相互配对，原子轨道相互重叠使体系能量降低而趋于稳定的结果。将量子力学研究氢分子的结果推广到其他分子体系，形成了价键理论。

2）价键理论要点

价键理论简称VB法，也叫电子配对法，其基本要点如下：

(1) 电子配对原理。原子中自旋方向相反的未成对电子相互接近时，可相互配对形成稳定的化学键。一个原子中有几个未成对电子，就可和几个自旋相反的未成对电子配对成键。例如，氮原子其电子构型为$1s^2 2s^2 2p^3$，有3个未成对电子，它只能同3个氢原子的1s电子配对形成3个共价单键，结合为NH_3分子。如果一个原子的一个未成对电子与另一个原子的未成对电子形成共价键后，就不能再与第3个单电子配对成键了。

(2) 原子轨道最大重叠原理。在形成共价键时，原子间总是尽可能沿着原子轨道最大重叠的方向成键。重叠得越多，两核间电子的概率密度越大，形成的共价键越牢固。例如，HF分子的形成是H原子的1s电子与F原子的一个未成对$2p_x$电子配对形成共价键的结果。只有H原子的1s轨道沿着F原子的$2p_x$轨道的对称轴方向靠近，才能发生最大限度地重叠，形成稳定的共价键，如图5.12(a)所示。而图5.12(b)、图5.12(c)表示原子轨道不能重叠或重叠很少。

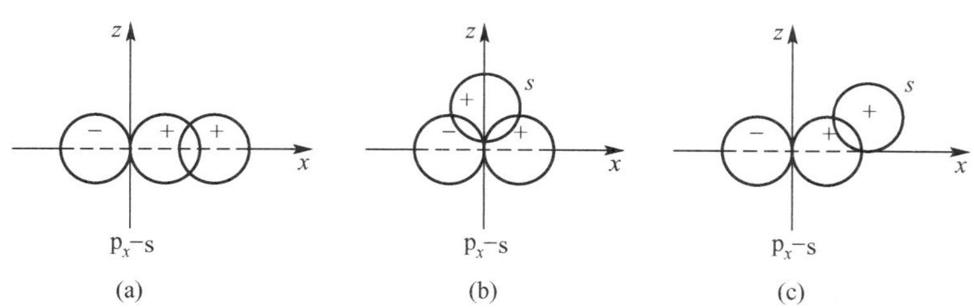

图5.12 HF分子的成键示意图

3）共价键的特征

与离子键不同，共价键是具有饱和性和方向性的化学键。

(1) 饱和性。根据要点(1)可知，当自旋方向相反的电子配对之后，便不能再与另一个原子中未成对电子配对了。

(2) 方向性。根据最大重叠原理，由于原子轨道(除1s轨道外)在空间都有一定取向，在形成共价键时只有沿着某个方向靠近，才能发生最大重叠，因此共价键具有方向性。

4）共价键的类型

根据原子轨道的重叠方式不同，共价键可分为σ键和π键。

(1) σ键。若两个原子轨道以“头碰头”的方式发生重叠，重叠部分沿键轴(两原子核间连线)呈圆柱形对称，这种共价键叫作σ键。如s—s，s—p_x，p_x—p_x轨道重叠，如图5.13(a)所示。

(2) π键。若成键原子的原子轨道以“肩并肩”的方式发生重叠，重叠部分对等地分布在键轴所在的对称面上下两侧，这种共价键叫作π键。如p_y-p_y、p_z-p_z轨道重叠，如图5.13(b)所示。

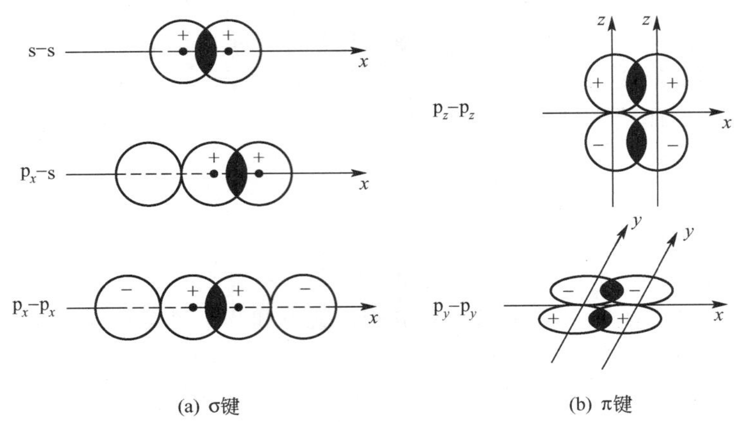

(a) σ键　　(b) π键

图 5.13　σ键和π键轨道重叠示意图

两原子间以共价单键结合，只能形成σ键；若以共价双键或三键结合，其中只有一个σ键，其余是π键。一般说来，π键重叠程度小于σ键，因而能量较低，较易断裂，容易发生化学反应。如乙烯分子($CH_2=CH_2$)中的碳碳双键中有一个为σ键，另一个为π键，由于π键不稳定，导致乙烯化学性质活泼。应注意，在N_2分子中π键的强度很大，使N_2分子不活泼。

2. 杂化轨道理论

应用价键理论可以较好地说明不少双原子分子(如H_2、Cl_2、HCl等)价键的形成。随着近代物理技术的发展，许多分子的几何构型已经被实验确定，如H_2O分子中两个H—O键之间的夹角为104°28′；CH_4分子的键角为109°28′，空间构型为正四面体。而按照价键理论，H_2O分子中氧原子两个成键2p轨道间的夹角应该是90°；CH_4分子中碳原子有两个单电子，只能形成两个共价键，键角应该是90°。显然这些与上述实验事实不符，说明价键理论是有局限性的。为了解释H_2O等共价分子的立体结构，鲍林在价键理论的基础上，于1931年提出了杂化轨道理论，解释了许多用价键理论不能说明的实验事实。

1）杂化轨道理论要点

(1) 在形成分子的过程中，由于原子间相互作用，常使同一原子中若干个能量相近、不同类型的原子轨道重新组合成一组与原来轨道形状、能量都不同的利于成键的新轨道，这个过程称为杂化，所形成的新轨道称为杂化轨道。

(2) 杂化轨道的数目等于参加杂化的原子轨道数目。即同一原子中能级相近的n个原子轨道杂化后，只能得到n个杂化轨道。

(3) 杂化轨道成键时，要满足最小排斥原理，即杂化轨道间尽量取得最大夹角。

(4) 杂化轨道的成键能力比原来原子轨道的成键能力强，形成的化学键键能大，形成的分子更稳定。由于成键原子轨道杂化后，轨道角度分布图的形状发生了变化(一头大，一头小)，如图5.14所示，杂化轨道在某些方向上的角度分布，比未杂化的s轨道和p轨道的角度分布大得多，成键时从分布集中的一方(大的一头)与别的原子成键轨道重叠，能得到更大程度的重叠，因而形成的化学键比较牢固。

应该注意的是，原子轨道的杂化，只有在形成分子的过程中才会发生，而孤立的原子是不可能发生杂化的。

2）杂化类型与分子空间构型

（1）sp 杂化。

同一原子内由 1 个 ns 轨道和 1 个 np 轨道进行的杂化称 sp 杂化。sp 杂化形成 2 个等同的 sp 杂化轨道，每一个 sp 杂化轨道中含$\frac{1}{2}$s 成分和$\frac{1}{2}$p 成分，两条 sp 杂化轨道间夹角为 180°，空间构型为直线形，如图 5.14、图 5.15 所示。

【sp 杂化轨道】

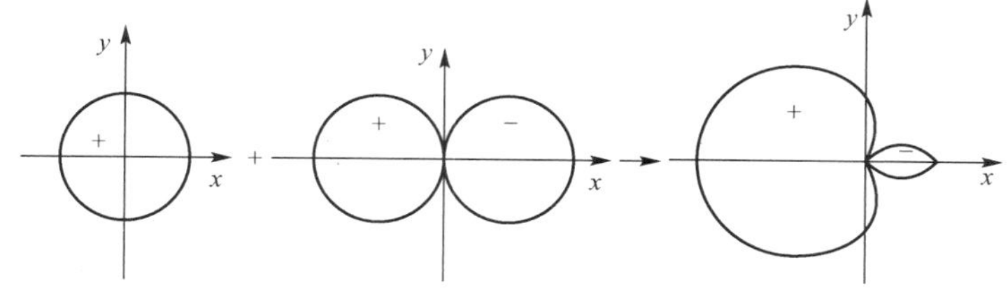

图 5.14 sp 杂化轨道的形成示意图

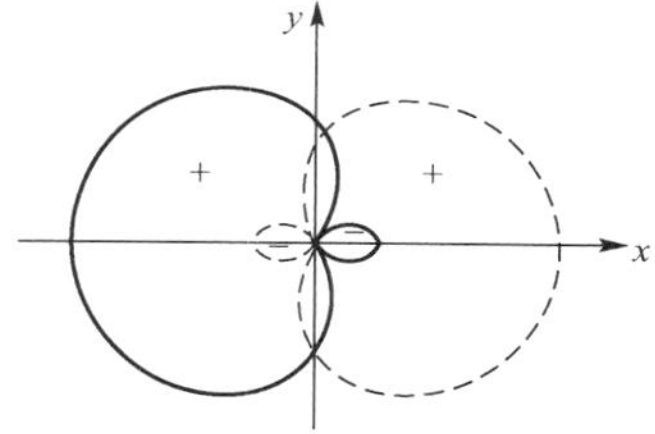

图 5.15 两个 sp 杂化轨道

【两个 sp 杂化轨道】

例如，气态 $BeCl_2$ 分子的结构中，基态 Be 原子价电子结构为 $2s^2$，成键时，Be 原子中 2s 轨道上的一个电子被激发到一个空的 2p 轨道上去，使基态的 Be 原子变成激发态的 Be 原子($2s^1 2p^1$)，与此同时，这个 2s 轨道和刚跃进一个电子的 2p 轨道发生 sp 杂化，形成两个能量相等的 sp 杂化轨道，它们分别与两个 Cl 原子中未成对电子所在的 3p 轨道进行“头碰头”的重叠，形成两个 σ 键，空间构型为直线形，键角为 180°(图 5.16)。

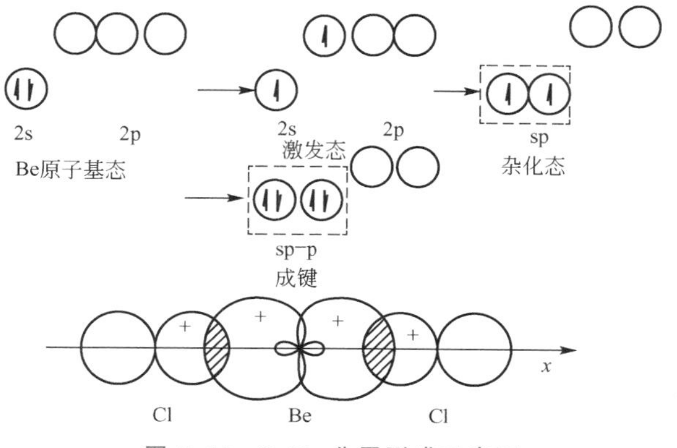

图 5.16 $BeCl_2$ 分子形成示意图

$ZnCl_2$、$CdCl_2$、$HgCl_2$、乙炔等分子的中心原子均采取 sp 杂化轨道成键，故都是直线形分子。

【sp^2 杂化】

(2) sp^2 杂化。

同一原子内由 1 个 ns 轨道和 2 个 np 轨道进行的杂化称 sp^2 杂化。sp^2 杂化形成 3 个等同的 sp^2 杂化轨道，每一个 sp^2 杂化轨道中含$\frac{1}{3}$s 成分和$\frac{2}{3}$p 成分，两条 sp^2 杂化轨道间夹角为 120°，空间构型为平面三角形。

例如，BF_3 分子的结构中，B 原子的价层电子构型是 $2s^2 2p^1$，成键时，B 原子的一个 2s 电子被激发到一个空的 2p 轨道中，变成一个激发态的 B 原子($2s^1 2p_x^1 2p_y^1$)，有 3 个未成对电子。这样 1 个 2s 轨道和 2 个 2p 轨道发生 sp^2 杂化，形成 3 个等同的 sp^2 杂化轨道，每个杂化轨道再分别与 3 个 F 原子的 2p 轨道重叠，键合成 BF_3 分子，空间构型为平面三角形，键角为 120°。sp^2 杂化和 BF_3 分子的结构如图 5.17 所示。除 BF_3 分子外，BCl_3、BBr_3、SO_2 分子及 CO_3^{2-}、NO_3^- 的中心原子均采用 sp^2 杂化，它们都具有平面三角形的结构。

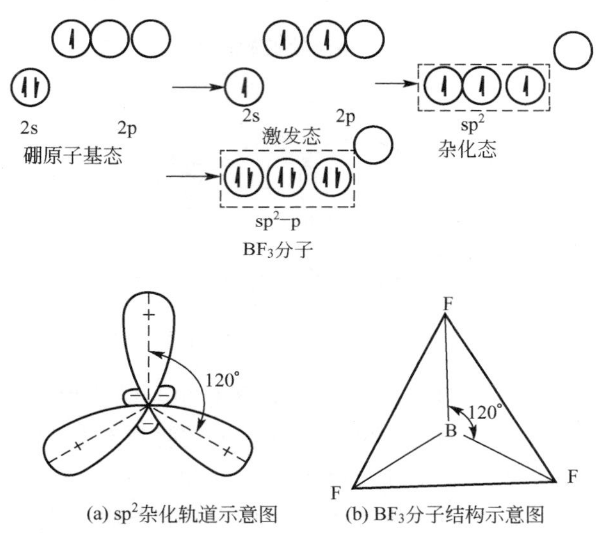

图 5.17　sp^2 杂化及 BF_3 分子形成示意图

【sp^3 杂化】

(3) sp^3 杂化。

同一原子内由 1 个 ns 轨道和 3 个 np 轨道进行的杂化称 sp^3 杂化。sp^3 杂化形成 4 个等同的 sp^3 杂化轨道，每一个 sp^3 杂化轨道中含$\frac{1}{4}$s 成分和$\frac{3}{4}$p 成分，每两条 sp^3 杂化轨道间夹角为 109°28′，空间构型为正四面体。

例如，CH_4 分子的结构中，基态碳原子的价电子构型为 $2s^2 2p_x^1 2p_y^1$，成键时，碳原子 2s 轨道中的一个电子被激发到 2p 轨道中，变成一个激发态的 C 原子($2s^1 2p_x^1 2p_y^1 2p_z^1$)。这样碳原子的 1 个 2s 轨道和 3 个 2p 轨道杂化成 4 个 sp^3 杂化轨道，分别与 4 个氢原子的 1s 轨道重叠，形成 4 个 σ 键，键角为 109°28′，空间构型为正四面体，如图 5.18 所示。除 CH_4 外，CCl_4、$SiCl_4$ 等分子的中心原子均采取 sp^3 杂化，它们都是正四面体结构。

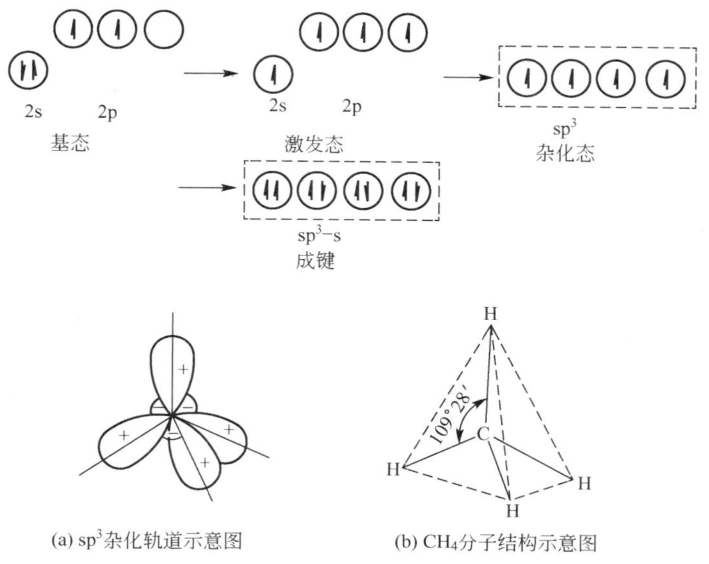

图 5.18　sp^3 杂化及 CH_4 分子的形成

（4）等性杂化与不等性杂化。

前面讨论的都是未成对电子所在原子轨道的杂化，各杂化轨道的能量和成分都是等同的，叫作等性杂化。如果参加杂化的原子轨道中有不参加成键的孤对电子存在，杂化后所形成的杂化轨道的成分和能量是不完全等同的，这种杂化叫作不等性杂化。

例如，NH_3 分子的成键看上去似乎与 BCl_3 分子类似，中心原子也应该采取 sp^2 杂化的方式，键角应为 120°，但实测结果却为 107°18′，与 109°28′更接近些；又如 H_2O 分子的成键似乎与 $BeCl_2$ 分子类似，中心原子采取 sp 杂化的方式，键角应为 180°，但实测结果却为 104°45′，与 109°28′更接近些。经过深入研究发现，NH_3 分子和 H_2O 分子在成键时，其中心原子采取的是不等性 sp^3 杂化。

N 原子的价电子结构为 $2s^2p_x^1 2p_y^1 2p_z^1$，杂化轨道理论认为成键时，N 原子中的 1 个 2s 轨道和 3 个 2p 轨道混合，形成 4 个 sp^3 杂化轨道。其中 1 个 sp^3 杂化轨道被一对孤对电子占据，不参与成键，其余 3 个 sp^3 杂化轨道各有 1 个未成对电子，如图 5.19 所示。成键时，只有 3 个 sp^3 杂化轨道与 3 个 H 原子的 1s 轨道重叠，形成 3 个 N—H 键，其余 1 个 sp^3 杂化轨道上的孤对电子没有参与成键。这对孤对电子对另外 3 个成键的 sp^3 杂化轨道有排斥作用，致使键角不是 109°28′，而是 107°18′，NH_3 分子空间构型是三角锥形，如图 5.20(a)所示；对于 H_2O 分子，氧原子中两个 sp^3 杂化轨道被孤对电子占据，对成键的两个 sp^3 杂化轨道的排斥作用更大，以致两个 O—H 键间的夹角压缩成 104°45′，所以水分子的空间构型呈 V 形，如图 5.20(b)所示。

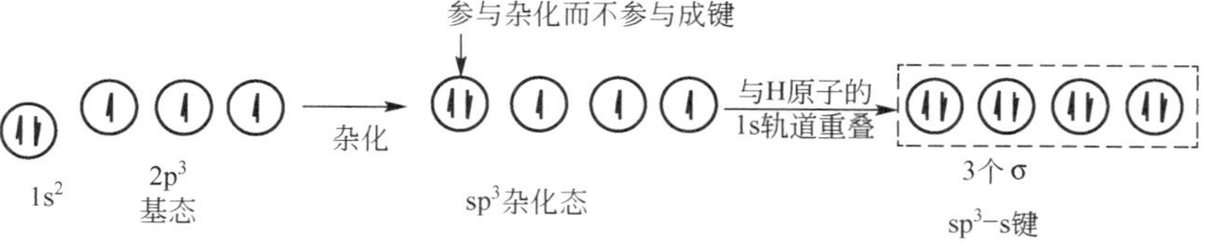

图 5.19　sp^3 不等性杂化及 NH_3 的形成

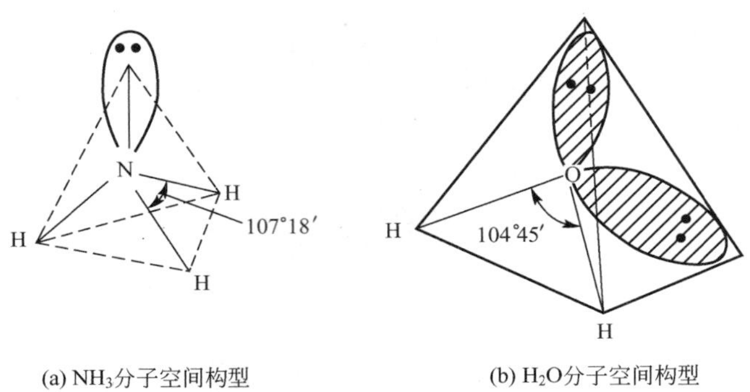

(a) NH_3分子空间构型　　(b) H_2O分子空间构型

图 5.20　NH_3 分子和 H_2O 分子的空间构型

5.2.4　分子的极性、分子间力

水蒸汽可以凝聚成水，水可以凝固成冰，这一过程表明分子间还存在一种相互吸引力——分子间力。1873 年，荷兰物理学家范德华(Vander Waals)开始对分子间力进行研究，因此分子间力又称范德华力。分子间力是决定物质熔点、沸点、熔化热、溶解度、表面张力、黏度等物理性质的主要因素。由于分子间力的大小与分子的极性有关，所以先介绍分子的极性。

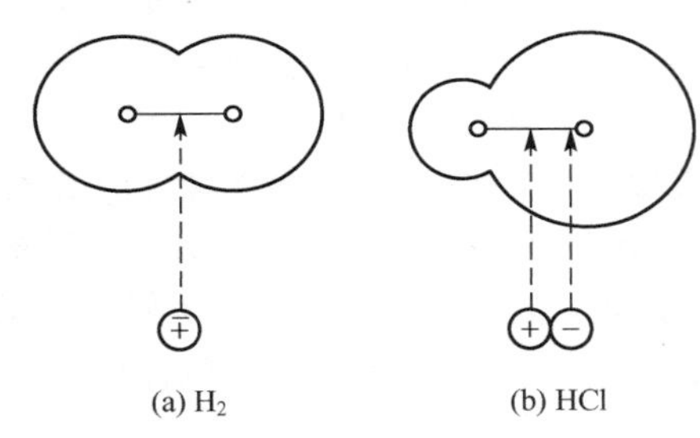

(a) H_2　　(b) HCl

图 5.21　H_2 和 HCl 电荷分布示意图

1. 分子的极性和变形性

1）分子的极性

每个分子都有带正电荷的原子核和带负电荷的电子，由于正、负电荷数量相等，整个分子是电中性的。我们可以设想，分子中的每种电荷分布都各集中于一点上，就像任何物体的质量可被认为集中其重心上一样，把这一集中点称作正电荷和负电荷的中心，如图 5.21 所示。分子中，若正、负电荷中心不重合，则这两个中心称作分子的两极(正极、负极)，这样的分子具有极性，叫作极性分子；反之，叫作非极性分子。

对于双原子分子来说，分子的极性与否与键的极性一致。由同种元素组成的双原子分子，如 H_2、O_2、N_2 等分子都是由非极性键结合的，正、负电荷中心重合，都是非极性分子；而像卤化氢(HCl、HBr)这样由不同元素组成的双原子分子，都是由极性键结合的，正、负电荷中心不重合，都是极性分子。

对于复杂的多原子分子，判断其是否有极性，情况稍微复杂些。一方面要考虑分子中键的极性与否，另一方面还要考虑分子的几何构型。一般情况下，分子里含有极性键，若分子结构对称，正、负电荷中心重合，为非极性分子；若结构不对称，正、负电荷中心不重合，为极性分子。例如，CO_2 分子中虽然 C═O 为极性键，但 CO_2 是直线形分子，整个 CO_2 分子中正、负电荷中心重合，所以 CO_2 是非极性分子。又如 H_2O 分子中有两个 H—O 极性键，分子呈 V 形不对称结构，正、负电荷中心不重合，所以 H_2O 是极性分子，如图 5.22 所示。

极性分子极性的强弱可以用分子的偶极矩来衡量的。分子的偶极矩 μ 定义为分子中电

荷中心上的电荷 q 和正、负电荷中心之间距离 d 的乘积，如图 5.23 所示。

$$\mu=d\times q$$

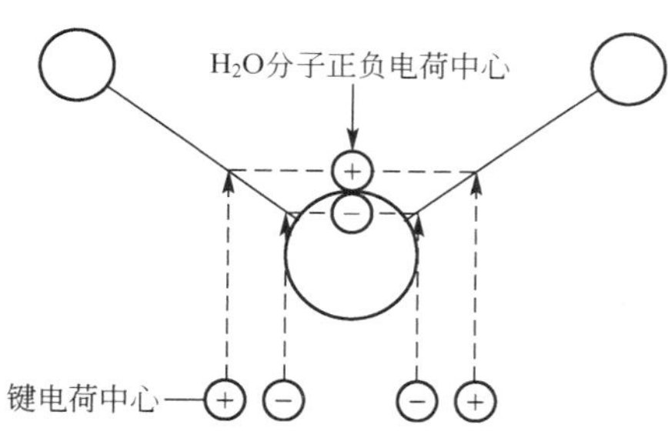

图 5.22　H_2O 分子中的电荷分布示意图

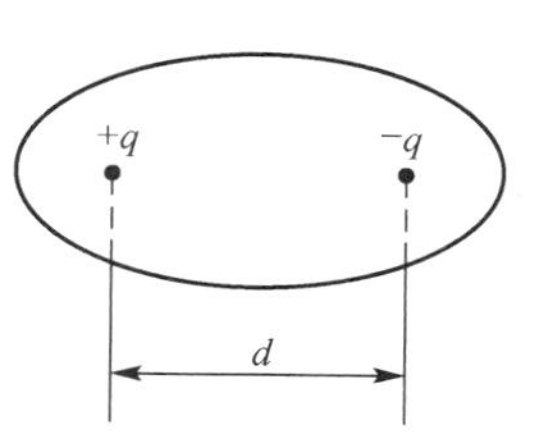

图 5.23　分子的偶极矩

分子偶极矩的数值可用实验的方法求得，它的单位是库·米(C·m)，一些物质的偶极矩数值见表 5-9。偶极矩等于零的分子为非极性分子；偶极矩不等于零的分子为极性分子，偶极矩越大，分子极性越强。不仅可根据分子的偶极矩数值大小比较分子极性的相对强弱，还可以根据分子的偶极矩验证和推断某些分子的几何构型。例如，实验测知 $\mu(CS_2)=0$，说明 CS_2 分子中正、负电荷中心重合，由此可推断分子应该为直线形，与实际相符。分子本身具有的偶极叫作固有偶极。

表 5-9　一些物质的偶极矩($\mu/10^{-30}$ C·m)

物　质	偶极矩	分子几何构型	物　质	偶极矩	分子几何构型
H_2	0	直线形	CS_2	0	直线形
N_2	0	直线形	H_2S	3.67	V 形
HF	6.40	直线形	SO_2	5.34	V 形
HCl	3.62	直线形	H_2O	6.24	V 形
HBr	2.60	直线形	HCN	6.24	直线形
HI	1.27	直线形	NH_3	4.34	三角锥形
CO	0.40	直线形	$CHCl_3$	3.37	四面体
CO_2	0	直线形	CCl_4	0	正四面体

根据分子极性强弱，可将分子分为三种类型，如图 5.24 所示。

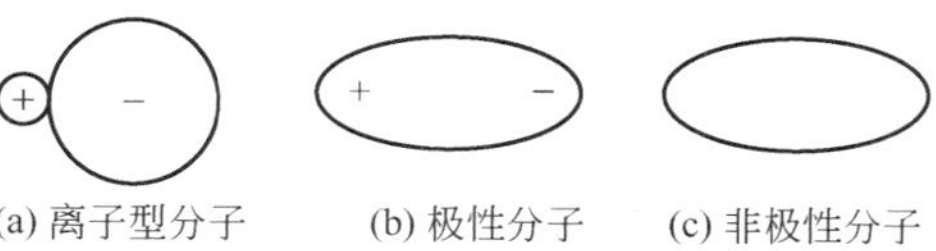

图 5.24　分子的类型

2）分子的变形性

前面讨论分子极性时，考虑的是孤立分子中电荷的分布情况，若把分子置于外加电场 E 中，则其电荷分布将发生变化。如图 5.25 所示，将一非极性分子置于电容器的两个极板之间，分子中带正电荷的原子核被吸引向负电极，而电子云被吸引向正电极，结果使电子云与原子核发生相对位移，造成分子发生形变(此过程称为分子变形极化)，分子中原本重合的正、负电荷中心彼此分离，分子出现了偶极，这种偶极称为诱导偶极 $\mu_{诱导}$。

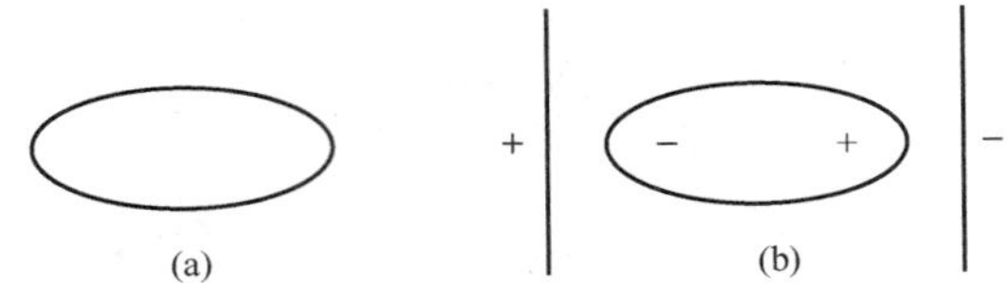

图 5.25　非极性分子在电场中的变形极化

诱导偶极的大小与电场强度成正比：$\mu=\alpha \cdot E$，即电场越强，分子的变形性越显著，诱导偶极越大。α 为分子诱导极化率，简称极化率；E 为电场强度。对于极性分子，本身就存在固有偶极，在外电场作用下会产生诱导偶极，这时分子的偶极为固有偶极和诱导偶极之和，分子极性增强。

一个极性分子相当于一个微电场，可以使其他分子发生极化变形。因此，极化作用不仅在外电场的作用下可以发生，分子与分子之间也可以发生，极性分子与极性分子之间、极性分子与非极性分子之间都存在极化作用。

【分子间力】

2. 分子间力

分子间力实质上是静电力，有三种类型：色散力、诱导力、取向力。

1）色散力

在非极性分子中，虽然电子云的分布是对称的，但由于每个分子中的电子都在不断运动，原子核也在不断振动，经常发生电子云和原子核间的相对位移，使分子的正、负电荷中心不重合，产生瞬时偶极。每个瞬时偶存在的时间尽管极短，但由于电子和原子核时刻都在运动，瞬时偶极不断出现，异极相邻的状态不断出现，使非极性分子相互靠近到一定程度时，在两个分子之间就产生一种持续不断的吸引作用。分子间由于瞬时偶极而产生的作用力称为色散力，如图 5.26 所示。由于所有分子中都能产生瞬时偶极，所以色散力存在于一切分子间。

2）诱导力

极性分子与非极性分子靠近时，极性分子的固有偶极产生的电场作用使非极性分子的电子云发生变形，产生诱导偶极，进而非极性分子与极性分子之间产生一种相互吸引作用，这种固有偶极与诱导偶极之间的作用力称为诱导力，如图 5.27 所示。诱导力同样存在于极性分子之间，使固有偶极矩加大。

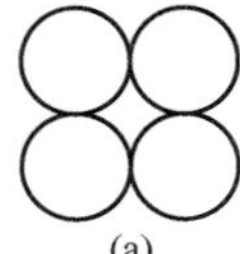

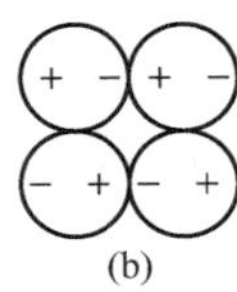

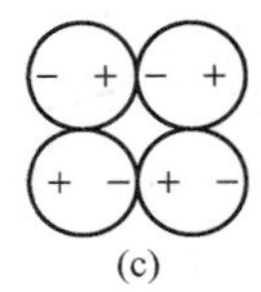

图 5.26　非极性分子间色散力作用示意图

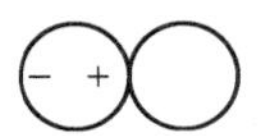

图 5.27　极性分子与非极性分子间诱导力作用示意图

3）取向力

极性分子相互靠近时，由于分子固有偶极之间同极相斥、异极相吸，使得分子在空间按照异极相邻的状态取向，这种由于固有偶极的取向而产生的作用力称为取向力，如图5.28所示。

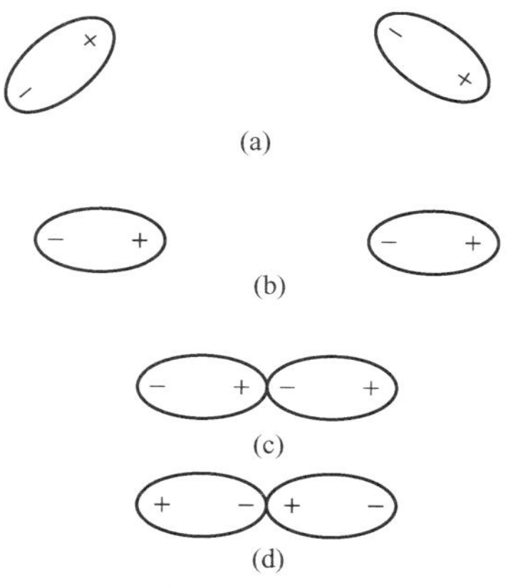

图5.28 极性分子间取向力作用示意图

总之，非极性分子间存在色散力；在非极性分子和极性分子间存在色散力和诱导力；在极性分子间存在色散力、诱导力和取向力。由此可见，色散力存在于一切分子间，是主要的分子间作用力。

一般来说，分子间力具有以下特点：

(1) 是分子间的一种电性作用力。

(2) 存在于分子之间，没有方向性和饱和性。

(3) 是短程力，与分子间距离的6次方成反比，即随分子间距离增大而迅速减小。

(4) 作用力较弱，一般比化学键键能低1～2个数量级。

(5) 一般情况下，三种作用力中色散力是主要的，只有当分子极性很大且分子间存在氢键时(如H_2O)，才以取向力为主。

分子间力对物质的熔点、沸点、溶解度等物理性质有很大的影响：

一般说来，对结构相似的同系列物质，其熔、沸点随相对分子质量的增加而升高，如稀有气体、卤素单质等。这是由于分子的变形性随相对分子质量的增加而增大，分子间力也随之增强。

分子间力对液体的互溶度以及固态、气态非电解质在液体中的溶解度也有一定影响。溶质或溶剂(同系物)分子的变形性和分子间力越大，溶解度也越大。

分子间力对分子型物质的硬度也有一定影响。分子极性小的物质，分子间力小，因而硬度不大；含极性基团的物质，分子间引力较大，具有一定的硬度。

3. 氢键

大多数同系列氢化物的熔、沸点随着分子量的增大而升高，唯有H_2O、NH_3和HF与同族氢化物相比不符合上述规律，这是由于这些物质的分子之间除存在一般分子间力外，还存在一种特殊的作用力——氢键。

1) 氢键的形成

当H原子与电负性大的X原子(如N、O、F)以共价键结合成X—H时，共用电子对强烈地偏向X原子一边，使H原子变成几乎没有电子云的“裸露”的质子，由于其半径极小(约30pm)，电荷密度大，还能吸引另一个分子中含有孤对电子、且电负性很大的原子Y的电子云，从而产生静电吸引作用。这个静电吸引作用就是氢键，氢键可表示为X—H…Y，如图5.29所示。形成氢键要求X、Y电负性大，原子半径小，且有孤对电子。

2) 氢键的特点

氢键的键能在10～40kJ/mol范围内，比化学键弱，比分子间力稍强，通常把它归入分子间力来讨论。氢键的键长是指X—H…Y中X原子中心到Y原子中心的距离，氢键的键长通常较长。氢键具有饱和性和方向性，形成氢键的X、Y原子尽可能远离，键角通常在120°～180°。

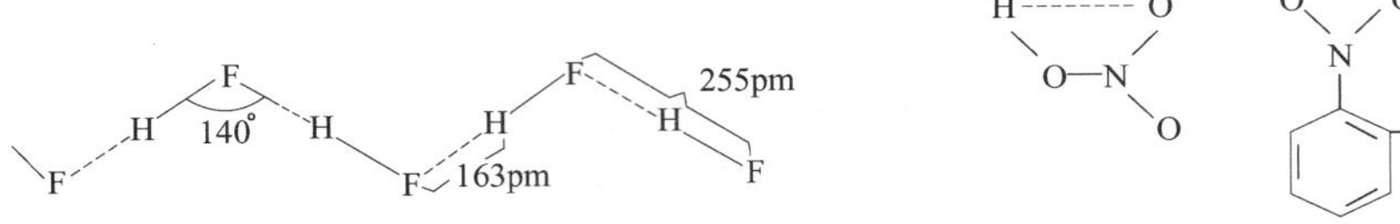

(a) HF分子间氢键　　(b) HNO_3、邻硝基苯酚分子内氢键

图 5.29　氢键的形成

氢键可分为分子间氢键和分子内氢键两类。由两个或两个以上分子形成的氢键称为分子间氢键，如图 5.29(a)所示；同一个分子内形成的氢键称为分子内氢键，如图 5.29(b)所示。

3）氢键对物理性质的影响

氢键通常是物质在液态时形成的，但形成后有时也能继续存在于某些晶态甚至气态物质中，如 H_2O 在气态、液态、固态中都有氢键存在。氢键的形成会影响物质的物理性质。

（1）熔点、沸点。分子间有氢键的物质，其熔点、沸点比同系列氢化物的熔点、沸点要高。分子内形成氢键的物质，一般熔点、沸点降低，如有分子内氢键的邻硝基苯酚熔点为 45℃，有分子间氢键的间硝基苯酚熔点为 96℃和对硝基苯酚熔点为 114℃。

（2）溶解度。如果溶质分子与溶剂分子之间形成氢键，则溶质的溶解度增大。

（3）黏度。分子间有氢键的液体，一般黏度较大，如浓硫酸、甘油、磷酸等。

（4）密度。液体分子间若形成氢键，有可能发生缔合现象，例如

$$n\,H_2O \rightleftharpoons (H_2O)_n \quad n=2、3、4\cdots$$

这种由若干个简单分子联成复杂分子而又不会改变原物质化学性质的现象，称为分子缔合。分子缔合的结果会影响液体的密度。温度降至 0℃时，全部水分子结成巨大的缔合物——冰。

【科学家简介】

范德华(Johannes Diderik van der Waals)：荷兰物理学家，1837 年 11 月 23 日在荷兰的莱顿出生，曾任阿姆斯特丹大学教授。化学中有以他名字命名的范德华力(又称分子间作用力)。范德华从气体分子运动论得出理想气体的状态方程，1881 年，他给这个方程引入两个参量，分别表示分子的大小和引力，得出一个更准确的方程即范德华方程。由于对气体和液体的状态方程所作的工作，范德华获得 1910 年诺贝尔物理学奖。他还研究了毛细作用，对附着力进行了计算。范德华在研究物质三态(气、液、固)相互转化的条件时，推导出临界点的计算公式，计算结果与实验结果相符。在 1876 年，范德华被任命为阿姆斯特丹大学物理学科的第一教授，一起的还有范特霍夫。范德华为该大学赢得了声誉，一直到退休都忠诚可靠，而没有理会来自各处的邀请。

给分子做个CT检查

在量子世界中，物体是用波函数来描绘的。例如，要描绘分子周围的电子，可以说它们是在类似于水波一样的轨道上运动，所过之处留下痕迹，其形状决定了诸如电子能量、分子能否发生各种化学反应等性质。但电子轨道是个小滑头，正像海森堡(Heisenherg)的不确定原理描述的那样，用常规的方法不能得到完整且精确的电子图像。然而渥太华的加拿大国家研究学会(Canada's National Research Council)的研究者们现在发明了一种能扫描氮分子最外层电子轨道并得到三维图像的方法，人们形象地称为“给分子做个CT检查”（图5.30）。这种成像方法的“快门速度”快得足以可能在某一天抓拍到正在进行化学反应的分子。

(a)

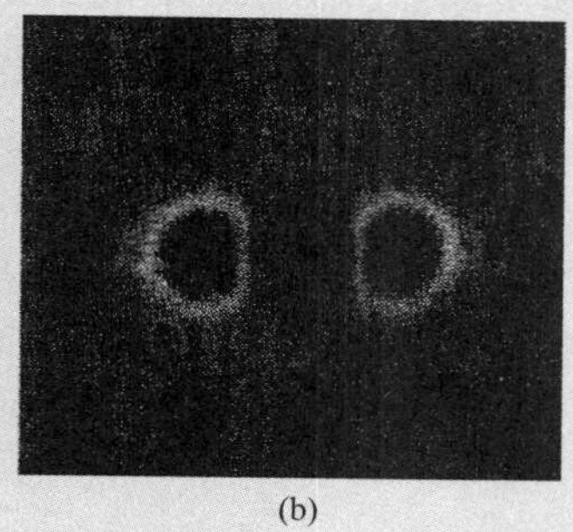
(b)

图5.30　氮分子外层电子的运动图像

成像的结果和按波函数计算的轨道相当一致，电子大多数时间在黑色区域。现在科学家感兴趣的是，如何将这种技术运用于更加复杂的分子和正在进行化学反应的分子，观察原子的运动。

5.3　晶体结构

物质有三种聚集状态：气态、液态和固态。固态物质又分为晶体和非晶体。内部微观粒子呈规则排列的固体，称为晶体；内部微观粒子呈无规则排列的固体，称为非晶体。自然界中大多数固体物质都是晶体。

若把晶体中规则排列的微观粒子抽象为几何学上的点，称为结点。将结点沿一定方向按照某种规则连接起来，就可得到描述晶体内部结构的空间格子，称为晶格。由于内部微粒排列方式的不同，晶体和非晶体呈现出不同特征和性质。晶体一般有一定的几何外形、固定的熔点和各向异性；而非晶体则无一定外形和固定熔点，且各向同性。

根据晶格结点上微粒的组成及微粒间作用力的不同，可把晶体分为四种基本类型：离子晶体、原子晶体、分子晶体和金属晶体。除上述四种典型晶体外，还有混合型晶体，如石墨。

5.3.1　离子晶体

凡靠离子间静电引力结合而成的晶体统称为离子晶体。在离子晶体的晶格结点上交替排列着阴、阳离子，质点间的作用力是静电引力。由于离子键没有饱和性和方向性，

【NaCl晶体结构】

【结晶】

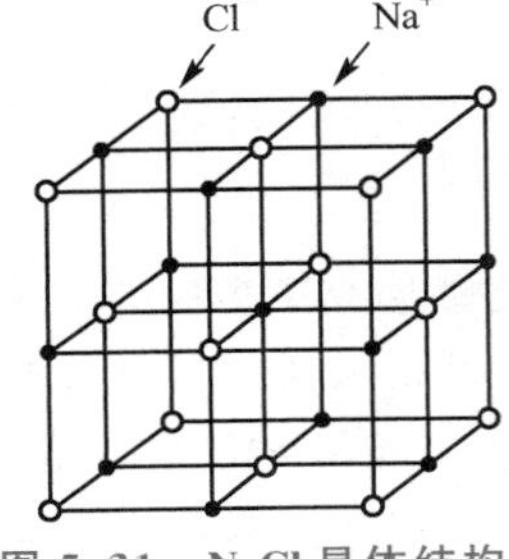

图 5.31　NaCl晶体结构

在空间条件允许的情况下，每个离子将吸引尽量多的异号离子，所以在离子晶体中，配位数一般都较高。例如，在NaCl晶体中，Na^+和Cl^-的配位数都是6。在离子晶体中没有独立的分子，就整个NaCl晶体来看，Na^+和Cl^-数目比为1∶1。化学式NaCl只表明两种离子的比值，而不是表示1个NaCl分子的组成，可以认为整个NaCl晶体就是一个巨型分子，如图5.31所示。

由于离子键较强，因此，离子晶体有较大的硬度，较高的熔点、沸点，延展性很小，熔融后或溶于水能导电。但在固态状态，由于离子被限制在晶格的一定位置上振动，因此几乎不导电。对离子构型相同的离子化合物，离子电荷数越多，离子半径越小，则所产生的静电场强度越大，与异号电荷离子间的静电作用也越大，因此离子晶体的熔点也越高，硬度也越大。例如，NaF和CaO这两种典型的离子晶体，两者阴、阳离子半径之和很接近(约为230pm)，但离子电荷数后者比前者多，所以CaO的晶格比NaF牢固，因而CaO的熔点(2570℃)比NaF(993℃)高，CaO的硬度(4.5)比NaF(2.3)大。活泼金属的氧化物和盐类通常都是离子晶体。

5.3.2　原子晶体

在原子晶体中，晶格结点上排列的是原子，原子之间是通过共价键相结合的，如金刚石(图5.32)。由于共价键具有方向性和饱和性，所以配位数一般都比较小。又因为共价键比较牢固，所以原子晶体一般具有很高的熔点、沸点和硬度，如金刚石的熔点为3550℃。由于原子晶体中没有离子，所以其固态或熔融态均不导电，是电的绝缘体，也是热的不良导体。但硅(Si)、锗(Ge)、碳化硅(SiC)等原子晶体可作为优良的半导体材料。原子晶体在一般溶剂中都不溶解，延展性也很差。

5.3.3　分子晶体

凡靠分子间力(或氢键)结合而成的晶体统称为分子晶体。在分子晶体中，晶格结点上排列的是分子，如干冰(固体CO_2)就是一种典型的分子晶体。如图5.33所示，在CO_2分子内原子之间以共价键结合成CO_2分子，然后以整个分子为单位占据晶格结点的位置。不同的分子晶体，分子的排列方式可能有所不同，但分子之间都是以分子间力相结合的。

【金刚石晶体结构】

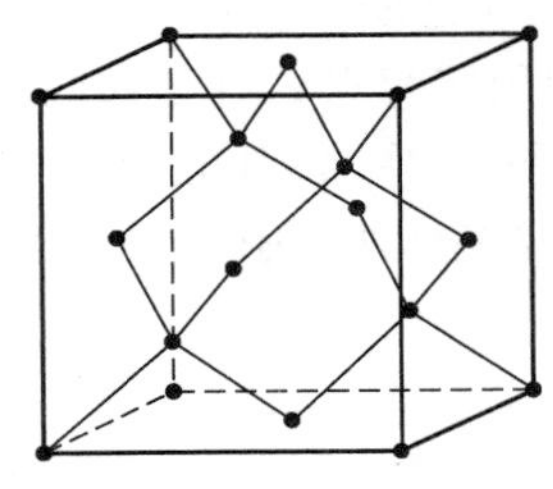

图 5.32　金刚石晶体结构

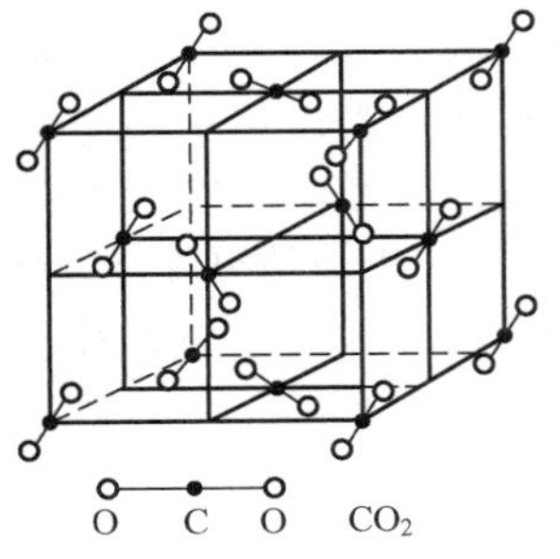

图 5.33　CO_2分子晶体结构

由于分子间作用力比较弱，所以分子晶体一般具有较低的熔点、沸点和较小的硬度；这类晶体一般不导电，只有那些极性很强的分子晶体(如 HCl、冰醋酸等)溶解在极性溶剂(如水)中，由于发生离解而导电。

许多非金属单质(H_2、O_2、I_2 等)、非金属元素组成的化合物(HCl、CO_2 等)以及大多数有机物的晶体都属于分子晶体。有一些分子晶体物质，分子之间除了存在分子间作用力外，同时存在氢键作用，如冰、草酸、硼酸、间苯二酚等均属于氢键型分子晶体。

5.3.4 金属晶体

金属晶体中，晶格结点上排列的离子是金属原子、金属离子。如图 5.34 所示，在这些原子、离子之间，存在从金属原子上脱落下来的电子，这些电子可以在整个晶体中自由运动，叫作自由电子。金属晶体中，原子(或离子)与自由电子所形成的化学键称为金属键。金属键没有方向性和饱和性。

图 5.34 金属晶体结构

自由电子的存在使金属晶体具有良好的导电性、导热性和延展性。对于金属单质而言，晶体中原子在空间的排布，可近似看成等径圆球的堆积。为形成稳定的金属结构，金属原子将采取尽可能紧密的方式堆积起来，所以金属晶体的密度一般较大。金属晶体多数具有较高的熔点、较大的硬度，但由于金属结构的复杂性，使得某些金属的熔点、硬度相差很大。例如钨(W)的熔点为 3410℃，而汞(Hg)的熔点为 −38.87℃；铬(Cr)的硬度为 9.0，而钠(Na)的硬度为 0.4。

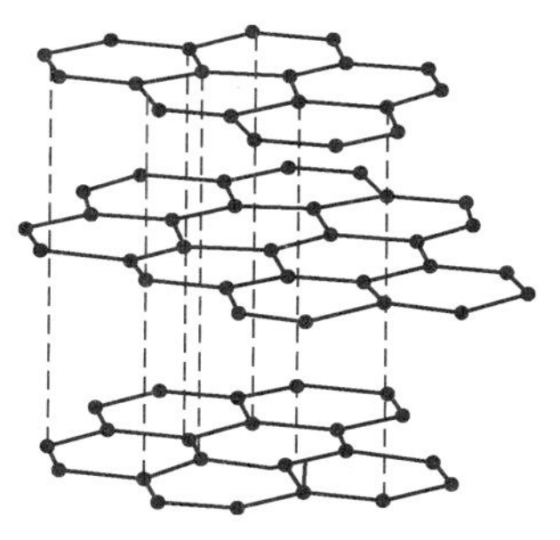

图 5.35 石墨的层状结构

5.3.5 混合型晶体

【石墨的层状结构】

有些晶体内可能同时存在几种不同的作用力，具有若干种晶体的结构和性质，这类晶体称为混合型晶体，如具有层状结构的石墨。如图 5.35 所示，在石墨晶体内既有共价键，又有类似于金属键的非定域键和层与层之间的分子间力，所以石墨是混合型晶体。由于层间的结合力较弱，当石墨受到与石墨层相平行的力的作用时，各层较易滑动，故石墨可用做铅笔芯和润滑剂。

【网络导航】

周期表探趣

化学元素周期表是化学工作者经常使用的工具。Internet 上有很多国内、国外的以化学元素为基本对象的综合性数据库，包括了与元素有关的多种数据和各种各样的信息，可以通过搜索引擎的方法输入关键词“元素周期表”(periodic table)查找。

在众多网上的元素周期表中，英格兰谢菲尔德(Sheffield)大学化学系的 Mark Winter 博士制作的基于 Web 的化学元素周期表全面而又精致，称为 WebElements，是在 Internet 上具有广泛影响的化学资源，其网址为 http：//www. webelements. com。进入该网页，只要用鼠标单击想了解的元素，页面的中央就出现该元素主要的文字和图片介绍，在页面的右侧就会出现关于所选元素的有关选项，如物理性质(physics properties)、晶体结构(crystal structure)、电性质(electron shell properties)、化合物(compounds)等。用鼠标单击其中任何一项，相关内容将显示于页面的中央。要想了解更为具体的内容，接着单击相应的标题即可。

另一个很好的网站网址为 http：//www.chemicalelement.com，进入主页后，在右栏出现带有元素符号的周期表，左栏有名称(name)、熔点(melting point)、发现日期(data of discovery)等选项。如单击 name，周期表出现元素的英文名称。还有一个十分有创意的周期表是“有四条腿的桌子”的周期表(table 一词还有桌子的意思)，TheodoreGray 先生设计制造了这个台式周期表。他收集了相关元素的样品放在“桌子”上的元素格子里。这项工作获得 2002 年的“搞笑诺贝尔化学奖”。在网站里有收集来的样品图片及介绍，网址为 http：//www.theodoregray.com/PeriodicTable/。

本章小结

本章主要介绍了原子结构、分子结构、晶体结构，具体小结如下：

1. 原子结构

(1) 电子的运动特征。

能量量子化、波粒二象性、统计性。

(2) 核外电子的运动状态。

电子在核外的运动状态可以由四个量子数(主量子数 n、角量子数 l、磁量子数 m、自旋量子数 m_s)确定；原子轨道和电子云角度分布图。

(3) 原子核外电子的排布。

多电子原子轨道能级顺序和核外电子填入轨道顺序：$\rightarrow ns \rightarrow (n-2)\mathrm{f} \rightarrow (n-1)\mathrm{d} \rightarrow n\mathrm{p}$。

基态原子电子排布规则：泡利不相容原理、能量最低原理和洪特规则。

(4) 原子电子层结构与元素周期表。

元素在周期表中的位置(周期、区、族)由该元素原子核外电子的分布决定。

(5) 元素的周期性。

原子半径、电离势、电子亲和能、电负性、元素的氧化数、金属性和非金属性的周期性。

2. 分子结构

(1) 共价键。

① 现代价键理论：电子配对原理、原子轨道最大重叠原理。

共价键：电负性相同或相近的两个原子，成键时依靠共用电子对形成共价键而结合成分子；有方向性、饱和性。

共价键类型：σ 键和 π 键。

② 杂化轨道理论：s—p 杂化与分子构型的关系。

(2) 离子键。

正、负离子之间的静电引力；无方向性、饱和性。

(3) 金属键。

无方向性、饱和性。

(4) 分子的极性。

分子的极性与变形性：正、负电荷中心不重合的分子称为极性分子。分子的极性大小可以用分子的偶极矩来衡量。分子变形性大小用极化率 α 衡量。

(5) 分子间作用力。

① 色散力：瞬时偶极与瞬时偶极之间的作用力。

② 诱导力：固有偶极与诱导偶极之间的作用力。

③ 取向力：固有偶极之间的作用力。

④ 氢键：分子间氢键的存在，使得物质的熔点、沸点升高。

3. 晶体结构

离子晶体、原子晶体、分子晶体、金属晶体、混合型晶体的结构和性质。

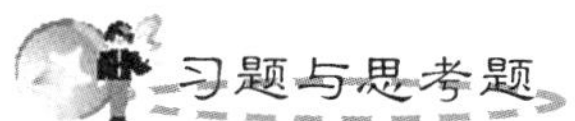

一、判断题

1. 最外层电子排布是 ns^1 的一定是碱金属元素。 ( )

2. 核外电子的能量只与主量子数有关。 ( )

3. 第Ⅷ族元素的外层电子排布为 $(n-1)d^6ns^2$。 ( )

4. 由于 BF_3 分子为非极性分子，所以 BF_3 分子中无极性键。 ( )

5. s 电子与 s 电子间配对形成的键一定是 σ 键，而 p 电子与 p 电子间配对形成的键一定是 π 键。 ( )

6. 凡是以 sp^3 杂化轨道成键的分子，其空间构型必为正四面体。 ( )

7. 非极性分子永远不会产生偶极。 ( )

8. 分子中键的极性可以根据电负性差值判断，电负性差值越大，则键的极性越大。 ( )

9. 非金属元素间的化合物为分子晶体。 ( )

10. 金属键和共价键一样都是通过自由电子而成键的。 ( )

二、填空题

1. 在下列各组量子数中填入尚缺的量子数

(1) $n=$____ $l=2$ $m=0$ $m_s=+\frac{1}{2}$

(2) $n=2$ $l=$____ $m=-1$ $m_s=-\frac{1}{2}$

(3) $n=4$ $l=2$ $m=0$ $m_s=$____

(4) $n=2$ $l=0$ $m=$____ $m_s=+\frac{1}{2}$

2. 下列轨道中属于等价轨道的有________，________。

2s 3s $3p_x$ $4p_x$ $2p_x$ $2p_y$ $2p_z$ $3d_{xy}$ $3d_{z^2}$ $4d_{xy}$

3. 下列各元素原子的电子分布式各违背了什么原理，请加以改正

(1) 硼 $1s^2 2s^3$ ____ (2) 铍 $1s^2 2p^2$ ____ (3) 氮 $1s^2 2s^2 2p_x^2 2p_y^1$ ____

4. 推测表5-10中分子的中心原子采用的杂化类型和空间构型。

表 5-10

	NF_3	$CHCl_3$	$HgCl_2$	BF_3
杂化类型				
空间构型				

5. 下列物质：BF_3、NH_3、CS_2、SiH_4、$SiCl_4$、$CHCl_3$ 中属于极性分子的是__________。

6. 下列过程需要克服哪种类型的力：

NaCl 溶于 H_2O__________，液 NH_3 蒸发__________，SiC 熔化__________，干冰的升华__________。

7. 分子间作用力是__________、__________和__________的总和。下列各组物质间存在哪些分子间力？

分子间力：I_2-I_2__________，O_2-H_2O__________，$HBr-H_2O$__________。

8. 填表5-11。

表 5-11

原子序数	19		
电子分布式		$1s^2 2s^2 2p^6$	
外层电子构型			$4d^5 5s^1$
周　期			
族			
未成对电子数			
最高氧化数			

9. 填表5-12。

表 5-12

物　质	晶体类型	结点上的粒子	粒子间的作用力
Kr			
$[Cu(NH_3)_4]SO_4$			
SiC			
Zn			

三、选择题

1. 描述原子核外电子运动状态的物理量是(　　)

A. 概率密度$|\psi|^2$　　B. 波函数ψ

C. 主量子数和副量子数　　D. 电子云

2. 下列叙述正确的是(　　)

A. 在多原子分子中，键的极性越强，分子的极性就越强

B. 分子中的键是非极性键，分子一定是非极性的

C. 非极性分子中的化学键一定是非极性共价键

D. 具有极性共价键的分子一定是极性分子

3. 波函数的空间图形是(　　)

A. 概率密度　　B. 原子轨道

C. 电子云　　D. 概率

4. 与多电子原子中电子的能量有关的量子数是(　　)

A. n，m　　B. l，m_s

C. l，m　　D. n，l

5. 对于原子核外电子，下列各套量子数不可能存在的是(　　)

A. 2，1，0，$+\frac{1}{2}$　　B. 2，2，+1，$+\frac{1}{2}$

C. 3，2，−1，$-\frac{1}{2}$　　D. 3，1，0，$+\frac{1}{2}$

6. 下列电子分布属于激发态的是(　　)

A. $1s^2 2s^2 2p^4$　　B. $1s^2 2s^2 2p^3$

C. $1s^2 2s^2 2p^6 3d^1$　　D. $1s^2 2s^2 2p^6 3s^2 3p^6$

7. 下列电子构型中违背泡利不相容原理的是(　　)

A. $1s^1 2s^1 2p^1$　　B. $1s^2 2s^2 2p^1$

C. $1s^2 2s^2 2p^3$　　D. $1s^2 2s^2 2p^7$

8. 下列原子中第一电离能最大的是(　　)

A. Li　　B. B

C. N　　D. O

9. 下列物质间，相互作用力最弱的是(　　)

A. HF−HF　　B. Na^+-Br^-

C. Ne和Ne　　D. H_2O-O_2

10. 下列原子轨道沿x轴成键时，形成σ键的是(　　)

A. $s-d_{xy}$　　B. p_x-p_x

C. p_y-p_y　　D. p_z-p_z

11. CCl_4的几何构型为(　　)

A. 正四面体　　B. 平面正方形

C. 四方锥　　D. 三角锥

12. 下列分子中，偶极矩为零的是(　　)

A. CO_2　　B. CH_3Cl

C. NH_3　　D. HCl

13. 下列分子不呈直线形的是(　　)

A. CO_2　　B. $HgCl_2$

C. CS_2　　D. H_2O

14. W、X、Y、Z分别代表一种元素，它们在周期表中的位置用周期表的一部分表示(图5.36)：

W	X
Y	Z

图 5.36

(1) 电负性最大的元素是(　　)

A. W　　B. X

C. Y　　D. Z

(2) 极性最强的化学键是(　　)

A. W—X　　B. W—Z

C. Y—X　　D. Y—Z

15. 下列化合物中，与氖原子的电子构型相同的阴、阳离子所产生的离子化合物是(　　)

A. KF　　B. MgO

C. NaCl　　D. $CaCl_2$

四、简答题

1. 什么是极性分子和非极性分子？它们与键的极性有什么关系？

2. Na的第一电离能小于Mg，而Na的第二电离能却大于Mg，为什么？

3. 为什么干冰(CO_2)和石英(SiO_2)的性质相差很大？

4. 共价键与金属键有什么区别？

5. 判断下列各组物质中熔点高低。

(1) NaCl和$BeCl_2$；(2) MgO和BaO；(3) CaF_2和$CaBr_2$；(4) NaCl、NH_3、N_2、Si晶体；(5) $Ca(OH)_2$、NaCl、H_2。

6. 已知下列两类化合物的熔点如下：

(1) 钠的卤化物	NaF	NaCl	NaBr	NaI
熔点/℃	993	801	747	661
(2) 硅的卤化物	SiF_4	$SiCl_4$	$SiBr_4$	SiI_4
熔点/℃	−90.2	−70	5.4	120.5

试说明：

(1) 为什么钠的卤化物的熔点比相应硅的卤化物熔点总是高？

(2) 为什么钠的卤化物的熔点的递变规律与硅的卤化物不一致？

7. 某元素的最高化合价为+6，最外层电子数为1，原子半径是同族元素中最小的，试写出它的：

(1) 核外电子排布式；

(2) 价电子构型；

(3) +3价离子的外层电子排布式。

第6章 化学与材料

知识要点	掌握程度	相关知识
金属材料	熟悉金属材料的分类、主要特性；了解金属材料的应用范围	金属单质、金属合金
无机非金属材料	熟悉无机非金属材料的类型、主要特性；了解非金属材料的应用范围	传统无机非金属材料、新型无机非金属材料、功能转换材料
高分子材料	了解高分子化合物的基本概念、命名方法；熟悉其类型、特性及主要应用范围	传统高分子材料、功能高分子材料、高分子智能材料
复合材料	了解复合材料的分类、特性及主要应用范围	基体、增强体、聚合物基复合材料、金属基复合材料、陶瓷基复合材料
纳米材料	了解纳米材料的概念、特性及主要应用范围	小尺寸效应、表面效应、量子尺寸效应、宏观量子隧道效应、陶瓷增韧
新材料	了解新材料的发展方向、新的材料合成方法	新型薄膜材料、液晶材料、材料制备的新方法

导入案例

由于Ti－Ni合金具有神奇的形状记忆性能，故被称为“金属中的魔术师”，在工业和民用许多部门发挥着重要的作用。在工业生产中，不同材料管道的连接是非常普遍的，但连接较困难。若用记忆合金管连接接头(图6.1)，问题即可解决。只要把常温下轻松连接的记忆合金连接件放入热水里，过一会再取出来，就会发现两根管子已经紧紧地连接在一起了。在抗压实验中发现，先被击破的是钢管，形状记忆合金则完好无损。在汽车工业中，可以制造出“可复原”的汽车外壳，即使被撞扁，只要用80℃的热水一浇便可恢复原状。美国曾用Ti－Ni记忆合金制成飞船的发射和接收天线。此天线被折叠后发射到月球上，可减小飞船的体积。在月球上，由于吸收太阳的辐射而升温，又恢复成抛物面的形状。在服装工业中，记忆合金最早被用于在文胸内起托垫保形作用。这种托垫在冷水中可任意洗涤，而带在身上因体温可恢复原状，保持其很强的弹性。人们利用这种超弹性开发出手机天线、高级眼镜架(图6.2)等。在医学方面，也常应用记忆合金。如对脊椎骨弯曲的患者进行脊椎校直时，可用形状记忆合金制成的器件固定在脊椎骨上，受热时因器件伸长，而使脊椎被校直。又如，可用Ni－Ti形状记忆合金制造人造牙和牙床。传统治疗血管狭窄的办法是开刀手术，若用形状记忆合金的腔内支架，只需开一个小口，用导管把支架植入血管即可，大大减轻了病人的痛苦。

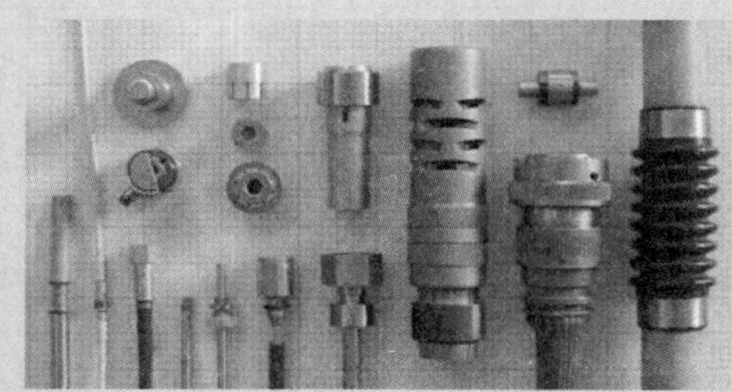
图6.1　记忆合金紧固环

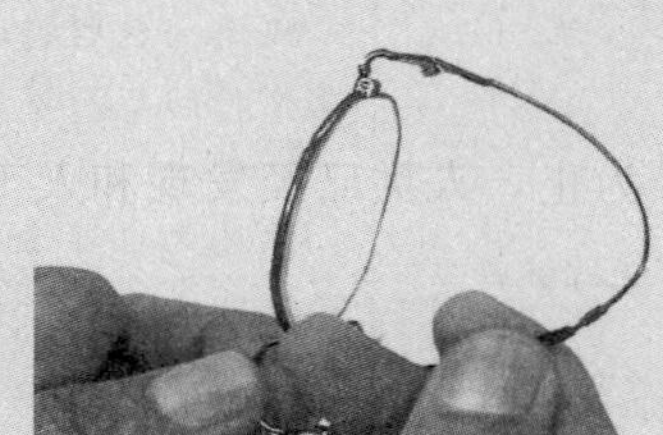
图6.2　形状记忆合金眼镜

材料是人类社会赖以生存和发展的物质基础。20世纪末，人们把材料、信息和能源作为现代社会进步的三大支柱，而材料又是发展能源和信息技术的物质基础。从近代科技史来看，新材料的使用对社会经济和科技的发展起着巨大的推动作用。例如，钢铁材料的出现，孕育了产业革命；高纯半导体材料的制造，促进了现代信息技术的建立和发展；先进复合材料和新型超合金材料的开发，为空间技术的发展奠定了物质基础；新型超导材料的研制，大大推动了无损耗发电、磁流发电及受控热核反应堆等现代能源的发展；纳米材料的发展和利用，促进了多学科的发展，并将人类带入了一个奇迹层出不穷的时代。材料的品种繁多，迄今已达几十万种，每年还以5%左右的速度继续增长。

【化学与材料】

化学是材料科学发展的基础科学，材料化学是一门以现代材料为主要对象，研究材料的化学组成、结构与性能关系、合成制备方法、性能表征及其与环境协调等问题的科学。在材料科学的发展中起着无可替代的重要作用。

科学工作者根据材料的组成和结构特点，将材料分为金属材料、无机非金属材料、高分子材料和复合材料四大类；根据材料的性能特征，将其分为结构材料和功能材料；根据材料的用途将其分为建筑材料、能源材料、航空材料和电子材料等。本章将按照第一种分类对四类材料分别加以介绍。此外，对于纳米材料进行初步探讨。

6.1 金属材料

6.1.1 金属材料概述

金属材料是以金属元素为基础的材料，分为黑色金属材料和有色金属材料。黑色金属材料通常包括铁、锰、铬以及它们的合金；除黑色金属以外其他各种金属及其合金都称为有色金属材料。根据物理性质的不同，金属又可分为轻金属、重金属、高熔点金属、稀有金属等。

纯金属的强度较低，很少直接应用，金属材料绝大多数是以合金的形式出现。合金是由一种金属与一种或几种其他金属、非金属熔合在一起生成的具有金属特性的物质，如由铝、铜和镁组成的硬铝，铜和锡组成的青铜等都是合金。青铜器在我国有着悠久的历史，是中国传统文化艺术的精华。金属材料一般具有优良的力学性能、可加工性及优异的物理特性。金属材料的性质主要取决于其成分、显微组织和制造工艺，人们可以通过调整和控制成分、组织结构和工艺，制造出具有不同性能的金属材料。在近代的物质文明中，金属材料如钢铁、铝、铜等起了关键作用，至今这类材料仍具有强大的生命力。

6.1.2 金属单质

迄今为止，人类已经发现和人工合成的元素共119种，其中金属元素占元素总数的五分之四。它们位于元素周期表中硼-硅-砷-碲-砹和铝-锗-锑-钋构成的对角线的左下方。对角线附近的锗、砷、锑、碲等为准金属，即性质介于金属和非金属之间的单质，准金属大多可作半导体。

地球上金属资源极其丰富，除了金、铂等极少数金属以单质形态存在于自然界以外，绝大多数金属在自然界中以化合物的形式存在于各种矿石中，此外，海水中含有大量的钾、钙、钠、镁的氯化物、碳酸盐等。

6.1.3 金属合金

1. 钢铁

钢铁是Fe与C、Si、Mn、P、S以及少量的其他元素所组成的合金，生产过程如图6.3所示。其中除Fe外，C的含量对钢铁的力学性能起着主要作用，故统称为铁碳合金。它是工程技术中最重要、用量最大的金属材料。按C含量的不同，铁碳合金分为钢与生铸铁两大类，钢是C含量小于2%的铁碳合金。钢的种类很多，根据其化学成分可分为碳素钢、合金钢和生铁。

1）碳素钢

碳素钢是最常用的普通钢，冶炼方便、加工容易、价格低廉，而且在多数情况下能满足使用要求，所以应用十分普遍。按C含量的不同，碳钢又分为低碳钢、中碳钢和高碳钢。低碳钢(C含量小于0.25%)韧性好、强度低、焊接性能优良，主要用于制造薄铁皮、铁丝和铁管等；中碳钢(C 含量 0.25%～0.6%)强度较高，韧性及加工性能较好，用于制造铁轨、车轮等；高碳钢(C 含量 0.6%～1.7%)硬而脆，经热处理后有较好的弹性，用于制造医疗器具、弹簧和刀具等。总之，碳素钢随 C 含量升高，其硬度增加，韧性下降。

2）合金钢

在钢中加入不同的合金元素，使钢的内部组织和结构发生变化，改善其工作和使用性能，可得到各种合金钢。应用最广的合金元素有 Cr、Mn、Mo、Co、Si 和 Al 等，它们除能显著提高并改善钢的力学性能外，还能赋予钢许多新的特性。合金钢种类繁多，分类方法也有多种，按其他元素含量不同可分为低合金钢(合金元素总量小于 4%)、中合金钢(合金元素总量 4%～10%)和高合金钢(合金元素总量大于 10%)。还可按用途分类，如不锈钢是一种具有耐腐蚀性的特殊性能钢，已在民用、石油、化工、原子能、海洋开发和一些尖端科学技术领域得到广泛应用。

3）生铁

【炼钢工艺】

C 含量 2%～4.3%的铁碳合金称为生铁。生铁硬而脆，但耐压耐磨。根据生铁中 C 存在的形态不同可分为白口铁、灰口铁、球墨铸铁。白口铁中 C 以 Fe_3C 形态分布，断口呈银白色，质硬而脆，不能进行机械加工，是炼钢的原料，故又称为炼钢生铁；灰口铁中 C 以片状石墨形态分布，断口呈银灰色，易切削、易铸、耐磨；球墨铸铁中 C 以球状石墨分布，其力学性能、加工性能接近于钢。在铸铁中加入特种合金元素可得到特种铸铁，如加入 Cr 后耐磨性可大大提高，在特殊条件下有十分重要的应用。图 6.3 所示为钢铁的生产工艺过程。

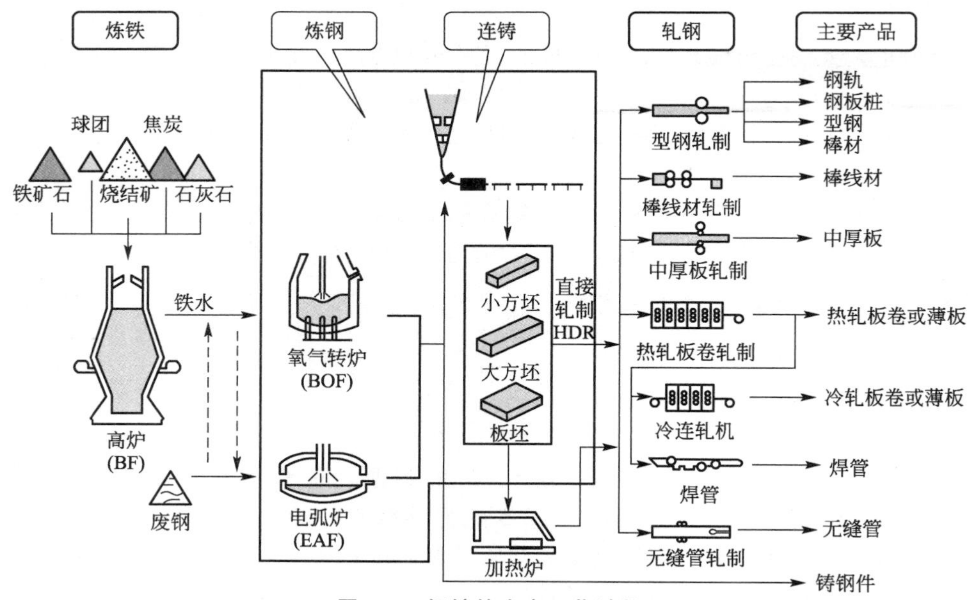

图 6.3 钢铁的生产工艺过程

2. 轻质合金

轻质合金是以轻金属为主要成分的合金材料。常用的轻金属有 Mg、Al、Ti 、Li 等。

1）铝合金

铝以其密度小($2.702g/cm^3$)、耐腐蚀、地壳中含量丰富(含量为 8%，仅次于氧、硅居第三位)等特点，一直被作为轻质合金元素使用。一架现代化超音速飞机，铝及铝合金占所使用金属材料的70%～80%；美国阿波罗号宇宙飞船，铝及铝合金占所使用金属材料的75%；此外铝及铝合金还用于火箭和导弹的制造中；近年来汽车制造业也越来越多地采用这种材料。

纯铝质软、不耐磨、强度低，不能做结构材料，做结构材料用的都是铝合金，如图6.4所示。向铝中加入一定量的铜、镁等合金元素制得的铝合金是硬铝，它主要用做建筑装饰材料等，如铝合金门窗。向硬铝中再加入5%～7%的锌，可制成铝锌镁铜的超硬铝，这种合金强度高、密度小、易成形，是良好的航空轻质结构材料。铝锂合金是一类新型轻质合金，向铝合金中加入2%～3%的锂，可以使铝锂合金的强度提高20%～24%，刚度提高19%～30%，而其密度可降低到2.5～2.6g/cm^3，因此铝锂合金是一种很有前途的合金。

2）钛合金

钛合金比铝合金密度大，但强度高，几乎是铝合金的5倍，如图6.5所示。经热处理，其强度可与高强度钢媲美，但密度仅为钢的57%，如用钛合金制造的汽车车身，其重量仅为钢制车身的一半；Ti-13V-11Cr-14Al(含13%V、11%Cr、14%Al的钛合金)的强度是一般结构钢的4倍，因此钛合金是优良的结构材料。钛和钛合金的抗蚀性很好，高级合金钢在HCl-HNO_3中一年剥蚀10mm，而钛合金仅被剥蚀0.5mm。由Ti-6Al-4V合金制造的耐腐蚀零件可在400℃以下长期工作。钢在300℃失去其特性，而钛合金的工作温度范围可宽达－200～500℃，在－250℃仍保持着较高的冲击韧性。被称为“第三金属”的钛及其合金，由于其质轻、高强、抗蚀、耐温而成为十分有发展前途的新型轻金属材料。

图6.4 铝合金

图6.5 钛合金

【镁合金】

3. 特种合金

1）硬质合金

凡是与切削、冲压、伸拉、成形、轧制等有关的工作都要用到硬质合金。硬质合金以其在高温下仍保持良好的热硬性及抗腐蚀性等特点，被广泛用来制作切削金属的刀具、展薄金属的模具以及各种耐磨部件等，如图6.6所示。大到开山凿岩机械的钻头，小到展薄罐盒的冲头，无一不用到硬质合金，硬质合金对提高工业生产效率有着重要作用。

所谓硬质合金是指第Ⅳ、Ⅴ、Ⅵ副族的金属和原子半径小的碳、氮、硼形成的间隙合金，这些合金的硬度和熔点特别高，被称为硬质合金。我国常用的硬质合金有钨钴类和钛钨钴类。硬质合金中加入碳化铌或碳化钽可明显提高其热硬性。需要特别指出的是碳化钛具有高硬度、高熔点、抗高温氧化、密度小和成本低等优点，是一种非常重要的碳化物合金，因而在航空、宇航、舰船、兵器等重要工业部门获得了广泛应用。

2）高温合金

与硬质合金在高温下仍具有热硬性不同，耐高温合金要求材料在高温下保持较高的强度、韧性及优良的抗腐蚀性。高温合金主要是高熔点金属和第Ⅷ族金属形成的合金，如图6.7所示。

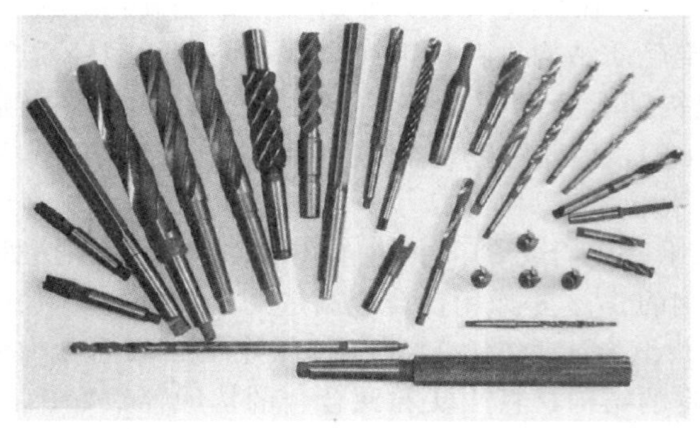

图6.6　硬质合金刀具

图6.7　高温合金零件

随着对高温合金性能要求的越来越高，且镍可以使铁基体成为稳定的面心立方结构，使得铁基高温合金中镍含量越来越高。习惯上，把含镍25%～60%的铁基高温合金称为铁镍基高温合金。如镍铬铁非磁性耐热合金在1200℃时仍具有高强度、韧性好的特点，可用于航天飞机的部件和原子反应堆的控制棒等；超耐热合金镍钴合金能耐1200℃高温，用于喷气发动机和燃气轮机的构件。

3）低温合金

低温合金是指适合在低温下使用而不产生脆性破坏的合金。一般情况下，合金在低温下都会变硬，容易产生脆性破坏。著名的泰坦尼克号沉船事件，就是钢在低温下发生脆性破坏的事故之一。由于使用钢中含硫量较高，当船在海水中与冰山相撞后，发生了脆性断裂，导致了20世纪最大的海难事故。事实上，类似的由于环境气温较低而导致钢材脆性破坏的事故还有很多，桥梁、海上石油钻机、工程机械都发生过低温环境下的脆性破坏事故。后来人们通过除去钢中有害杂质，在低碳钢中加入少量合金元素如Ni、Mn等，制成合金元素总量不超过5%的低温合金钢，有效克服了钢材在低温下发生脆性破坏的问题。

图6.8　低温合金三通

目前，人们已研究出可耐不同低温、有不同用途的多种低温材料，如镍钢、奥氏体不锈钢、钛合金、铝合金、铜合金等。这些低温合金可用于制造火箭、导弹和宇宙飞船的液氢、液氧及其他液体燃料储箱及输送管道，还可作制造超导发电机和电动机的构件材料，如图6.8所示。把铁镍铬不锈钢中镍、铬分别用锰、铝代替，可制成铁锰铝新合金钢，是一种在常温下有良好的加工性，在低温下强度、延伸率、耐冲击值都大的优秀材料。

4）形状记忆合金

20世纪60年代初，美国海军武器研究所为获得轻质、高强并耐海水腐蚀的结构材料，对钛镍合金进行了极为秘密的研究，研究中意外发现钛镍比例为1∶1时，弯曲的合金竟能自动恢复原来笔直的形状，也就是说这种合金能够记忆原来的形状，进一步研究表明，外界温度的提高是引起试样恢复原状的原因。后来人们将金属材料在发生塑性变形后(材料受外力作用达到一定程度后，当外力消失后留下的永久变形就是塑性变形)，经加热到某一温度之上，能够恢复到变形前形状的现象，叫作形状记忆效应，将具有形状记忆效应的合金称为形状记忆合金。

记忆合金在某一温度下能发生形状变化的特性，是由于合金中存在着一对可逆变的晶体结构的原因。例如，含Ti、Ni各50%的记忆合金，有菱形和立方体两种晶体结构。两种晶体结构之间有一个转化温度，高于这一温度时，由菱形变为立方结构；低于这一温度时，则向相反方向转变。晶体结构类型的改变导致了材料形状的改变。目前已知的记忆合金有Cu—Zn—X(X=Si、Sn、Al、Ga)，Cu—Al—Ni，Cu—Au—Zn，Ni—Ti(Al)，Fe—Pt(Pd)以及Fe—Ni—Ti—Co等。由于形状记忆合金具有特殊的形状记忆功能，被广泛地用于卫星、航空、生物工程、医药、能源和自动化等方面(图6.9)。

5）储氢合金

储氢合金是利用金属或合金与氢形成氢化物而把氢储存起来，储氢合金粉如图6.10所示。金属都是密堆积的结构，结构中存在许多四面体和八面体空隙，可以容纳半径较小的氢原子。在储氢合金中，一个金属原子能与2～3个甚至更多的氢原子结合生成金属氢化物。并不是每种储氢合金都能作为储氢材料，具有实用价值的储氢材料要求储氢量大，金属氢化物既容易形成，稍加热又容易分解，室温下吸、放氢的速度快，使用寿命长和成本低。

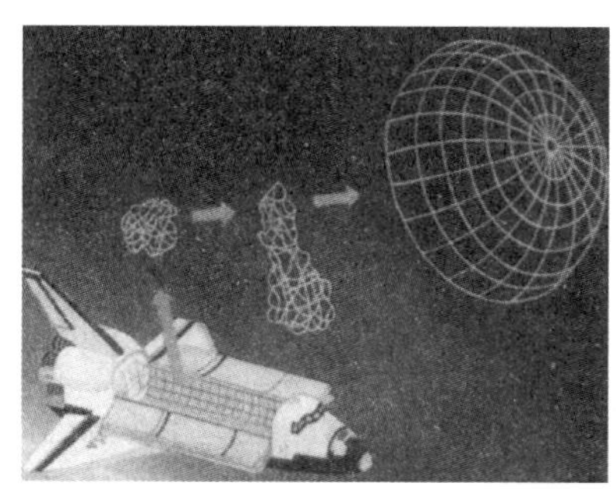

图6.9　月球上使用的形状记忆合金天线

图6.10　储氢合金粉

1968年美国首先发现Mg—Ni合金具有储氢功能，但要在250℃时才放出氢。随后相继发现Ti—Fe、Ti—Mn、La—Ni等合金也有储氢功能，La—Ni储氢合金在常温、0.152MPa下就可放出氢，可用于汽车、燃料电池等。目前正在研究开发的储氢合金主要有三大系列：镁系储氢合金，如MgH_2等；稀土系储氢合金，如$LaNi_5H_6$；钛系储氢合金，如TiH_2。

储氢合金用于氢动力汽车的试验已获得成功。随着石油资源逐渐枯竭，氢能源将代替汽油、柴油驱动汽车，可消除燃烧汽油、柴油产生的污染。储氢合金的用途不仅仅限于氢的储存和运输，它在氢的回收、分离、净化及对氢的同位素的吸收和分离等方面也有具体的应用。

【网络导航】

了解金属材料

材料的发展，标志着人类社会的历史进程。金属材料是进入工业社会后，人类用得最早、最多的材料。作为结构材料，开始时几乎全是铁和铜；20世纪初出现了以硬铝为首的铝合金；20世纪50年代起出现了只有钢一半重、耐热性比钢好而强度不低于钢的钛合金。下面给出在互联网上介绍新材料及其发展动态的一些网页及研究所的网址，希望能利用网上丰富的前沿科技资源，扩大视野和知识面，及时了解科技发展动态。

（1）中国著名的材料科学与工程研究基地，中国科学院金属研究所网，http：//www.imr.ac.cn/。

（2）稀土材料国家工程研究中心网，http：//www.grirem.com.cn/。

（3）IBM公司用STM展示的彩色原子与分子图网，http：//www.almaden.ibm.com/vis/stm/atomo.html。

（4）法国ILL研究所网，网址：http：//www.ill.fr/dif/3D-crystals/，其网站提供无机材料原子堆积的三维图像。

（5）中国科普博览网，http：//www.kepu.ac.cn/，在地球故事栏目下有矿物ABC、矿物大观等栏目。

6.2 无机非金属材料

6.2.1 无机非金属材料概述

无机非金属材料又称陶瓷材料，指由各种金属元素与非金属元素形成的无机化合物和非金属单质材料，其有悠久的历史，近几十年来，得到飞速发展，主要包括传统无机非金属材料（又称传统陶瓷）和新型无机非金属材料（又称精细陶瓷材料）。前者指以硅酸盐化合物为主要成分制成的材料，主要是烧结体，如玻璃、水泥、耐火材料、建筑材料和搪瓷等；后者的成分除了氧化物外，还有氮化物、碳化物、硅化物和硼化物等，可以是烧结体，还可以做成单晶、纤维、薄膜和粉末，具有强度高、耐高温、耐腐蚀，并有声、电、光、热、磁等多方面的特殊功能，是新一代的特种陶瓷，用途极为广泛。

目前已知的非金属元素除氢外都集中在周期表的右上方，以硼、硅、砷、碲、砹为界。非金属元素虽然仅占元素总数的1/5，但在自然界的总量却超过了3/4。空气和水完全由非金属组成，地壳中氧的质量分数为49.13%，硅的质量分数为29.50%。因此，非金属化学的涵盖面很大，非金属材料的应用范围也很广。

6.2.2 传统无机非金属材料

传统无机非金属材料的主要成分是硅酸盐，自然界存在大量的天然硅酸盐，如岩石、砂子、黏土、土壤等，还有许多矿物如云母、滑石、石棉、高岭石、石英等，都属于天然硅酸盐。此外，人们为了满足生产和生活的需要，生产了大量人造硅酸盐，主要有玻璃、水泥、砖瓦、水玻璃等。硅酸盐制品性质稳定、熔点较高、难溶于水，有很广泛的用途。

硅酸盐制品一般是以黏土(高岭石)、石英和长石为原料。黏土的化学组成为 $Al_2O_3 \cdot 2SiO_2 \cdot 2H_2O$、石英为 SiO_2、长石为 $K_2O \cdot Al_2O_3 \cdot 6SiO_2$(钾长石)或 $Na_2O \cdot Al_2O_3 \cdot 6SiO_2$(钠长石)。这些原料中都含有 SiO_2，因此在硅酸盐晶体结构中，硅与氧的结合是最重要的。

1. 建筑凝胶材料

1) 水泥

水泥是硅酸盐工业制造的最重要材料之一，大量应用于建筑业。将黏土和石灰石调匀，放入旋转窑中于1500℃以上温度烧成熔块(水泥熟料)，再混入少量石膏，磨成细粉即得硅酸盐水泥。硅酸盐水泥熟料的矿物组分及其大致含量见表6-1。

表6-1 硅酸盐水泥熟料的矿物组分及其大致含量

组　分	化学式	符　号	质量分数(%)
硅酸三钙	$3CaO \cdot SiO_2$	C_3S	37～60
硅酸二钙	$2CaO \cdot SiO_2$	C_2S	15～37
铝酸三钙	$3CaO \cdot Al_2O_3$	C_3A	7～15
铁铝酸四钙	$4CaO \cdot Al_2O_3 \cdot Fe_2O_3$	C_4AF	10～18

在具体的施工过程中，水泥、沙子与适量水调和成的浆料具有可塑性，可夹在砖块或石料间将其胶结为墙体等。随着时间的推移，水分的逸散使砂浆失去可塑性，其硬度和强度逐渐增强，最后成为石状固体。水泥砂浆与碎石混合而成的混凝土可供建造路桥、涵洞、住宅等，以钢筋为骨架的混凝土结构称为钢筋混凝土结构。

除普通硅酸盐水泥外，还有高铝水泥和耐酸水泥等特种水泥。与普通硅酸盐水泥相比，高铝水泥中CaO含量低而 Al_2O_3 含量高，具有抗寒耐温、快硬早强等特点，用于建造窑炉、紧急抢修、海上作业等特殊工程。耐酸水泥主要由磨细的石英砂与具有高度分散表面的活性硅土物质混合而成。耐酸水泥加入硅酸钠溶液形成可塑性浆状物，主要用做耐酸设备中的黏结料，可抵抗除氢氟酸以外的所有酸的侵蚀。

2) 石灰

石灰石 $CaCO_3$，在910℃时发生热分解，分解产物CaO俗称生石灰。生石灰与水作用变成熟石灰或称消石灰 $Ca(OH)_2$，同时放出大量的热。

含有过量水的石灰膏置于空气中会逐渐硬化。硬化过程主要有两种作用：①水分不断蒸发，溶液中 $Ca(OH)_2$ 达过饱和后析出晶体；② $Ca(OH)_2$ 吸收空气中的 CO_2，生成难溶的固体 $CaCO_3$。石灰膏硬化时因体积收缩较大而出现干裂，因此，在使用时常加入沙土、纸筋等材料以防缩裂。作为最常用的无机胶凝材料之一，石灰广泛用于建筑业。例如用石灰乳粉刷混凝土墙面；用石灰制成灰土加强地基等。

3) 石膏

天然石膏又称二水石膏，主要成分是 $CaSO_4 \cdot 2H_2O$。天然石膏在107～170℃范围内加热会失水生成建筑石膏或称为β型半水石膏($CaSO_4 \cdot 1/2\ H_2O$)：

$$CaSO_4 \cdot 2H_2O = CaSO_4 \cdot \frac{1}{2}H_2O + \frac{3}{2}H_2O$$

建筑石膏加水拌和并与水结合成二水石膏($CaSO_4 \cdot 2H_2O$)：

$$CaSO_4 \cdot \frac{1}{2}H_2O + \frac{3}{2}H_2O = CaSO_4 \cdot 2H_2O$$

由于二水石膏的溶解度比半水石膏小，所以半水石膏不断变成二水石膏并逐渐硬化，达到一定的强度。建筑石膏比石灰更加洁白、细腻，广泛用于室内墙体抹灰、粉刷和装修。此外，用它做成的石膏板具有质轻、隔热、防水、加工方便等优点，应用广泛。

2. 耐热高强材料

1）工业耐火材料

耐火材料一般是指在不低于1580℃的高温下，能耐气体、熔融金属、熔融炉渣等物质的侵蚀，而且有一定机械强度的无机非金属固体材料，如图6.11所示。根据耐火程度的高低，可将耐火材料分为普通耐火材料(1580～1770℃)，高级耐火材料(1770～2000℃)和特级耐火材料(大于2000℃)。常用耐火材料的主要组分是高熔点氧化物，故也可根据氧化物的化学性质，将其分为酸性、中性和碱性耐火材料。

酸性耐火材料的主要组分是SiO_2等酸性氧化物；碱性耐火材料的主要组分是MgO和CaO等碱性氧化物；中性耐火材料的主要组分是Al_2O_3和Cr_2O_3等两性氧化物。选用耐火材料时必须注意耐火温度及应用环境的酸碱性。

2）高温结构材料

高温结构材料也称为高温结构陶瓷，在工业生产和工程实践中有重要作用，如图6.12所示。高致密的氮化硅(Si_3N_4)、碳化硅(SiC)等无机非金属材料，耐高温、抗氧化，在高温下不易变形，是很好的高温结构材料，可用作汽车发动机、航天器喷嘴、燃烧室内衬和高温轴承等。

图6.11　耐火材料

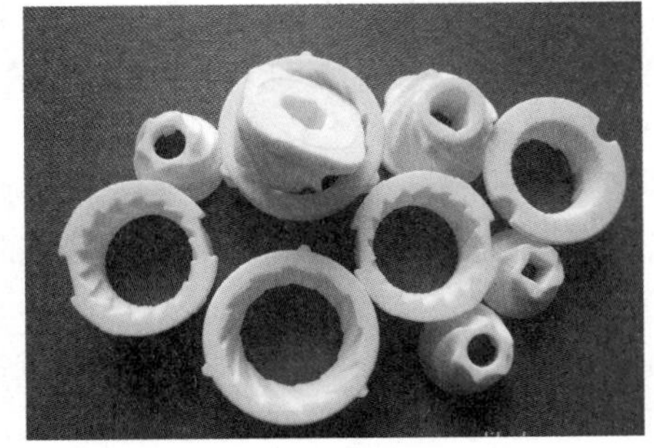

图6.12　高温结构材料

汽车发动机一般用铸铁铸造，耐热性有一定限度。由于需要冷水冷却，热能散失严重，热效率只有30%左右。如果用高温结构材料Si_3N_4制成陶瓷发动机，发动机的工作温度能稳定在1300℃左右，由于燃料燃烧充分而且不需要水冷系统，使热效率明显提高。陶瓷发动机还可减轻质量，此优点对航空航天器意义更大。

3. 玻璃装饰材料

普通玻璃(又称钠玻璃)是将石英砂、石灰石、纯碱等混合后在高温熔化、成形、冷却，

制得的质地硬而脆的透明物体，其主要成分是 SiO_2、Na_2O 和 CaO，制作玻璃的主要反应为

$$6SiO_2 + CaCO_3 + Na_2CO_3 = Na_2O \cdot CaO \cdot 6SiO_2 + 2CO_2$$

这种熔体称作玻璃态物质，没在固定的熔点，而是在某一温度范围内逐渐软化。在软化状态时，可将玻璃制成各种形状的制品，如建筑玻璃饰品、玻璃瓶、化学玻璃仪器等。在普通玻璃中加入有颜色的金属氧化物，可制成有色玻璃。例如，加入 CoO 的玻璃呈蓝色；加入 Cr_2O_3 的玻璃呈绿色；加入 MnO_2 的玻璃呈紫色；加入 Cu_2O 的玻璃呈红色。在钠铝硼硅酸盐玻璃中加入卤化银等感光剂，玻璃不仅有色，而且具有光色互变性能：受到光照时颜色变暗、停止光照又恢复为原来的颜色；用铅代替普通玻璃中的钙，便可制得高折射率的光学玻璃，用来制造光学仪器和射线保护屏；用纯 SiO_2 制成的石英玻璃具有透射紫外线的特性，可用作紫外分光光度计的透射窗和吸收池等。

【五彩玻璃“芯”】

改变玻璃的成分或对玻璃进行特殊处理，还可制成不同性能的玻璃。除上述与光和色有关的特殊玻璃外，还有钢化玻璃、微晶玻璃(图 6.13)、微孔玻璃、导电玻璃、生化玻璃等。

图 6.13 微晶玻璃台盆

6.2.3 新型无机非金属材料

1. 半导体材料

半导体是指导电性能介于金属和绝缘体之间的物质。与金属依靠自由电子导电不同，半导体的导电是借助载流子(电子和空穴)的迁移来实现的。半导体材料按其化学成分可分为单质半导体和化合物半导体；按其是否含有杂质分为本征半导体和杂质半导体。处于元素周期表 p 区金属与非金属交界处的元素单质一般都具有半导体性质，但最具有实用价值的单质半导体是 Si 和 Ge。

在电子工业中，使用最多的是杂质半导体，通过选择性的掺入杂质，改变半导体的导电形式，达到对杂质半导体电导率的控制与调节。根据对导电性的影响，杂质半导体可分为两种：①载流子是电子的半导体称为电子半导体或 n 型半导体(n 是 negative 的字头，表示电子带负电)；②载流子是空穴的半导体称为空穴半导体或 p 型半导体(p 是 positive 的字头，表示空穴带正电)。如果将 p 型与 n 型半导体接触，组成 p—n 结，利用其形成的接触电势差，可对交变电源电压起整流作用，或对信号起放大作用。整个晶体管技术就是在 p—n 结的基础上发展起来的。

杂质半导体的电导率比本征半导体要高得多。例如 25℃时，纯 Si 的本征电导率是 10^{-4}S/m，通过适当掺杂，其电导率可增加几个数量级。掺杂的意义不仅是提高电导率，更重要的是掺杂丰富了半导体的种类，扩大了半导体的应用，使半导体在不同领域作为功能材料起到了独特的作用。把各种类型的半导体适当组合，可制成各种晶体管和小型化的集成电路，广泛用于电子计算机、电视机、通信设备和雷达等。此外，利用半导体电导率随温度升高而迅速增大的特点，可制成各种热敏电阻，广泛用于测量温度。利用光照能使半导体电导率大大增加的性质，可制造光敏电阻，用于自动控制、遥感、静电复印等。利

用半导体中载流子的密度随温度改变而发生显著变化的特点，可制成半导体制冷装置。利用温差能使不同半导体材料间产生温差电势的特点，可以制作热电偶等。

由两种不同半导体材料所组成的 p－n 结，称为异质结。两种或两种以上不同材料的薄层周期性的交替构成超晶格。两个同样的异质结背对背接起来，构成一个量子阱。半导体异质结、超晶格和量子阱材料统称为半导体微结构材料。近 20 年来，半导体微结构材料的出现，改变了人们设计电子器件的思想，开辟了半导体材料更广阔的应用前景。

2. 光导纤维

图 6.14 光导纤维

【光导纤维】

光通信中使用的纤维称为光导纤维，简称光纤，如图 6.14 所示。光纤是近几十年发展起来的新型材料。

石英光纤是最具实用价值的光纤，已广泛用于各种通信系统。石英光纤的主要成分为 SiO_2，还要添加少量的 GeO_2、P_2O_5 及 F 等控制光纤的折射率。这种光纤原材料资源丰富，化学性能极其稳定，除氢氟酸外，对各种化学试剂有较强的耐蚀性及优异的长期可靠性，而且生产技术先进，因此已实际应用在各种通信线路上。

目前光纤最大的应用是在通信上，即光纤通信。光纤通信信息容量很大，如 20 根光纤组成的像铅笔一样大小的一支光缆每天可通话 76200 人次，而直径 3in（1in＝25.4mm）、由 1800 根铜线组成的电缆每天只能通话 900 人次；另外光纤传输的光损失小，约为 0.2d/km，因此失真度小，通信质量高，用最新的氟玻璃制成的光导纤维可以把光信号传输到太平洋彼岸而不需任何中继站。此外，光纤通信具有质量轻、抗干扰、耐腐蚀等优点，而且保密性好，原材料丰富，可大量节约有色金属(每公里可节省 1.1t 铜)。光纤通信与数字技术及计算机结合起来，起到部分取代通信卫星的作用。因此光纤是一种极为理想的通信材料，光缆的铺设使全世界通信进行了一次革新，对现代信息社会做出了巨大的贡献。

【透明陶瓷材料】

3. 生物陶瓷

人体器官和组织需要修复或再造时，选用的材料要求生物相容性好，对肌体无免疫排异反应；血液相容性好，无溶血、凝血反应；不会引起代谢作用异常现象；对人体无毒，不会致癌。目前，生物合金、生物高分子和生物陶瓷能满足这些要求。但生物合金植入体内，三五年后便会出现腐蚀斑，且会有微量金属离子析出；生物高分子材料做成的人工器官容易老化；相比之下，生物陶瓷是惰性材料，耐腐蚀，更适合植入体内。

Al_2O_3 陶瓷做成的假牙与天然齿十分接近，还可以做人工关节用于很多部位，如膝关节、肘关节、肩关节等。ZrO_2 陶瓷的强度、断裂韧性和耐磨性比 Al_2O_3 陶瓷好，也可用以制造牙根、骨和股关节等。陶瓷材料的最大弱点是脆性，韧性不足，这也严重影响了其作为人工人体器官的推广应用。

4. 超硬陶瓷

超硬陶瓷是较硬质合金性能更为优异的硬质材料，如金刚石、宝石、立方氮化硼等，可作为高速切削刀具，切削高硬难加工材料。

人造金刚石因其具有高硬度在工业上作硬质刀具和拔丝用模具，工业用金刚石主要来源于人工合成，其硬度和强度不亚于天然金刚石。碳化硅晶体结构也和金刚石相似，可以看作金刚石晶体中一半碳原子被硅原子取代而形成的共价晶体，熔点高达3100K，硬度接近于金刚石，又称金刚砂。碳化硅晶体呈蓝黑色，发珠光，化学性质稳定，工业上常用作磨料(如制造砂轮和磨石的摩擦表面)。自然界中以晶体存在的氧化铝称为人造宝石——刚玉，其硬度仅次于金刚石和金刚砂。人造宝石也常作耐磨材料，用于仪器、仪表的轴和手表中的钻石。

5. 纳米陶瓷

从陶瓷材料发展的历史来看，经历了三次飞跃。由陶器进入瓷器是第一次飞跃；由传统陶瓷发展到精细陶瓷是第二次飞跃。在此期间，不论是原材料，还是制备工艺、产品性能和应用等许多方面都有长足的进展和提高，然而对于陶瓷材料的致命弱点：脆性问题还没有得到根本的解决。精细陶瓷粉体的颗粒较大，属微米级(10^{-6}m)，有人用新的制备方法把陶瓷粉体的颗粒加工到纳米级(10^{-9}m)，用这种超细粒子制造新一代纳米陶瓷，是陶瓷材料的第三次飞跃。纳米陶瓷(图6.15、图6.16)具有延伸性，有的甚至出现超塑性。如室温下合成的TiO_2陶瓷，可以弯曲，其塑性变形高达100%，韧性极好。因此人们寄希望于发展纳米技术去解决陶瓷材料的脆性问题。纳米陶瓷被称为是21世纪陶瓷，是材料科学最重要的研究方向之一。

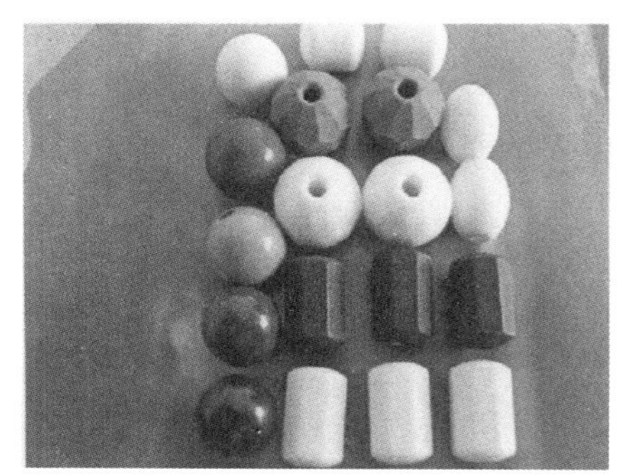

图6.15 纳米陶瓷材料

图6.16 纳米陶瓷刀

6. 超导陶瓷

1911年，荷兰物理学家昂尼斯(H. K. Onnes)偶然发现在液氦温度(4.2K)下，汞电阻突然消失的现象，他把这种零电阻现象称为超导电性。物质电阻突然消失时的温度称为转变温度或临界温度，用T_c表示。

在一定温度下具有超导电性的物体称为超导体。超导体的电阻为零意味着电能在产生和输送的过程中将无电阻损耗，具有广阔的应用前景。然而超导材料的T_c太低限制了其普遍应用，因此提高材料的超导转变温度

【神奇的超导】

是科学家们努力的方向。

1986 年 4 月，美国 IBM 公司瑞士苏黎世实验室的科学家们发现，钡镧铜氧化物陶瓷材料具有超导性，转变温度为 35K，是超导材料研究上的一次重大突破，开拓了混合金属氧化物超导体的研究方向，他们因此获得了 1987 年的诺贝尔物理学奖。接着中国科学院首次公布了临界温度 T_c 高于液氮(77K)的钡钇铜氧体系，其 T_c 为 93K，这一发现被誉为超导研究史上“划时代的成就”。1993 年 4 月，中国和瑞士科学家合作制备的汞钡铜氧化物，T_c 为 133.5K，这是一种创世界纪录的超导材料，被认为是近几年超导研究领域的重大突破。

【功能转换材料】

超导研究引起各国的重视，一旦室温超导体达到实用化、工业化，将对现代科学技术产生深刻的影响。例如，用超导材料做成超导电缆输电，在输电线路上的损耗将降为零，节约了电能，此外在超导发电机、磁悬浮高速列车、可控热核聚变等方面还有较多的应用。

【网络导航】

进入材料科学大世界

材料是人类文明的物质基础，新材料是高技术发展的基础和先导，每一项重大新技术发现，往往都依赖于新材料的发展。因此，材料科学是我国最重要的研究领域之一。随着科学技术日新月异的发展，相应的网络信息也越来越丰富，出现了独立的网站，如：

(1) 中国科学院纳米科技网，http://www.casnano.net.cn/。

(2) 玻璃科学与特种玻璃纤维研究所网，http://www.quartz.net.cn，有玻璃、石英玻璃、特种纤维等栏目。

(3) 中国科学院上海光学精密机械研究所网，http://www.siom.ac.cn/有科研成果、论文论著等栏目。

(4) 中国科技在线网，http://www.chinatech.com.cn，有科技法规、科技资讯、科技成果等栏目。

(5) 北方技术网，http://www.ntem.tj.cn，点击该主页中科技简讯目录下的科技聚焦，可浏览一些科技最新成果。

(6) 高分子网，http://plc.cwru.edu/tutorial/enhanced/main.htm，由 Case Western Reserve University 维护的高分子与液晶的虚拟教材与实验网站；网址：http://www.pslc.ws/mactest/main.htm，有关高分子材料在日常生活中使用的网站，按到处是高分子、生活中的高分子、高分子如何工作等 6 个层次介绍。

(7) 材料大全网，http://www.azom.com/materials.asp。

6.3 高分子材料

高分子材料是一类合成材料，主要有塑料、纤维、橡胶、涂料和胶粘剂等。这类材料有优异的性能，如较高的强度、优良的塑性、耐腐蚀、不导电等，其发展速度较快，大大超过了铜铁、水泥和木材等传统三大基本材料。合成具有特殊性能的功能高分子材料是其发展方向。

6.3.1 高分子化合物概述

1. 高分子化合物的概念

高分子化合物是由成千上万个小分子化合物通过聚合反应连接而成的，也称聚合物或高聚物。高分子化合物的相对分子量很大，可自几万到几十万、几百万、甚至几千万。尽管分子量巨大，但化学组成并不复杂，其分子都是由简单的结构单元重复连接而成的。例如聚氯乙烯的结构式为：$\left[CH_2-\underset{\displaystyle Cl}{\underset{|}{C}}H\right]_n$，它是由许多结构单元 $-CH_2-\underset{\displaystyle Cl}{\underset{|}{C}}H-$ 重复连接而成的，这种重复结构单元称为“链节”，重复的次数 n 称为“聚合度”。一般聚合物的聚合度约几百到几千。合成高分子化合物所用的低分子原料称为单体，如氯乙烯是聚氯乙烯的单体。单体可以是一种、两种或两种以上。

2. 高分子化合物的命名

高分子化合物的命名有系统命名法和通俗命名法。系统命名法很少采用，这里只简介通俗命名法。

天然高分子化合物常用其俗名，如纤维素、淀粉、蛋白质等。而合成高分子化合物常按合成方法、所用原料或高聚物的用途来命名。如由一种单体通过加聚而成的高分子，命名时只需在单体前加一“聚”字，如聚氯乙烯、聚苯乙烯等。由两种单体缩聚而成的高分子，在缩聚后的单体前加“聚”字，如己二胺和己二酸缩聚而成的聚合物称为聚己二酰己二胺；由对苯二甲酸和己二醇缩聚得到的聚合物称为聚对苯二甲酸己二酯。也有在两种原料缩写的名称后加“树脂”来命名的，如苯酚和甲醛合成的聚合物称酚醛树脂。有些高分子化合物常使用习惯名称或商品名称及简写代码，如聚甲基丙烯酸甲酯，商品名称为有机玻璃，简写代号：PMMA。

3. 高分子化合物的性能

1）质轻

聚合物一般比金属轻，相对密度在 $1\sim2g/cm^3$，比水轻，是非常好的救生材料。在满足使用强度的条件下，可用高分子材料代替金属材料，减轻自重。

2）强度高

聚合物的机械强度，如抗拉、抗压、抗弯、抗冲击等，主要取决于材料的聚集状态、聚合度、分子间力等因素。聚合度越大，分子间作用力就越大，以致超过了化学键的键能。因此，聚合物具有良好的机械强度。如果分子链的极性强，或有氢键存在，聚合物的强度会非常高，有的甚至超过钢铁和其他金属材料。例如，玻璃钢的强度比合金钢大 1.7 倍，比铝大 1.5 倍，比钛钢大 1 倍。

3）可塑性

线形聚合物受热达一定温度后，会逐渐变软并最终成为黏性流体状态，因而具有良好的可塑性。由于软化过程需要经过一个较长的时间和温度间隔，为聚合物的加工成形带来很大方便，能耗远远低于金属材料的机械加工。这也是聚合物材料获得广泛应用的原因之一。

4）电性能

由于聚合物的分子链是原子以共价键结合起来的，分子既不能离解，也不能在结构中传递电子，所以高分子材料具有绝缘性，电线的包皮、电插座等都是用塑料制成。此外，高分子对多种射线如 α、β、γ 和 X 射线有抵抗能力，可以抗辐射。

5）耐腐蚀性

高聚物的化学反应性能较差，对化学试剂比较稳定，所以一般具有耐酸、碱腐蚀的特性。高聚物普遍可用作耐腐蚀材料，其原因主要是共价键结合牢固，不易破裂。例如，具有“塑料王”之称的聚四氟乙烯在王水中煮沸也不会变质，是优异的耐腐蚀材料。

4. 高分子化合物的分类

高分子化合物的种类很多，按来源分可分为天然高分子化合物、合成高分子化合物和天然改性高分子化合物。天然高分子化合物直接来自动、植物体内，如纤维素、蛋白质、淀粉、天然橡胶等，改变其组成、结构，可使其性能得到改善，得到天然改性高分子化合物，如天然橡胶经硫化可改善其使用性能；天然纤维经硝化可制得人造纤维、清漆等。对高分子材料进行改性研究，是高分子科学和材料领域的一个重要方向。合成高分子化合物的品种最多、应用也最广，按性能分为传统高分子材料、功能高分子材料、高分子智能材料。

6.3.2 传统高分子材料

传统高分子材料根据力学性能和使用状态可以分为塑料、橡胶、纤维、涂料和胶黏剂五类。各类聚合物之间无严格的界限，同一聚合物，采用不同的合成方法和成形工艺，既可制成塑料，也可制成纤维，如尼龙等。

1. 塑料

塑料是指在加热、加压下可塑制成形、常温下能保持固定形状的合成高分子材料。塑料最基本、最主要的成分是树脂，其决定着塑料的类型与主要性能。根据树脂受热后性能的不同将塑料分为热塑性塑料和热固性塑料。热塑性塑料是指固化成形后受热可再次软化熔融重塑的塑料，如聚乙烯等。热固性塑料是指固化成形后受热不能再次熔融成形的塑料，如环氧树脂等。按性能和用途不同，塑料可分为通用塑料、工程塑料、特种塑料和增强塑料。

通用塑料产量大、用途广、价格低，其中聚乙烯、聚氯乙烯、聚丙烯和聚苯乙烯的产量占全部塑料产量的80%，以聚乙烯的产量最大。工程塑料是作为工程材料和替代金属的塑料，要求有优良的机械性能、耐热性和尺寸稳定性，主要有聚甲醛、聚碳酸酯、ABS 树脂等。如聚甲醛的力学、机械性能与铜、锌相似，用它做汽车上的轴承，使用寿命比金属的长一倍；聚碳酸酯不但可代替某些金属，还可代替玻璃、木材和合金等，做各种仪器的外壳、自行车车架和高级家具等。目前，工程塑料已广泛用于机电、建材、运输等部门。特种塑料是指在高温、高腐蚀或高辐射等特殊条件下使用的塑料，它们主要用在尖端技术设备上。例如，聚四氟乙烯具有优异的绝缘性能，抗腐蚀性特别好，能耐高温和低温，可在 −200～250℃范围内长期使用，在宇航、化工、电器、医疗等工业部门都有广泛的应用。图 6.17 所示为聚氯乙烯板。

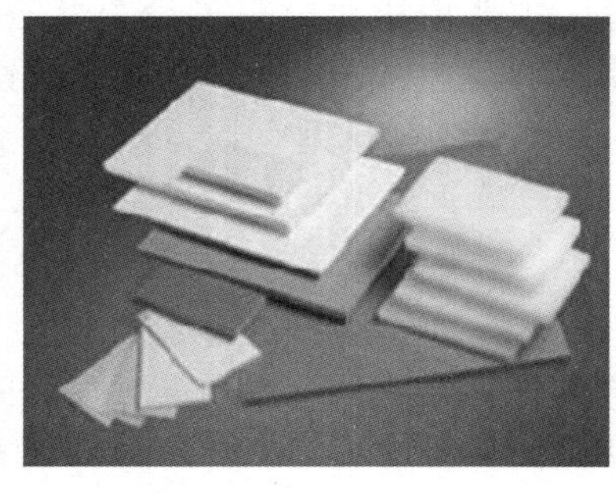

图 6.17　聚氯乙烯板

塑料汽车、坦克

1998年美国克莱斯勒汽车公司宣布，他们以对苯二甲酸乙酯(PET)为原料，研制出一种新型塑料汽车车身。车身只需六大部分组成，而一般金属车身需80多个部件；塑料车身造价降低一半，且不用油漆；还可采用旧塑料生产，因此可视为环保汽车。

2001年初，英国科学家研制出用环氧树脂和玻璃钢为主要材料制成的坦克，其抗打击能力并不比金属坦克差。由于是塑料制成的，所以雷达几乎对它不起作用，因而具备完全的隐身功能。其质量轻，约为24t，比同等个头的装甲坦克轻10t，其速度更快，每小时可行80km，机动性大为增强，燃料消耗也更低，从而可大大减少后勤补给的压力，并且可用直升机快速部署到战场上。在战场上塑料比钢铁更易修复，对乘员更安全，不用担心坦克被击中后金属碎片飞溅伤人。

2. 纤维

纤维分为天然纤维和化学纤维两大类。棉、麻、丝、毛属天然纤维。化学纤维又可分为人造纤维和合成纤维。人造纤维是以天然高分子纤维素或蛋白质为原料，经过化学改性而制成的，如黏胶纤维(人造棉)、醋酸纤维(人造丝)、再生蛋白质纤维等。

合成纤维是以煤、石油、天然气等为原料，用化学方法合成各种树脂，再通过拉丝工艺获得的纤维。合成纤维的品种很多，最重要的品种是聚酯(涤纶)、聚酰胺(尼龙、锦纶)、聚丙烯腈(腈纶)，它们占合成纤维总产量的90%以上。此外，还有聚乙烯醇缩甲醛(维纶)、聚丙烯(丙纶)、聚氯乙烯(氯纶)等。图6.18所示为聚丙烯腈纤维。

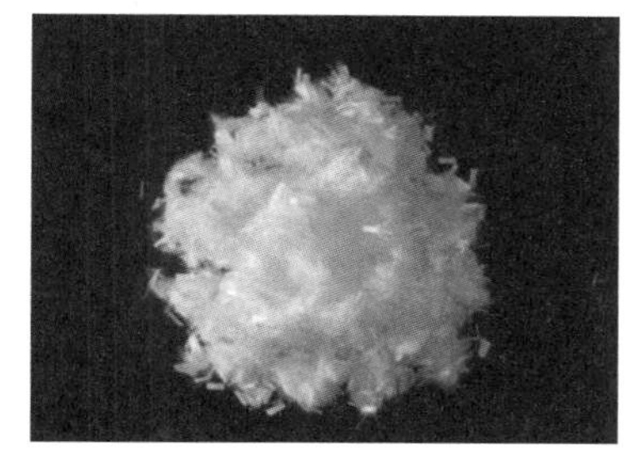

图6.18　聚丙烯腈纤维

合成纤维一般都具有强度高、弹性大、耐磨、耐化学腐蚀等特点，广泛用作衣料等生活用品，在工农业、交通、国防等部门也有许多重要应用。例如，用锦纶帘子线做的汽车轮胎，其寿命比一般天然纤维高出1～2倍，并可节约橡胶用量20%。

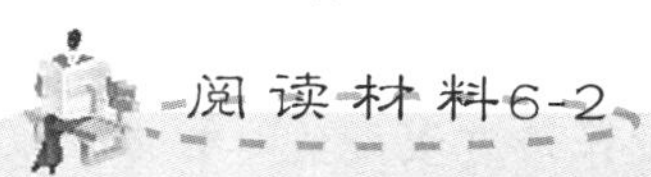

乳酸纤维——不必拆除的缝合线

化纤材料耐水性好，但有时极易水解的纤维在医学领域反而受到重视。例如，聚乳酸纤维用于外科缝合线，当伤口愈合后不必拆线。因为在生物体内它被水解为乳酸，然后参加到正常的代谢循环中，被排出体外，反应式如下。

$$\underset{\text{乳酸纤维}}{-\mathrm{O}-\overset{\overset{\displaystyle \mathrm{CH_3}}{|}}{\mathrm{CH}}-\mathrm{CO}-} \xrightarrow{\mathrm{H_2O}} -\mathrm{O}-\overset{\overset{\displaystyle \mathrm{CH_3}}{|}}{\mathrm{CH}}-\mathrm{COOH}+\mathrm{HO}-\overset{\overset{\displaystyle \mathrm{CH_3}}{|}}{\mathrm{CH}}-\mathrm{CO}- \xrightarrow{\mathrm{H_2O}} \underset{\text{乳酸}}{\mathrm{HO}-\overset{\overset{\displaystyle \mathrm{CH_3}}{|}}{\mathrm{CH}}-\mathrm{COOH}}$$

3. 橡胶

【不会燃烧的漆】

通常将处于高弹态的有机聚合物称为橡胶，橡胶包括天然橡胶和合成橡胶。天然橡胶来自热带和亚热带的橡胶树。由于橡胶在工业、农业、国防领域中有重要作用，因此它是重要的战略物资，这促使缺乏橡胶资源的国家率先研究开发合成橡胶。

世界橡胶产量中，天然橡胶仅占15%左右，其余都是合成橡胶。合成橡胶品种很多，性能各异，在许多场合可以代替甚至超过天然橡胶。合成橡胶可分为通用橡胶和特种橡胶。通用橡胶用量较大，如丁苯橡胶占合成橡胶产量的60%；其次是顺丁橡胶，占15%；此外还有异戊橡胶、氯丁橡胶、乙丙橡胶、丁基橡胶等。特种橡胶是在特殊条件下使用的橡胶，具有耐高温、耐低温、耐油、耐化学腐蚀等特点。硅橡胶是以硅原子取代主链中的碳原子形成的一种特种橡胶，其柔软、光滑，适宜做医用制品，能耐高温，可承受高温消毒而不变形。若将氟原子引入硅橡胶中，则可制得氟硅橡胶，是一种高弹性材料。

【科学家简介】

施陶丁格(1881—1965)：德国有机化学和高分子化学家，1940 年任德国弗赖堡大学高分子化学研究所所长。施陶丁格是高分子化学的创始人和奠基人，“高分子化合物”概念的首创人，预言了高分子化合物跟生物和人体的重要关系。他提出的施陶丁格定则，迄今仍为测定高分子化合物分子量的基本方法。其高分子理论直到现在仍是合成纤维、合成橡胶、塑料等高分子工业的理论基础。他是缩聚反应的发现者，第一个合成了能与天然橡胶媲美的人工橡胶，一生发表论文 600 多篇，代表作是《高分子有机化合物》。为了表彰施陶丁格在建立高分子科学上的伟大贡献，1953 年他被授予诺贝尔化学奖。

神奇的有机硅

硅氧链为主链，侧链上挂接各种不同性质的有机基团，这种十分特殊的分子结构，具有有机、无机双重属性。许多领域只要有有机硅介入就会发生神奇变化，护肤、护发品中加入有机硅可更有效地滋润皮肤、保护头发；计算机按键采用有机硅能耐百万次以上反复点击触摸；医疗上亦有独特功能，如腹腔手术后，内脏抹上硅油就可以解决困扰人类几百年的手术后肠粘连问题；食品中加入有机硅添加剂，食品便松软可口；包装袋中加入有机硅，食品保鲜期可成倍增加；建筑密封胶加入有机硅，使用寿命可由原来的 1～2 年延长至 12 年以上；汽车发动机采用有机硅橡胶减震垫（图 6.19)，可降低噪声 50%。有机硅分子式如下。

图 6.19　硅橡胶

$$-\overset{R_1}{\underset{R_2}{\mathrm{Si}}}-O-\overset{R_3}{\underset{R_4}{\mathrm{Si}}}-O-\overset{R_5}{\underset{R_6}{\mathrm{Si}}}-O-\overset{R_7}{\underset{R_8}{\mathrm{Si}}}-O-$$

6.3.3 功能高分子材料

在高分子的主链或支链上带有显示某种功能的官能团，可使高分子具有特殊的功能，满足光、电、磁、化学、生物、医学等方面的功能要求，这类高分子通称为功能高分子。功能高分子是高分子化学的一个重要分支，是近些年来高分子科学最活跃的研究领域，与新技术研究的前沿领域有密切的关系。功能高分子材料发展已有20多年历史，在许多领域中得到成功的应用。

1. 导电高分子

高分子具有绝缘性，这是由其结构决定的。20世纪70年代人们合成了聚乙炔，发现它有导电性。后来发现，将碘掺杂到聚乙炔中，电导率会大大提高。迄今为止，已知道聚吡咯、聚噻吩、聚噻唑、聚苯硫醚等都具有导电性，并受到了人们的高度重视，2000年的诺贝尔化学奖就颁发给了发现导电塑料的美国科学家艾伦·黑格、艾伦·马克迪尔米德和日本白川英树教授。针对导电高分子材料所进行的研究开发工作中，最显著的成果是用导电塑料做成的塑料电池已进入市场。塑料电池具有体积小，工作寿命长的特点。据报道美国已把导电高分子用在隐形飞机上。

美国朗讯科技(Lucent Technologies)公司首次发现一种导电高分子：聚噻吩在－235℃温度下电阻为零，成为超导体的塑料物质。虽然聚噻吩成为超导物质要求的温度非常低，但是科学家们认为，将来可以通过改变聚合物的分子构造来提高超导温度，使其在室温下成为超导物质。

表6－2列出了部分可用高分子材料制造的人造器官，除了脑、胃和部分内分泌器官外，人体中几乎所有器官都可用高分子材料制造。医用高分子绷带如图6.20所示。

图6.20 医用高分子绷带

表6－2 医用高分子材料及用途

人造器官	医用高分子材料
人造心脏	硅橡胶、聚氨酯橡胶
人造血管	聚氨酯橡胶、聚对苯二甲酸二乙酯
人造器官	有机硅橡胶、聚乙烯
人造肾	醋酸纤维素、聚酯纤维
人造鼻	有机硅橡胶、聚乙烯
人造肺	聚四氟乙烯、聚碳酸酯、聚丙烯
人造骨	聚甲基丙烯酸甲酯、酚醛树脂
人造肌肉	硅橡胶和涤纶织物
人造皮肤	硅橡胶、聚多肽

2. 可降解高分子

石油化工的飞速发展，导致塑料应用的广泛普及。由于合成高分子非常稳定，耐酸耐碱，不蛀不霉，将其埋入地下，上百年也不会腐烂。因此废弃的塑料已经成为严重的公害。

自 20 世纪 70 年代以来，世界上有许多国家开始研制可降解塑料，这种塑料在一定条件下，可以逐渐降解，直至最终成为二氧化碳和水，从而解决塑料废弃物的污染问题。目前已经研制开发出的可降解塑料主要有两类：光降解塑料和生物降解塑料。

光降解塑料是在制造过程中，其高分子链上每隔一定距离被添加光敏基团的塑料。其在人工光线的照射下是安全、稳定的，但是在太阳光(含有紫外线)的照射下，光敏基团就能吸收足够的能量而使高分子链在此断裂，将高分子长碳链分裂成较低分子量的碎片，这些碎片在空气中进一步发生氧化作用，降解成可被生物分解的低分子量化合物，最终转化为二氧化碳和水。

生物降解塑料是在高分子链上引入一些基团，以便空气、土壤中的微生物能使高分子长链断裂为碎片，进而将其完全分解。例如，淀粉、纤维素等天然高分子在酶作用下，发生水解生成水溶性碎片分子，这些碎片分子进一步氧化最终分解成二氧化碳和水。

生物降解塑料除了用于制作包装袋和农用地膜外，还可用作缓释载体，包埋化肥、农药、除草剂等。这些缓释载体在土壤中经生物降解，使化肥、农药、除草剂等包埋物逐步释放出来，使其效力更持久、更均匀。同理，生物降解塑料也可用作医药缓释载体，使药物在体内发挥最佳疗效。另外，用生物降解聚合物制成的外科用手术线，可被人体吸收，伤口愈合后不用拆线。

可降解塑料的问世只有一二十年的时间，但其发展势头却十分迅猛。可降解塑料的研制和生产已经具有相当规模，有些国家已经通过了禁止或限制使用非降解塑料的法规，随着人类对环境保护的意识不断增强，可降解塑料的应用将更为广泛。

3. 高吸水性高分子

号称“尿不湿”的纸尿片已进入市场，这种用高吸水性高分子做成的纸尿片，即使吸入 1000mL 水，依然滴水不漏，干爽通气。有的高吸水性高分子可吸收超过自重几百倍甚至上千倍的水，体积虽然膨胀，但加压却挤不出水来。这类奇特的高分子材料可用淀粉、纤维素等天然高分子与丙烯酸、苯乙烯磺酸进行接枝共聚得到，或用聚乙烯醇与聚丙烯酸盐交联得到。高吸水性高分子的吸水机制尚不清楚，可能与高分子交联后结构中立体网络扩充有关，如图 6.21 所示。高吸水性高分子是一种很好的保鲜包装材料，也适宜做人造皮肤，还可以利用其来防止土地沙漠化。

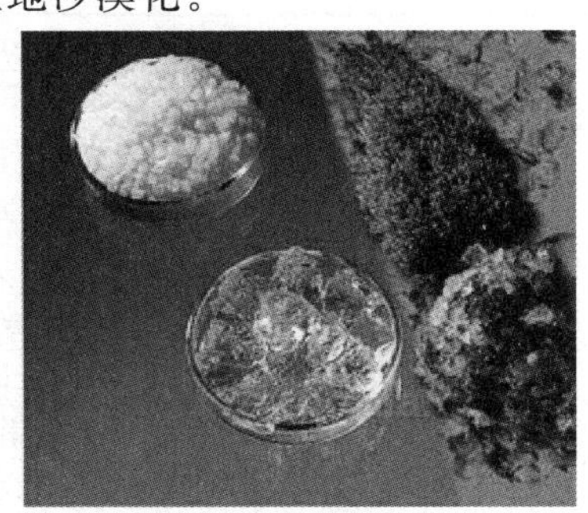

图 6.21　高吸水性高分子

6.3.4 高分子智能材料

【高分子智能材料】

目前在新材料领域中，正在形成一门新的分支学科——高分子智能材料，包括建筑智能材料、航空智能材料、医疗智能材料。

6.4 复合材料

复合材料是由两种或两种以上的不同材料组合而成的一种多相固体材料。近几十年来，由于科学技术，特别是尖端科学技术的迅猛发展，对材料性能的要求越来越高，传统的金属、陶瓷、高分子等单一材料在许多方面已不能满足需要。复合材料既能保持各组成材料原有的长处，又能弥补其不足。例如，金属材料易腐蚀，陶瓷材料易碎裂，高分子材料不耐热、易老化等缺点，都可以通过复合的手段加以改善或克服。复合材料可分为聚合物基复合材料、金属基复合材料和陶瓷基复合材料，可以根据对材料性能、结构的需要来进行设计和制造，得到综合性能优异的新型材料，为新材料的研制和使用提供了更大的自由度，具有广阔的应用前景。

6.4.1 基体材料和增强材料

复合材料的组分种类较多，但都有两大组分：基体材料，起黏结作用；增强材料，起增强作用。例如，在钢筋水泥中，钢筋是增强材料，水泥是基体材料。增强材料分散分布在整个连续的基体材料中，各相之间存在相界面。

1. 基体材料

基体材料可采用高分子聚合物、金属材料和无机非金属材料。基体材料的作用主要有三种：①把增强材料粘在一起；②向增强材料传递载荷和均衡载荷；③保护增强材料不受环境破坏。

高分子聚合物是使用最早、应用最广泛的基体材料，种类很多，应用最多的是热固性聚合物中的不饱和聚酯树脂、环氧树脂和酚醛树脂。近年来热塑性树脂发展很快，也已在应用上占有一定比例。目前用作复合材料基体的金属有铝及铝合金、镁合金、铁合金、镍合金、铜与铜合金、锌合金等。无机非金属材料也可以作为复合材料的基体材料，包括陶瓷、玻璃、水泥、石膏和水玻璃等。

2. 增强材料

在复合材料中，凡是能提高基体材料力学性能的物质均称为增强材料，又称增强体。按增强材料的形态不同可以分为纤维增强材料和颗粒增强材料两大类。

纤维增强材料是复合材料的支柱，其决定复合材料的各种力学性能；具有代表性的纤维增强材料有：玻璃纤维、碳纤维、石墨纤维、陶瓷纤维、金属纤维、晶须(纤维状单晶，有金属晶须和陶瓷晶须两种)、有机纤维等。颗粒增强材料除作为填料以降低成本外，同时也可改变材料的某些性能，起到功能增强的作用。如炭黑、陶土、粒状二氧化硅作为橡胶的增强剂，可使橡胶的强度显著提高。

6.4.2 聚合物基复合材料

聚合物基复合材料是指以高聚物为基体材料，连续纤维为增强材料复合而成的一大类材料。目前，聚合物基复合材料已经形成了一个庞大的体系，性能不断提高，应用领域日益扩大。

由于聚合物的黏接性好，可以把纤维牢固地黏接起来，使载荷均匀分布，使聚合物基复合材料具有许多优良特性。如力学性能出色，可与钢铁、铝等金属材料媲美；耐热性和减振效果提高；一次成形使工艺过程比较简单。

由于增强纤维和基体的种类很多，聚合物基复合材料有很多品种。如玻璃纤维增强塑料、碳纤维增强塑料、芳香族聚酰胺纤维增强塑料、碳化硅纤维增强塑料等。这里只介绍玻璃纤维和碳纤维增强塑料。

1. 玻璃纤维增强塑料

玻璃纤维增强塑料是指以玻璃纤维为增强材料，合成树脂为基体材料复合而成的复合材料，包括玻璃纤维增强热固性塑料和玻璃纤维增强热塑性塑料两大类。其突出特点是质量轻、强度高、耐腐蚀、绝缘性好，相对密度为1.6～2.0，比金属铝还要轻，强度有的比高级合金钢还高，因此俗称“玻璃钢”。

图6.22 玻璃纤维增强塑料电缆导管

玻璃钢的用途十分广泛，常用于制造飞机、火车、汽车、农机的零部件，轻型船舶的船体构件，电动机和电器的绝缘零件，化工设备和管道(图6.22)等。玻璃钢还具有保温、隔热、隔声、减振等性能，是一种理想的建筑材料，常被用作承力结构、冷却塔、水箱等。玻璃钢不受电磁作用的影响，不反射无线电波，微波透过性好，因此可用来制造扫雷艇和雷达罩。玻璃钢的缺点是刚性差、价格偏高。

2. 碳纤维增强塑料

碳纤维复合材料是20世纪60年代迅速发展起来的，碳纤维与合成树脂等基体结合即得到碳纤维增强塑料。碳纤维增强塑料质量比玻璃钢更轻，强度比玻璃钢更大。其在抗冲击、抗疲劳、自润滑性以及耐腐蚀、耐温等方面也有显著优点，如果采用碳纤维增强塑料制成长途客车的车身，质量是钢车身的1/4～1/3。碳纤维增强塑料的抗冲击强度也特别突出，不到1cm厚的碳纤维增强塑料板，在十步远的距离用手枪也不能将其射穿。

碳纤维增强塑料是火箭、人造卫星、导弹、飞机、汽车的机架和壳体等最理想的材料。因为质量比金属制品轻得多，可以节省大量的燃料。碳纤维增强塑料是目前最受重视的高性能材料之一，在航空航天、军事、工业、体育器材等许多方面有着广泛的用途。

6.4.3 金属基复合材料

金属基复合材料是以金属及其合金为基体，纤维、陶瓷颗粒及金属丝为增强材料复合而成的复合材料。与聚合物基复合材料相比，金属基复合材料的强度、硬度和使用温度更高，具有横向力学性能好、层间抗切强度高、不吸湿、不老化、导电、导热等优点。

金属陶瓷是由陶瓷粒子和黏接金属组成的非均质的复合材料。例如，用碳化物陶瓷粒子增强 Ti、Cr、Ni 等金属，得到金属陶瓷复合材料。这种复合材料的组成特点是用韧性的金属把耐热性好、硬度高但不耐冲击的陶瓷相黏接在一起，从而弥补了各自的缺点。这种金属陶瓷复合材料被称为硬质合金，目前已广泛应用于切削刀具材料。图 6.23 为连续碳化硅纤维增强钛基复合材料的风扇叶片，碳化硅纤维可使风扇叶片的强度提高 50%，硬度也比普通的钛合金高。

图 6.23 金属基复合材料风扇叶片

用碳纤维等高强度、高模量的纤维与金属及其合金(特别是轻金属)制成的金属基复合材料，既可保持金属原有的耐热、导电、传热等性能，又可提高材料的强度和模量，降低相对密度，是航空、航天等尖端技术的理想材料。

6.4.4 陶瓷基复合材料

陶瓷基复合材料是以陶瓷为基体材料，纤维或颗粒为增强材料复合而成的复合材料，如图 6.24 所示。陶瓷基复合材料具有高强度、高韧性和优异的耐高温性能及力学稳定性，是一类高性能的新型结构材料。

图 6.24 陶瓷基复合材料

典型的陶瓷基复合材料是纤维增强陶瓷。陶瓷材料耐高温、耐磨损且耐腐蚀性能优越，但其脆性的弱点限制了使用范围，采用纤维复合可以大大提高陶瓷的韧性和材料的抗疲劳性能。

陶瓷基复合材料具有广阔的应用前景。在高温材料方面，连续纤维增强陶瓷基复合材料已广泛应用于航天、航空领域。例如，用作防热板、发动机叶片、火箭喷管及导弹、航天飞机上的其他零件；在非航空领域，陶瓷基复合材料可应用于耐高温和耐腐蚀的发动机部件、切割工具、热交换管等方面。在防弹材料方面，陶瓷基复合材料是替代传统装甲钢的理想材料。

用碳或石墨作为基体，用碳纤维或石墨纤维作为增强材料可组成碳碳复合材料，这是一种新型特种工程材料。碳碳复合材料能承受极高的温度和加热速度，具有很好的耐热冲击能力，且尺寸稳定性和化学稳定性也好。目前，碳碳复合材料已用于高温技术、化工和热核反应领域中，在航天、航空中用于制造导弹鼻锥、超音速飞机的制动装置等。

6.5 纳米材料

6.5.1 纳米材料的概念

自从1984年德国的Gleiter成功制备出纳米块状金属晶体铁、钯、铜以来，对纳米材料的研究逐渐成为材料领域的一个热点。人们制备出了许多种类的纳米材料，并对其结构、性能及应用进行了大量深入的研究。

纳米是一种长度度量单位，1nm等于十亿分之一米，相当于头发丝直径的十万分之一。图6.25所示为纳米尺度与物体尺寸比较，纳米材料是指组成相或晶粒在任一维上小于100nm的材料，又称超分子材料，纳米材料按宏观结构分为纳米块、纳米膜及纳米纤维等；按材料结构分为纳米晶体、纳米非晶体和纳米准晶体；按空间形态分为零维纳米颗粒、一维纳米线、二维纳米膜、三维纳米块。

【纳米尺度与物体尺寸比较】

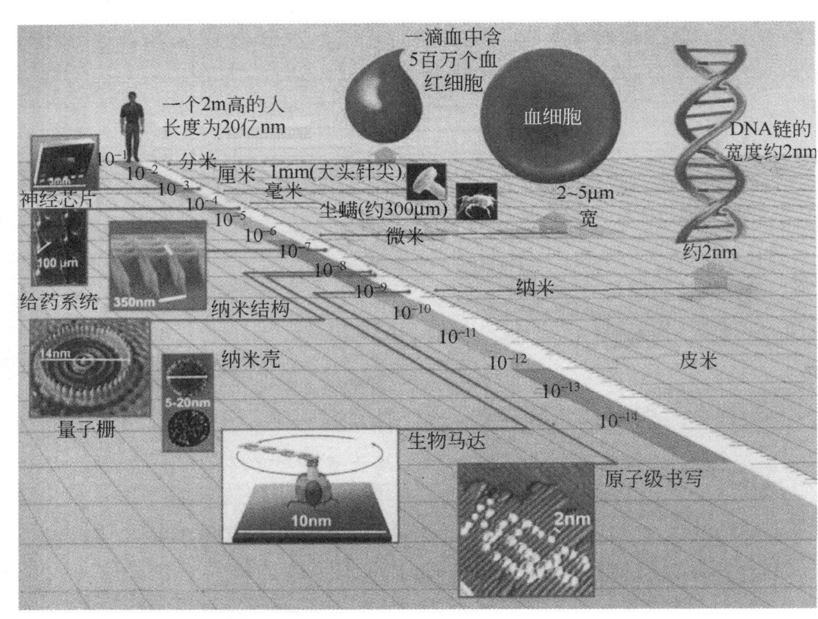

图6.25 纳米尺度与物体尺寸比较

6.5.2 纳米材料的特性

纳米微粒是由有限数量的原子或分子组成的、处于亚稳状态的原子团或分子团。当物质的尺寸减小时，其表面原子数的相对比例增大，使微粒的表面能迅速增大，当达到纳米尺度时，物质的结构和性能就会显现出奇异的效应，主要包括如下几方面。

1. 小尺寸效应

纳米材料中的微粒尺寸小到与光波波长、德布罗意波长以及超导态的相干长度等物理特征尺寸相当或更小时，晶体周期性的边界条件被破坏，非晶态纳米微粒表面层附近原子密度减小，使得材料的声、光、电、磁、热、力学等特性改变而产生新的特性的现象，称为纳米材料的小尺寸效应。例如，光吸收显著增加并产生等离子共振频移；磁有序态向磁无序态转变；超导相向正常相转变。人们曾用高倍电子显微镜对超细金颗粒(2nm)的结构进行观察，发现颗粒形态在单晶与多晶、孪晶之间进行连续转变，与通常的熔化相变不同。

小尺寸效应为实用技术开拓了新领域。例如，纳米尺度的强磁性颗粒(Fe－Co合金、氧化铁等)，当颗粒尺寸为单磁畴临界尺寸时，具有很高的矫顽力，可制作磁性信用卡、磁性钥匙、磁性车票，还可以制成磁性液体，广泛用于电声器件、阻尼器件和旋转密封、润滑、选矿等领域。纳米微粒的熔点可远低于块状金属，例如，2nm的金颗粒熔点为600K，块状金为1337K，此特性为粉末冶金提供了新工艺。

2. 表面效应

【隐身材料】

纳米材料的组成粒子尺寸小，且随着粒径减小，表面原子数迅速增加，粒子比表面积增大，每克粒径为1nm粒子的比表面积是粒径为100nm粒子比表面积的100倍。

表面原子数的增多，使原子配位不足，表面能高，表面原子极不稳定，很容易与其他原子结合。例如，纳米金属粒子在空气中会燃烧，无机纳米粒子暴露在空气中会吸附气体，并与气体进行反应。利用这一性质，人们可以通过使用纳米材料来提高材料的利用率和开发材料的新用途。例如，提高催化剂效率、吸波材料的吸波率、涂料的遮盖率等。

3. 量子尺寸效应

在纳米材料中，当组成粒子的尺寸下降到某一值时，金属费米能级附近的电子能级由准连续变为离散并使能级变宽的现象，称为纳米材料的量子尺寸效应。这一现象的出现使纳米银与普通银的性质完全不同，普通银为良导体，而纳米银在粒径小于20nm时却是绝缘体。

4. 宏观量子隧道效应

微观粒子具有的贯穿势垒能力，称为隧道效应。近年来，人们发现一些宏观量，如磁颗粒的磁化强度，量子相干器件中的磁通量等，也具有隧道效应，称为宏观量子隧道效应。例如，具有铁磁性的磁铁，其粒子尺寸达到纳米级时，由铁磁性变为顺磁性或软磁性。

以上4种效应体现了纳米材料的基本特征，使其性能指标，如电导率、机械强度、磁化率和降解速度等成数量级变化。此外，纳米材料还具有其他特性，如介电限域效应、表面缺陷等，这些特性共同使纳米材料呈现出许多奇异的物理、化学性质，具有广泛的应用前景。图6.26所示为防水纳米雨伞；图6.27所示为世界上第一辆框架均采用Easton CNT纳米技术的自行车，管状的纳米碳分子组成的纤维，其强度质量比是铝的几百倍，比传统碳纤维的高数倍。

图 6.26　防水纳米雨伞

图 6.27　世界上第一辆框架均采用纳米技术的自行车

6.5.3　纳米材料的应用

1. 陶瓷增韧

【碳纳米管材料】

纳米材料颗粒小，比表面积大，具有较高的扩散速率，用纳米粉体进行烧结，致密化速度快，烧结温度低。将纳米微粒添加到常规陶瓷中，可使陶瓷的综合性能得到改善。在这方面，许多国家进行了比较系统的工作，取得了一些具有商业价值的研究成果。例如，英国把纳米氧化铝与二氧化锆进行混合，在实验室得到了高韧性的陶瓷材料，烧结温度可降低100℃；日本用纳米氧化铝与亚微米的二氧化硅合成莫来石，这是一种非常好的电子封装材料；我国科技工作者已成功研制出多种纳米陶瓷粉体材料，其中氧化锆、碳化硅、氧化铝、氧化铁、氮化硅已进入规模化生产的试验阶段。

2. 磁性材料

1）巨磁电阻材料

磁性金属和合金在一定磁场下电阻改变的现象，称为磁电阻。所谓巨磁电阻，是指在一定磁场下电阻急剧减小，其减小的幅度比通常的磁性金属或合金大 10 余倍。由于巨磁电阻效应大，可使器件小型化、廉价化，广泛用于高密度读出磁头、磁存储元件、数控机床、非接触开关以及微弱磁场探测器中。

2）新型磁性液体和磁记录材料

1963 年美国国家航空与航天局首先将油酸包覆在超细 Fe_3O_4 颗粒(10nm)表面，并高度弥散于煤油中，形成了稳定的胶体体系。在磁场作用下，被表面活性剂所包裹的磁性颗粒带动液体一起运动，就像整个液体具有了磁性，取名为磁性液体。生成磁性液体的条件是强磁性颗粒要足够小，以致可以削弱磁偶极矩之间的静磁作用，能在基液中做无规则的热运动，每个磁性颗粒表面必须化学吸附一层长链的高分子(表面活性剂)，阻止颗粒间的聚集。

磁性液体的主要特点是在磁场作用下，可以被磁化，可以在磁场中运动，同时又保留液体的流动性，当光波、声波在其中传播时，如同在各向异性的晶体中传播。磁性液体主要应用于旋转轴的动态密封、新型的润滑剂、各种阻尼器件、无声快速的磁印刷、磁性液体发电机、磁记录材料等方面。

3. 在生物和医学领域中的应用

纳米微粒的尺寸一般比生物体内的细胞、红细胞小得多，这为生物学的研究提供了新的研究途径，关于这方面的研究处于初级阶段，但有广阔的应用前景。

1）细胞分离

将纳米微粒应用于生物细胞分离技术，在医疗的临床诊断上有着广阔的应用前景。例如，妇女怀孕8个星期左右，其血液中开始出现极少量的胎儿细胞。过去常采用价格昂贵并对人体有害的羊水诊断技术判断胎儿是否有遗传缺陷，如果用纳米微粒则很容易将血液中少量的胎儿细胞分离出来，方法简便、价格便宜，且准确率高。目前，人们已经获得了用纳米 SiO_2 实现细胞分离的新技术，这方面的临床应用还在实践中。

2）细胞染色

细胞内部的染色对于用光学显微镜和电子显微镜研究细胞内各种组织十分重要。物理学家已经发展了几种染色技术，如荧光抗体法、铁蛋白抗体法和过氧化物酶染色法等。纳米微粒的出现，为建立新的染色技术提供了新的途径。例如，比利时的德梅博士将金超微粒（3～40nm）与预先精制的抗体混合，制备出金纳米粒子-抗体的复合体，不同的抗体对细胞内各种器官和骨骼组织的敏感程度和亲和力不同，将复合体与细胞内器官和组织结合，相当于给各种组织贴上标签，在光学显微镜或电子显微镜下衬度差别很大，从而较容易地分辨各种组织。

【纳米技术的应用】

3）在药物上的应用

将磁性纳米微粒表面涂敷高分子，在外部再与蛋白质结合，注入生物体内，在外加磁场作用下通过纳米微粒的磁性导航，使其移向病变部位，达到定向治疗的目的。目前，这项技术还处于实验阶段，已通过动物临床实验。

4. 在光学领域中的应用

光学非线性、光吸收、光反射、光传输过程的能量损耗等都与微粒的尺寸有关，故小尺寸效应使纳米微粒具有常规大块材料不具备的光学特性。研究表明，纳米 TiO_2、纳米 ZnO、纳米 SiO_2、纳米云母等都有吸收紫外光的特征，在防晒油、化妆品中加入这些纳米微粒，可以减弱紫外线对人体的辐射。但应注意，纳米颗粒的粒径不能太小，否则会把汗孔堵塞，不利于身体健康；而粒径太大，紫外吸收减弱。为了解决这个问题，通常在纳米微粒表面包覆一层对人体无害的高聚物，将此复合体加入化妆品中。利用纳米微粒的特殊光学特性制备的各种材料将在日常生活和高技术领域得到广泛应用。

5. 在催化领域的应用

纳米微粒由于其尺寸小，表面所占的体积百分数大，表面原子配位不全等原因使其表面的活性位置增加，催化效率提高。近年来，科研工作者在纳米微粒催化剂的研究方面已取得一些成果。例如，以粒径小于 0.3μm 的 Ni 和 Cu－Zn 合金的超细微粉为主要成分的催化剂，使有机物的氢化效率是传统镍催化剂的10倍。

超细的 Fe、Ni 与 $\gamma-Fe_2O_3$、混合轻烧结体可代替贵金属作为汽车尾气净化剂；超细 Ag 粉可作为乙烯氧化的催化剂；超细 Fe 粉可在 C_6H_6 气相热分解中起成核作用而生成碳纤维。纳米 TiO_2 在可见光的照射下对碳氢化合物具有催化作用，利用这一效应可使粘污在玻璃、瓷砖和陶瓷表面的油污、细菌在光的照射下，被降解为气体或易溶易擦掉的物质，有很好的保洁作用。日本已研制出保洁瓷砖，经使用证明，这种保洁瓷砖具有明显的杀菌作用。

总之，纳米科学技术是多种学科交叉会合而产生的新科学，其研究成果势必把物理、化学领域的许多学科推向一个新层次，也会给21世纪的物理和化学研究带来新的机遇。日本将纳米材料的研究纳入六大尖端技术探索项目之一，美、英、俄、德、法等国也在不惜巨资推进纳米材料的专项研究，我国也将纳米材料科学列入国家“攀登计划”项目。

【科学家简介】

钱逸泰(1941.1.3—)，江苏无锡人，无机材料化学家，毕业于山东大学化学系，中国科学技术大学化学与材料学院院长，中国科学院化学部常委，曾在美国布朗大学和普渡大学从事催化和材料化学研究。在纳米材料化学制备和新超导体探索方面有所贡献：发展了溶剂热合成制Ⅲ-Ⅴ族纳米材料技术；用苯热合成技术制得纳米晶六方 GaN；在 700℃ 下通过溶剂热还原成功地合成金刚石粉末；运用结晶化学原理设计和发现了多种新超导体，发展了超导材料的制备科学；在国际杂志上共发表论文 200 余篇；1997 年当选为中国科学院院士。

【新材料的现状与展望】

【网络导航】

通向专利的便车道

对于任何学科，专利信息是一类重要的信息资源。由于专利信息与知识产权密切相关，其中有70%的信息不可能从其他的技术文献中获得，因此查询和利用专利信息就显得尤为重要。美国专利数据库是最早出现在互联网上的免费专利资源，后来各个国家陆续在互联网上建立了自己的检索站点。现给出几个比较稳定的、著名的站点：

1. 美国专利商标局(USPTO)的 Web 专利数据库网址：http：//www.uspto.gov/patft/，通过“Advanced Search 可检索专利全文。

2. 欧洲专利局(EPO)的网址：http：//ep.espacenet.com，输入上述网址，可通过关键词、专利号、发明人、发明单位、发明国家、发明时间等检索。

下面简要介绍中国专利摘要数据库，它是知识产权出版社最新开发的。进入中国知识产权网(www.cnipr.com)主页，选择专利检索栏目。

也可通过其他一些站点检索中国专利摘要，如易信站点网址 http：//www.exin.net/patent/。现以易信站点为例：按照网址进入给出的网页以后，可以在“在线查询”栏中单击你想查到的领域，如化学、冶金，纺织、造纸等，即可给出相关领域的有关专利目录，进一步单击你感兴趣的内容，便可给出专利内容的摘要(详细的全文需要按照要求购买才可获得)。另一种检索方法是通过单击“进入高级检索”，我们将看到每一件申请均有发明名称、摘要、申请(专利权)人、申请(专利权)人通信地址、发明(设计)人、申请(专利)号等描述，填其中任一项信息，均可查到有关专利的摘要。

本章小结

1. 金属材料

(1)金属单质；(2)金属合金，金属合金分为钢铁、轻质合金、特种合金。钢铁包括碳素钢、合金钢、生铁；轻质合金包括铝合金、钛合金、镁合金等；特种合金包括硬质合金、高温合金、低温合金、形状记忆合金、储氢合金。

2. 无机非金属材料

(1)传统无机非金属材料；(2)新型无机非金属材料；(3)功能转换材料。

传统无机非金属材料分为建筑凝胶材料(水泥、石灰、石膏等)、耐热高强材料(工业耐火材料、高温结构材料等)和玻璃装饰材料。

新型无机非金属材料包括半导体材料、光导纤维、透明陶瓷、气敏陶瓷、生物陶瓷、超硬陶瓷、纳米陶瓷、超导陶瓷等。

功能转换材料包括压电材料、光电材料、智能材料。

3. 高分子材料

(1)传统高分子材料；(2)功能高分子材料。

传统高分子材料包括塑料、橡胶、纤维等；功能高分子材料包括导电高分子、医用高分子、可降解高分子、高吸水性高分子；高分子智能材料包括建筑智能材料、航空智能材料、医疗智能材料。

4. 复合材料

(1)聚合物基复合材料；(2)金属基复合材料；(3)陶瓷基复合材料。

5. 纳米材料

(1)纳米材料的特性：小尺寸效应、表面效应、量子尺寸效应、宏观量子隧道效应；(2)纳米材料的应用：陶瓷增韧、磁性材料。

6. 新材料

(1)新型薄膜材料、液晶材料；(2)材料制备的新方法。

习题与思考题

简答题

1. 简述材料的分类。
2. 什么是合金？有哪些基本类型？试各举一例。
3. 简述碳素钢的分类、特性及应用。
4. 什么是形状记忆合金？为何具有形状变化的特性？

5. 储氢合金为何能储存氢气？
6. 什么是半导体材料？可分为哪些种类？
7. 什么是超导电性、超导体？它有什么用途？
8. 什么是压电材料？简述其特性及应用。
9. 高分子化合物有哪些显著特征？
10. 什么是复合材料？可分为几类？简述其性能特征及主要应用。
11. 什么是纳米材料？简述其特性及主要应用。

第7章 化学与能源

知识要点	掌握程度	相关知识
常规能源	熟悉常规能源的概念、用途及炼制的常用方法	煤、石油、天然气
新型能源	了解新型能源的概念、种类、开发利用等	核能、太阳能、氢能、生物质能、绿色电池、风能、地热能、海洋能及其他新型能源

导入案例

【寻找可燃冰】

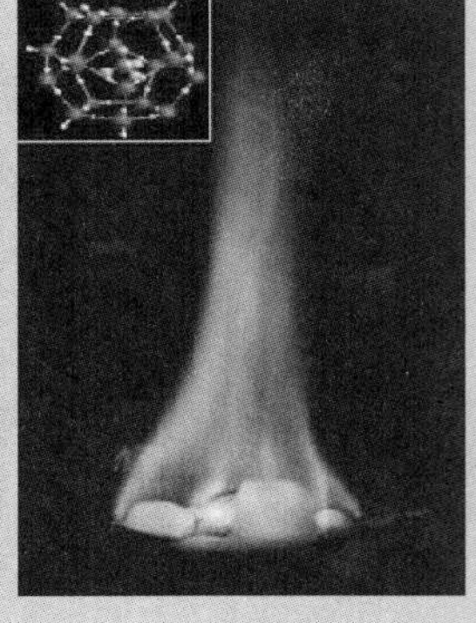

图 7.1 可燃冰

“冰”能够燃烧是多么不可思议啊！即使是二氧化碳在超低温状态下形成的“干冰”也不可燃。的确有“可燃冰”存在，它是甲烷类天然气被包进水分子中、在海底低温与压力下形成的一种类似冰的透明结晶，如图 7.1 所示。据专家介绍，$1m^3$“可燃冰”释放出的能量相当于 $164m^3$ 的天然气。目前国际科技界公认的全球“可燃冰”总能量，是所有煤、石油、天然气总和的 2～3 倍。美国和日本最早在各自海域发现了它。我国近年来也开始对其进行研究。

“可燃冰”的主要成分是甲烷与水。它的形成与海底石油、天然气的形成过程相仿，而且密切相关。埋于海底地层深处的大量有机质在缺氧环境中，细菌把有机质分解，最后形成石油和天然气(石油气)。其中许多天然气又被包进水分子，在海底的低温与压力下形成“可燃冰”。这是因为天然气有个特殊性质，它和水可以在温度 2～5℃ 内形成结晶，这个结晶就是“可燃冰”。

有天然气的地方不一定都有“可燃冰”，因为形成“可燃冰”需要压力，主要还在于低温，所以一般在寒带的地方较多。长期以来，有人认为我国的海域纬度较低，不可能存在“可燃冰”，而实际上我国东海、南海都具备“可燃冰”生成的条件。东海海底有个东海盆地，面积达 25 万 km^2。经过 20 年的勘测，探明该盆地有 1484 亿 m^3 天然气储量。据专家估计，全世界石油总储量在 2700 亿～6500 亿 t 之间。按照目前的消耗速度，再有 50～100 年，全世界的石油资源将消耗殆尽。而海底“可燃冰”分布的范围约 4000 万 km^2，占海洋总面积的 10%，海底可燃冰的储量够人类使用 1000 年。“可燃冰”的发现，让陷入能源危机的人类看到了新希望。

7.1 常规能源

【能源与社会进步】

煤、石油、天然气以及水力资源、电力等都属于常规能源，对国民经济影响极大。根据 1978 年统计，在世界能源消费总量中，占第一位的是石油，约为 48.4%，第二位是煤，约占 29.8%，第三位是天然气，约占 18.6%，水力和原子能约占 2.8%。我国是煤、石油和天然气发现和使用最多的国家，煤的消耗居能源消费之首。

7.1.1 煤炭及其综合利用

1. 煤的种类及煤炭资源

1）煤的种类

煤是古代植物经过极其复杂的物理化学变化而形成的。按炭化程度的不同，可将煤分为泥煤、褐煤、烟煤和无烟煤四大类。

(1) 泥煤为棕褐色，炭化程度最低，在结构上还保留古植物遗体的痕迹，由于它质地疏松，吸水性很强，一般含水分40%以上，含碳也低于70%，工业价值不大，可用作锅炉燃料和气化原料。

(2) 褐煤一般为褐色或黑褐色，含碳量在70%～78%，挥发成分较高，在大气中易风化破碎，易氧化自燃。一般不宜异地运输和长久储存。

(3) 烟煤为黑色，与褐煤相比，挥发性较少，吸水性较小，含碳量在78%～85%。由于它有稳定的结构，适宜炼焦。焦炭是冶金工业、动力工业和化学工业的重要原料和燃料。

(4) 无烟煤为灰黑色，有金属光泽，致密、坚硬，挥发成分少，吸水性也小，灰分和硫分都比较低，炭化程度高，含碳总量一般在85%以上，发热值也最大。

2) 煤炭资源

经预测，煤炭资源储量是苏联最多，美国次之，我国为第三，三者之和占全球煤资源的90%。煤炭是天然赋存的可燃矿岩，全世界储量达1.35000亿t，占天然蕴藏能源物质可供给量的45%～55%。我国是煤炭资源大国，1989年的探明储量为8700亿t，主要分布在华北和西北。我国的煤产量居世界首位，1990年的产量为10.4亿t。

煤炭是非再生能源，按现在的开采速度估计，煤只能用几百年。煤炭直接燃烧只利用了煤炭应有价值的一半，对环境污染也比较严重，所以合理利用煤炭资源具有非常重要的意义。

2. 煤的主要成分

煤是由有机物和无机物组成的一种混合物，以有机物为主。构成煤的主要元素除碳以外，还有氢、氧、氮、磷、硫等。其可燃成分是碳和氢，燃烧后则构成煤的成分。

碳，是煤的主要可燃元素。煤的炭化程度越高，它的含碳量越多。各种煤的含碳量见表7-1。

表7-1 煤中总含碳量

种　类	含碳量(%)	种　类	含碳量(%)
泥煤	约70	烟煤	78～85
褐煤	70～78	无烟煤	85以上

氢，也是煤的主要可燃元素。其发热值为碳的4倍。煤中的氢并非都可以燃烧，和C、S、P结合的H可以燃烧，这种氢叫作“有效氢”；和O结合生成H_2O的氢叫作“化合氢”，不能燃烧。在进行煤的发热值计算时只考虑有效氢。

氧、硫和磷，是煤中的有害杂质。O和C、H结合成CO_2和H_2O，消耗煤中的可燃成分，硫在燃烧时生成SO_2、SO_3污染环境。作为炼钢用煤，硫含量应控制在0.6%以下，以免影响钢铁质量。磷过多，进入钢铁，则会使钢铁发脆(即冷脆)。

水分，随煤的炭化程度不同而异。一般泥煤含水分最多，褐煤次之，无烟煤最少(一般低于5%)。水分在煤燃烧时会带走热量，相当于带走煤的可燃质(可燃成分)。

挥发分，是将煤隔绝空气加热，分解出来的物质，包括CO、CO_2、H_2、CH_4、C_2H_4、H_2O等。煤中挥发分越多，开始分解出挥发分的温度就越低，煤的着火温度也越低，燃烧就越快。

灰分，煤的灰分是指不能燃烧的矿物杂质。灰分中主要成分是 SiO_2，此外还有 Fe_2O_3、Al_2O_3、CaO、MgO 等。煤的灰分越多，其可燃成分越低，对煤的燃烧和气化均不利。灰分达到 40%的煤称为劣质煤。

煤炭中含有大量的环状芳烃，缩合交联在一起，并且夹着含 S 和含 N 的杂环，通过各种桥键相连。所以煤是环芳烃的重要来源。

3. 煤的综合利用

煤炭一直是我国的主要能源，煤的年消耗量在 10 亿 t 以上，其中的大部分是直接燃烧掉的。在燃烧过程中，煤中的 C、S 及 N 分别变成 CO_2、SO_2 及 NO、NO_2 等。这样的热效率利用并不高，只用了 30%左右，而且直接燃煤对环境造成恶劣影响，如 CO_2 的产生使全球气温变暖；SO_2 和 NO、NO_2 等则造成酸雨，此外，还有煤灰和煤渣等固体垃圾的处理和利用问题等。为了解决这些问题，且充分利用煤资源，人们一直致力于如何使煤转化为清洁的能源，如何提取煤中所含的昂贵的化工原料的研究。目前已有实用价值的办法是煤的焦化、煤的气化和煤的液化。

1）煤的焦化

将煤隔绝空气加强热，使它分解的过程叫作煤的焦化或干馏，工业上叫作炼焦。煤经过干馏能得到固体的焦炭、液态的煤焦油和气态的焦炉气。

焦炭是黑色坚硬多孔性固体，主要成分是碳。它主要用于冶金工业，其中又以炼钢为主，也可应用于化工生产，如以焦炭与水蒸汽和空气作用制成半水煤气(主要成分为 H_2 和 CO)，再制成合成氨。还可用于制造电石，用于电极材料等。

煤焦油是黑褐色、油状粘稠液体，成分十分复杂，目前已验明的约合 500 多种，其中苯、酚、萘、蒽、菲等含芳香环的化合物和吡啶、奎宁、噻吩等含杂环的化合物是医药、农药、合成材料等工业的重要原料。

焦炉气的主要成分是 H_2、CH_4、CO 等热值高的可燃性气体，燃烧方便，可用作冶金工业燃料和城市居民生活燃气。此外，焦炉气中还含有乙烯、苯、氮等。焦炉气可用来合成氨、甲醇、塑料、合成纤维等。

2）煤的气化

煤在氧气不足的情况下进行部分氧化，使煤中的有机物转化为可燃气体称为煤的气化。此可燃气体经管道输送，主要用作生活燃料，也可用作某些化工产品的原料气。

将空气通过装有灼热焦炭的塔柱，会发生放热反应，主要反应为

$$C(s)+O_2(g)\longrightarrow CO_2(g) \quad Q=-393.5kJ/mol$$

放出的大量热可使焦炭的温度上升到约 1500℃。切断空气将水蒸汽通过热焦炭，发生下列反应：

$$C(s)+H_2O(g)\longrightarrow CO(g)+H_2(g) \quad Q=131.3kJ/mol$$

生成的产物 $CO+H_2$ 称为水煤气，含 40%CO、50%H_2，其他是 CO_2、N_2、CH_4 等。由于这一反应是吸热的，焦炭的温度逐渐降低。为了提高炉温以保持赤热的焦炭层温度，每次通蒸汽后需向炉内送入一些空气。

水煤气中的 CO 和 H_2 燃烧时可放出大量的热。它的最大缺点是 CO 有毒。另外，这一制备方法不够方便，还有待改进。

3）煤的液化

煤炭液化油也称人造石油。煤的液化是指煤催化加氢液化，提高煤中的含氢量，使燃烧时放出的热量大大增加而且减少煤直接利用所造成的环境污染问题。目前煤的液化法有两种，即直接液化法和间接液化法。直接液化法是将煤裂解成较小的分子，由催化加氢而得到煤炭液化油的方法。从煤直接液化得到的合成石油，可精制成汽油、柴油等产品。间接液化法是将煤先气化得到 CO、H_2 等气体小分子，然后在一定温度、压力和催化剂作用下合成多种碳链的烷烃、烯烃等，从而制得汽油、柴油和液化石油气的方法。

7.1.2 石油

石油是工业的“血液”，是当今世界的主要能源，它在国民经济中占有非常重要的地位。首先，石油是优质动力燃料的原料。汽车、内燃机车、飞机、轮船等现代交通工具都是利用石油的产品汽油、柴油作动力燃料的。石油也是提炼优质润滑油的原料。一切转动的机械，其“关节”添加的润滑油都是石油制品。石油还是重要的化工原料，也是现代化学必不可少的基本原料。利用石油产品可生产5000多种重要的有机合成原料，广泛用于合成纤维、合成橡胶、农药、炸药、医药及合成洗涤剂等产品的生产。

1. 石油的性质和成分

石油是远古时代海洋或湖泊中的动植物的遗体在地下经过漫长的复杂变化而逐步分解形成的一种较稠的液体。从油田开采出的石油叫原油，是一种黑褐色或深棕色的液体，常有绿色或蓝色荧光。它有特殊气味，比水轻，不溶于水。

石油主要含碳和氢两种元素。两种元素的总含量平均为97%～98%，也有达到99%的；同时还含有少量的硫、氧、氮等。石油的组成复杂，是多种烷烃、环烷烃和芳香烃的混合物。石油的化学成分因产地不同而不同，我国开采的石油主要含烷烃。

2. 石油的炼制

1）石油的分馏

石油是各种烃的混合物，其中相对分子质量差别很小的组分很多，沸点接近，要完全分离较困难。通常将原油用蒸馏的方法分离成为不同沸点范围的蒸馏产物。这个过程称为石油的分馏。根据压力不同石油分馏可分为常压分馏和减压分馏。经过分馏可以得到多种石油产品。石油分馏产品及其用途见表7-2。

表7-2 石油分馏产品及其用途

分馏产品		分子所含碳原子数	熔点范围/℃	用途
气体	石油气	C_1～C_4	＞35	化工原料
轻油	溶剂油	C_5～C_6	30～180	在油脂、橡胶、油漆生产中作溶剂
	汽油	C_6～C_{10}	＜220	飞机、汽车及各种汽油机燃料
	煤油	C_{10}～C_{16}	180～280	液体燃料、工业洗涤剂
	柴油	C_{17}～C_{18}	280～350	重型汽车、军舰、轮船、坦克、拖拉机等各种柴油机燃料

（续）

<table>
<tr><th colspan="2">分馏产品</th><th>分子所含碳原子数</th><th>熔点范围/℃</th><th>用　　途</th></tr>
<tr><td rowspan="5">重油</td><td>润滑油</td><td rowspan="2">C_{18}～C_{30}</td><td rowspan="4">350～500</td><td>机械、纺织等工业用的各种润滑剂</td></tr>
<tr><td>凡士林</td><td>防锈剂、化妆品</td></tr>
<tr><td>石蜡</td><td>C_{20}～C_{30}</td><td>制蜡纸、绝缘材料、肥皂</td></tr>
<tr><td>沥青</td><td>C_{30}～C_{40}</td><td>铺路、建筑材料、防腐材料</td></tr>
<tr><td>石油焦</td><td>C_{40}</td><td>>500</td><td>制电极、生产 SiC 等</td></tr>
</table>

2）石油的裂化

随着国民经济的发展，对汽油、煤油、柴油等轻质油的需求量越来越高，而从石油中分馏得到的轻质油一般仅为石油总量的25%左右。为了从石油中获得更多质量较高的汽油等产品，可将石油进行裂化。

裂化是在高温和隔绝空气加强热的条件下使碳链较长的重质油发生分解而成为碳原子数较少的轻质油的过程。裂化分成热裂化和催化裂化两种。

3）催化重整

为了有效地提高汽油燃烧时的抗爆燃性能，同时还能得到化工生产中的重要原料：芳香烃，将汽油通过催化剂，在一定的温度和压力下进行结构的重新调整，其直链烃转化为带支链的异构体，这样的过程称催化重整。使用的催化剂是铂、钯、铑等贵重金属，它们的价格相当昂贵，故选用便宜的多孔性氧化铝或氧化硅作为载体，在其表面上浸渍0.1%的贵重金属，从而既节省了贵重金属又可以达到催化效果。

我国大型石油化工联合企业已有大庆、燕山、齐鲁、扬子、上海金山、吉林石化公司等，能够向世界上许多国家和地区出口石油产品和石油化工产品。

7.1.3　天然气

天然气是蕴藏在地层中的可燃性气体，它与石油可能同时生成，但一般埋藏较深。在煤田附近往往也有天然气存在。天然气的主要成分是甲烷，其含量可达80%～90%，另外还含有少量的乙烷和丙烷。

天然气是最“清洁”的燃料，燃烧产物为无毒的二氧化碳和水，而且燃烧值和发热量高，约为煤的两倍，再加上普通输送也很便利，因此要大力推广使用天然气能源。天然气除了用作燃料外，也是制造炭黑、合成氨、甲醇等化工产品的重要原料。我国四川、新疆是世界上著名的天然气产地。

7.2　新型能源

现代社会是一个耗能的社会，没有相当数量的能源是谈不上现代化的。当前，全世界都在共同努力积极进行各种新能源的研究和开发。在目前一些尚不成熟的新能源也可能在不久的将来成为主要的能源。新能源一般就是指核能、太阳能、生物质能、风能、地热能、海洋能、氢能等。它们的共同特点是资源丰富，可以再生，减少污染。

7.2.1 核能

核能俗称原子能，它是指原子核里的核子(中子或质子)重新分配和组合时释放出来的能量。核能分为两类：一类叫核裂变能，它是指重元素(铀或钚等)的原子核发生裂变时释放出来的能量；另一类叫聚变能，它是指轻元素(氘和氚)的原子核在发生聚变反应时释放出来的能量。

核能有巨大的威力，1kg 铀原子核全部裂变释放出的能量，约等于 2700t 标准煤燃烧时所放出的化学能。一座 100 万 kW 的核电站，每年只需 25～30t 低浓度铀核燃料，而相同功率的煤电站每年则需要 300 多万 t 原煤；这些核燃料只需 10 辆卡车就能运到现场，而运输 300 多万 t 煤炭则需要 1000 列火车。核聚变反应释放的能量更可贵，有人做过生动的比喻：1kg 煤只能使一列火车开动 8m，1kg 铀可使一列火车开动 4 万 km；而 1kg 氘化锂和氚化锂的混合物，可使一列火车从地球开到月球，行程 40 万 km。地球上蕴藏着数量可观的铀、钍等核裂变资源，如果把它们的裂变能充分地利用起来，可满足人类上千年的能源需求。在汪洋大海里，蕴藏着 20 万亿 t 氘，它们的聚变能可顶几万亿亿吨煤，可满足人类百亿年的能源需求。

核能是人类最终解决能源问题的希望。核能技术的开发将对现代社会产生深远的影响。核能的成就虽然首先被应用于军事目的，如第二次世界大战期间美国在日本投下了第一颗原子弹，但其后就实现了核能的和平利用，其中最重要也是最主要的是通过核电站来发电。

核电站已经跻身于电力工业行列，是利用原子核裂变反应放出的核能来发电的装置，通过核反应堆实现核能与热能的转换，如图 7.2 所示。核反应堆的种类，按照引起裂变的中子能量分为热中子反应堆和快中子反应堆。由于热中子更容易引起铀-235 的裂变，因此热中子反应堆比较容易控制，大量运行的就是这种热中子反应堆。这种反应堆需用慢化剂，通过它的原子核与快中子弹性碰撞，将快中子慢化成热中子。早在 20 世纪 50 年代初，人类开始开发利用核能，诞生了核电站。经过 30 多年的发展，核电已经是世界公认的经济实惠、安全可靠的能源。截至 1993 年 12 月 31 日，全世界已有 34 个国家或地区的

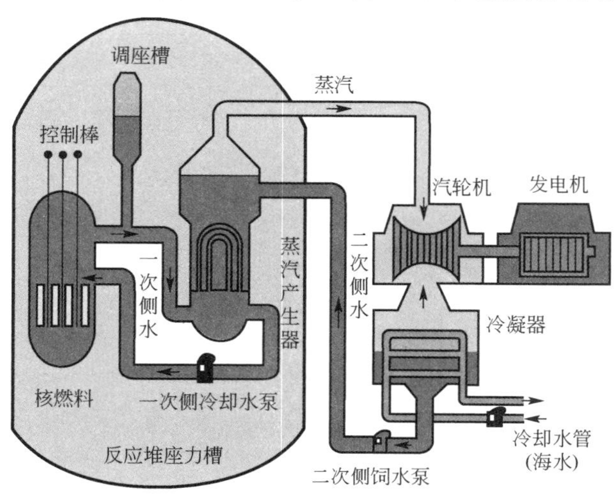

图 7.2 核能发电示意图

422 座（堆）核电站在运行，总装机容量为 3.56235 亿 kW；正在建造的核电站有 61 座（堆），总装机容量为 5586.6 万 kW。全世界 1993 年全年核发电总量为 21817679GW·h，核发电量占世界总发电量的 17%以上。

核能是能源的重要发展方向，特别在世界能源结构从石油为主向非油能源过渡的时期，核能、煤炭和节能被认为是解决能源危机的主要希望。为此，各国都在大力发展核电。然而特别令人担心的是，根据目前探明的有经济开采价值的铀矿储量，如果继续按照现有速度建造眼下的热中子堆核电站，由于它只能利用铀资源的 1%～2%，那么用不了 50 年，经济可采的铀矿也会耗尽。如果到那时，还不能脱离核裂变能利用的初级阶段，人类将可能面临新的能源危机。

在能源新挑战面前，核科学家早已在寻找应战的武器，这就是已经过 40 多年研究开发的快中子增殖堆（简称快堆）核电站。有了它，相当于把铀资源的利用率提高了 50～60 倍，那样能源的供应将出现新的奇迹，在今后上千年内，人类完全可以依靠快堆发电，保证有富足的能源可用。

【科学家简介】

欧内斯特·卢瑟福（1871—1936）：1871 年 8 月 3 日，卢瑟福出生于新西兰纳尔逊的一个工人家庭，并在新西兰长大，1895 年在新西兰大学毕业后，获得英国剑桥大学的奖学金进入卡文迪许实验室。1898 年，他提出了原子结构的行星模型，为原子结构的研究做出了非常重大的贡献。卢瑟福在 1899 年发现了镭的两种辐射。其中之一，不能贯穿比 1/50mm 更厚的铝片，但能产生显著的电效应；而另一种辐射却能贯穿约半毫米厚的铝片，然后强度减少一半，并且能穿过包装纸使照相底片感光。这两种射线，卢瑟福分别命名为阿尔法（α）射线和贝塔（β）射线。卢瑟福因此在 1908 年获得诺贝尔奖。1911 年，卢瑟福完成了闻名的阿尔法粒子散射实验，证实了原子核的存在，建立了原子的核模型，被誉为原子核之父。

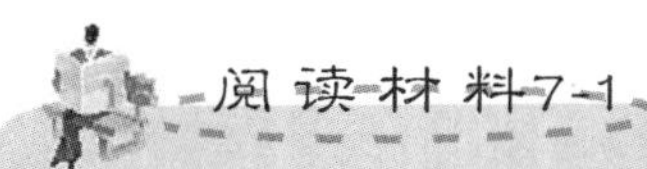

切尔诺贝利核泄漏事件

【重返危机现场——切尔诺贝利核事故】

切尔诺贝利核电站是苏联时期在乌克兰境内修建的总装机容量为 1000MW 的核反应堆机组。其中 1 号机组（1977 年）和 2 号机组（1978 年）建成发电，3 号机组和 4 号机组分别于 1981 年和 1983 年建成发电。

1986 年 4 月 26 日，在进行一项实验时，切尔诺贝利核电站 4 号反应堆发生爆炸，造成 31 人当场死亡，8t 多强辐射物泄漏。此次核泄漏事故使电站周围 6 万多平方公里土地受到直接污染，320 多万人受到核辐射侵害，酿成人类和平利用核能史上的一大灾难。事故发生后，苏联政府和人民采取了一系列善后措施，清除、掩埋了大量污染物，为发生爆炸的 4 号反应堆建起了钢筋水泥“石棺”，并恢复了第 3 个发电机组的生产。

此外，离核电站30km以内的地区还被辟为隔离区，很多人称这一区域为“死亡区”。苏联解体后，乌克兰继续维持着切尔诺贝利核电站的运转，直至2000年12月才全部关闭。

苏联专家在总结这起核电站事故的教训时指出，有关人员玩忽职守、粗暴违反工艺规程是造成事故的主要原因。按规定，反应堆的反应区内至少应有15根控制反应的控制棒，但事故发生时反应区内只有7根控制棒。反应堆产生的蒸汽是供给两台涡轮发电机的。当关掉涡轮机时，自动保护系统会立即关掉反应堆。但事故当天，电站工作人员在进行实验之前却先烧断了自动保护系统，致使涡轮机被关闭并开始实验时，反应堆却在继续工作，此外，电站工作人员还关掉了蒸汽分离器的安全连锁系统。这种做法宛如飞机要降落时，驾驶员却没有放下起落架。

7.2.2 太阳能

太阳能是指由太阳发射出来并由地球表面接收的辐射能。太阳每天辐射到地球表面的能量为 50×10^{18} kJ，相当于目前全世界能量年消费的1.3万倍，是一个巨大的能量资源，而且太阳能是洁净、无污染的能源。开发和利用太阳能资源的前景十分广阔。

1. 太阳能的优缺点

太阳能的优点很多，并且有些优点是其他能源无法比拟的：能量巨大；来源方便；清洁干净。

太阳能虽然具有上面所说的许多优点，但是它也不可避免地存在一些缺点，使它未能迅速地和大面积地推广应用，如：强度弱；不连续；不稳定。

2. 太阳能的利用

太阳辐射能的直接利用基本上有三种方式，即太阳能直接转换成热能，称为光—热转换；太阳能直接转换成电能，称为光—电转换；太阳能直接转换成化学能，称为光—化学转换。下面分别加以简单介绍。

1）光—热转换

光—热转换是太阳能利用中理论和技术都最为成熟、成本最为低廉、应用最为广泛的方式，其基本原理是将太阳辐射能收集起来，通过与物质的相互作用转换成热能而加以利用。目前，使用得较多的太阳能收集装置有两种：一种是平板型集热器，另一种是聚焦型集热器。由于它们所能达到的温度不同，因而可以有多方面的用途。通常，根据所能达到的温度和用途不同，划分为太阳能的低温热利用（不大于100℃）、中温热利用（100～500℃）和高温热利用（大于500℃）。

2）光—电转换

将来，太阳能的大规模利用主要是用来发电。利用太阳能发电有两种方式：一种是光—热—电转换方式，另一种是光—电直接转换方式。

(1) 光—热—电转换，就是利用太阳辐射所产生的热能发电。一般是利用太阳能集热器，将所吸收的热能转换成作为工质的蒸汽，再驱动汽轮机发电。前一个过程是光—热转换过程，后一个过程是热—电转换过程，与通常的火力发电一样。太阳能热发电的缺点是效率很低，而成本很高，估计它的投资要比普通火电站多5～10倍。因此，目前只能小规模地应用于特殊的场合，例如电力网不能到达的高山峻岭或沙漠地区。

图7.3　太阳电池

(2) 光—电直接转换，其基本原理是利用光电效应，将太阳辐射能直接转换成电能，它的基本装置就是太阳电池(图7.3)。目前常用的是硅太阳电池，转换效率可以达到15%～20%。太阳电池使用简单，维护方便，甚至可以做到无人管理，例如，在人造地球卫星上。但是在目前阶段，它的造价还比较高，因此大规模应用仍然受到经济上的限制。

3）光—化学转换

这是一种利用太阳辐射能直接分解水制氢的光—化学转换方式。氢能的用途很广，既可作为化工原料，又可用于合成天然气和合成石油，尤其是直接作为氢燃料，更引起人们的重视。一方面，由于可以用水作为制氢的原料，而水在地球上的储量是极为丰富的；另一方面，氢燃料又是非常清洁的燃料，既便于储存，又便于运输。所以，利用太阳能的光—化学转换方式制氢，能从根本上改善目前人类利用能源的状况。唯一令人感到遗憾的是，目前这种方法的效率还很低，成本又很高，同时还会消费大量的常规能源，因此还需要经过相当长一段时期的努力和探索，才有可能真正实现。

7.2.3　生物质能

生物质能是指由太阳能转化并以化学能形式储藏在生物质中的能量。生物质本质上是由绿色植物通过光合作用将水和二氧化碳转化成糖类形成的。一般地说，绿色植物只吸收了照射到地球表面的辐射能的0.5%～3.5%。即使如此，全部绿色植物每年所吸收的二氧化碳约为7×10^{11}t，合成有机物约为5×10^{11}t。因此生物质能是一种极为丰富的能量资源，也是太阳能的最好储存方式。

1. 生物质能分类

现在已知世界上的生物多达25万多种，生物质能的种类也很繁多，目前人们可以利用的大致分为四大类：森林能源，主要包括木块、木屑、树枝等；农业废弃物，主要是秸秆、果核、玉米芯、蔗渣等；禽畜粪便；生活垃圾，包括食品、酒厂、纸厂的废弃物和垃圾等。这些物质看来都很不起眼，甚至是无用的废物，对环境也有污染，但从能源角度看，却能变废为宝。

2. 生物质能的特点

1）可再生性

生物质能属于可再生资源，生物质能由于通过植物的光合作用可以再生，风能、太阳能等同属于可再生能源，资源丰富，可以保证能源的连续利用。

2）低污染性

生物质的硫含量、氮含量低，燃烧过程中生成的SO_2、NO_x较少；生物质作为燃料时，由于它在生长时需要的二氧化碳相当于它排放的二氧化碳的量，因而对大气的二氧化碳净排放量近似于零，可以有效地减轻温室效应。

3）广泛分布性

缺乏煤炭的地域，可以充分利用生物质能。

4）生物质燃料总量十分丰富

生物质能是世界上第四大能源，仅次于煤炭、石油和天然气。根据生物学家的估算，地球陆地每年生产1000亿～1250亿t生物质；海洋年生产500亿t生物质。生物质能源的年生产量远远超过全世界总能源的需求量，相当于目前世界总能耗的10倍。到2010年，我国可开发为能源的生物质资源可以达到3亿t。随着农林业的发展，特别是炭薪林的推广，生物质资源还将越来越多。

3. 生物质能的利用

生物质能一直是人类赖以生存的重要能源，它是仅次于煤炭、石油和天然气而居于世界能源消费总量第四位的能源，在整个能源系统中，占有重要的地位。有关专家估计，生物质能极有可能成为未来可持续能源系统的组成部分，到21世纪中叶，采用新技术生产的各种生物质替代燃料将占全球总能耗的40%以上。

目前人类对生物质能的利用，包括直接用做燃料的有农作物的秸秆、薪柴等；间接作为燃料的有农林废弃物、动物粪便、垃圾及藻类等，它们通过微生物作用生成沼气，或采用热解法制造液体和气体燃料，也可以制造生物炭。生物质能是世界上最为广泛的可再生能源。据估计，每年地球上仅通过光合作用生成的生物质总量就达1440～1800亿吨(干重)，其能量相当于20世纪90年代初全世界总能耗的3～8倍。但是尚未被人们合理地利用，多半直接当做薪柴使用，效率低，影响生态环境。现代生物质能的利用是通过生物质的厌氧发酵制取甲烷，用热解法生成燃料气、生物油和生物炭，用生物质制造乙醇和甲醇燃料，以及利用生物工程技术培育能源植物，发展能源农场。

人类开发利用生物质能的历史悠久。由于资源量大，可再生性强，随着科学技术的发展，人们不断发现和培育出高效能源植物和生物质能转化技术。生物质能的合理开发和综合利用必将提高人类的生活质量，必将为改善全球生态平衡和人类生存环境做出巨大贡献。

7.2.4 绿色电池

【充电新法】

电能是现代社会生活所必需的，电能是最重要的二次能源，大部分的煤和石油制品作为一次能源用于发电。煤或石油燃烧过程中释放能量，加热蒸汽，推动电机发电。煤(或油)燃烧过程就是它和氧气发生化学变化的过程，所以“燃煤发电”实质是化学能转化为机械能和电能的过程，这种过程通常要靠火力发电厂的汽轮机和发电机来完成。另外一种把化学能直接转化为电能的装置，统称为化学电池或化学电源，如收音机、手电筒、照相机上用的干电池，汽车发动机用的蓄电池，钟表上用的纽扣电池等。

化学电池都与氧化还原反应有关。任何两个电极反应都可以组成一个氧化还原反应，可以设计成一个电池。日常生活中常见的有锌锰干电池、铅蓄电池、碱性蓄电池、银锌电池和燃料电池。此外，锂锰电池、锂碘电池、钠硫电池、太阳电池等多种高效、安全、价廉的电池都在研究中。

除燃料电池外，其他新型电池也在研究开发之中，如锂离子电池、钠硫电池以及银锌

图 7.4 绿色环保电池

镍氢电池等。这些新型电池与铅蓄电池相比，具有质量轻、体积小、储存能量大以及无污染等优点，被称为绿色环保电池(图 7.4)。

1. 锂离子电池

锂离子电池的负极由嵌入锂离子的石墨层组成，正极由 Li、Co、O 组成。锂离子进入电极的过程称为嵌入，从电极中出来的过程称为脱出。在其放电时锂离子在电池正负极中往返地嵌入和脱出，正像摇椅一样在正负极中摇来摇去，发明人形象地称锂离子电池为“摇椅电池”。锂离子电池具有显著的优点：体积小，比能量(质量比能量)密度高；单电池的输出电压高达 4.2V，在 60℃左右的高温条件下仍能保持很好的电性能。锂离子电池主要用于便携式摄像机、液晶电视机、移动电话机和笔记本计算机等。

2. 钠硫电池

钠硫电池以多晶陶瓷作固体电解质，通过钠和硫的一系列化学反应产生电流。钠硫电池结构简单，工作温度低，电池的原材料来源丰富，充分放电转换效率高，有自放电现象。钠硫电池以其众多的优点在车辆驱动和电站储能方面已展现广阔的发展前景。

3. 银锌电池

银锌电池是一种新型的蓄电池，具有电容量大，可大电流放电，又耐机械振动的优良性能，用于宇宙航行、人造卫星、火箭、导弹和高空飞行。

随着新型绿色电池性能水平的不断提高，生产工艺日益完善，可以预见，高容量、少污染、长寿命的新型绿色电池将在未来电池市场竞争中大放异彩。

7.2.5 氢能

在新能源的探索中，氢气被认为是一种理想的、极有前途的清洁二次能源。氢气作为动力燃料有很多优点：

(1) 其资源丰富。它可以由水分解制得，而地球上有取之不尽的水资源。

(2) 燃烧焓大。每千克氢燃烧能释放出 7.09×10^4kJ 的热量，远大于煤、石油、天然气等能源，而且燃烧的温度可以在 200～220℃之间选择，可满足热机对燃料的使用要求。

(3) 氢燃烧后唯一产物是水。无环境污染问题，堪称清洁能源。

开发利用氢能需要解决三个问题：廉价易行的制氢工艺；方便和安全的储运；有效的利用。

目前氢气主要是从石油、煤炭和天然气中制取。以水电解制氢消耗电能太多，在经济上不合算。对化学家来说研究新的经济上合理的制氢方法是必要的。利用高温下循环使用无机盐的热化学分解水制氢的效率比较高，是个活跃的研究领域。当前最有前途的是通过光解水制氢，即利用太阳电池电解水制氢。另外，以过渡元素的配合物作为催化剂，利用太阳能来分解水的方法也引人注目。

氢气的储存和输送技术，基本上与储运和输送天然气的技术大致相同，它也可以像天然气那样通过管道输送。氢气密度小，不利于储存。例如，在15MPa压力下，40dm^{3}的常用钢瓶只能装0.5kg氢气。若将氢气液化，则需耗费很大的能量，且容器需绝热，很不安全。1986年美国航天飞机曾由于氢的渗透发生燃烧和爆炸，造成人机俱毁的惨祸。美国、南非及欧洲等也有长达数十至数百千米的输氢管道。目前研究和开发十分活跃的是固态合金储氢方法。例如，镧镍合金$LaNi_5$能吸收氢气形成金属型氢化物$LaNi_5H_6$。

$$LaNi_5 + 3H_2 \xrightarrow[\text{微热}]{(200\sim300kPa)} LaNi_5H_6$$

加热金属型氢化物时，H_2即放出。$LaNi_5$合金可相当长期地反复进行吸氢和放氢。一些储氢材料的情况见表7-3。自1982年中国材料科学家王启东教授及其课题组同事在国际上开创性地利用提取铈后的廉价富镧混合稀土金属(镍合金)成功进行吸氢研究后，引起了许多国家科学家的效仿和进一步的研究。富镧混合稀土镍合金(表示为$MlNi_5$)具有比$LaNi_5$更廉价、储氢量更大，并可分离和纯化氢(氢的纯度可达99.9999%)的优点，非常适用于中小型储氢，并可达到纯化和分离的目的。

表7-3 部分储氢材料的组成和储氢容量

储氢系统	氢的质量分数(%)	氢的密度/(g/cm^3)	储氢系统	氢的质量分数(%)	氢的密度/(g/cm^3)
MgH_2(固态)	7.07	0.101	$LaNi_5H_6$(固态)	1.37	约0.092
Mg_2NiH_4(固态)	3.59	0.081	$MlNiH_{6.6}$(固态)		约0.10
VH_2(固态)	3.78	0.095	液态氢	100	0.07
Pd_4H_3(固态)	7.00	约0.07	气态氢(标准态)	100	8.9×10^{-5}
$FeTiH_{1.95}$(固态)	1.85	0.096			

氢能源的应用很广泛，在航天方面，液态氢可用作火箭发动机燃料；在航空方面，氢可作为动力燃料。另外，它还可以用来制造燃料电池直接发电。

7.2.6 风能

风能是地球表面大量空气流动所产生的动能。由于地面各处受到太阳辐照后气温变化不同和空气中水蒸汽的含量不同，因而引起各地气压的差异，在水平方向由高压地区向低压地区流动，即形成风。风能资源决定于风能密度和可利用的风能年累积小时数。风能密度是单位迎风面积可获得的风的功率，与风速的三次方和空气密度成正比关系。据估算，全世界的风能总量约为1300亿kW，中国的风能总量约为16亿kW。

图7.5 风能发电

风能资源受到地形的影响较大，世界风能资源多集中在沿海和开阔大陆的收缩地带，如美国的加利福尼亚州沿岸和北欧的一些国家，中国的东南沿海(图7.5)、

内蒙古、新疆和甘肃一带风能资源也很丰富。中国东南沿海及附近岛屿的风能密度可以达到 300W/m^2 以上，3～20m/s 的风速年累计超过 6000h。内陆风能资源最好的区域是沿内蒙古至新疆一带，风能密度也在 200～300W/m^2，3～20m/s 的风速年累计 5000～6000h。这些地区适于发展风力发电和风力提水。新疆达坂城风力发电站 1992 年已装机 5500kW，是中国最大的风力电站。

在自然界中，风是一种可再生、无污染而且储量巨大的能源。随着全球气候变暖和能源危机，各国都在加紧对风力的开发和利用，尽量减少二氧化碳等温室气体的排放，保护人类赖以生存的地球。

风能的利用主要是以风能作动力和风力发电两种形式，其中又以风力发电为主。风能作动力，就是利用风来直接带动各种机械装置，如带动水泵提水等，这种风力发动机的优点是投资少、工效高、经济耐用。目前，世界上有一百多万台风力提水机在运转。澳大利亚的许多牧场都设有这种风力提水机。在很多风力资源丰富的国家，科学家们还利用风力发动机铡草、磨面和加工饲料等。利用风力发电，以丹麦应用最早，而且使用较普遍。丹麦虽然只有 500 多万人口，却是世界风力发电大国和风力发电设备生产大国，世界 10 大风轮生产厂家中，有 5 家在丹麦，世界 60%以上的风轮制造厂都在使用丹麦的技术，是名副其实的“风车大国”。截至 2006 年年底，世界风力发电总量居前 3 位的分别是德国、西班牙和美国，三国的风力发电总量占全球风力发电总量的 60%。此外，风力发电还逐渐走进居民住宅。在英国，迎风缓缓转动叶片的微型风能电机正在成为一种新景观。家庭安装微型风能发电设备，不但可以为生活提供电力，节约开支，还有利于环境保护。堪称世界“最环保住宅”的是由英国著名环保组织“地球之友”的发起人马蒂·威廉历时 5 年建造成的，其住宅的迎风院墙前矗立着一个扇状涡轮发电机，随着叶片的转动，不时将风能转化为电能。

7.2.7 地热能

地球可以看作半径约为 6370km 的实心球体。它的构造像一个半熟的鸡蛋，主要分为三层。地球的外表相当于蛋壳，这部分叫作“地壳”，它的厚度各处很不均匀，由几千米到 70km 不等。地壳的下面是“中间层”，相当于鸡蛋白，也叫“地幔”，它主要由熔融状态的岩浆构成，厚度约为 2900km。地壳的内部相当于蛋黄的部分叫作“地核”，地核又分为外地核和内地核。

地球每一层的温度很不相同。从地表以下平均每下降 100m，温度就升高 3℃. 在地热异常区，温度随着深度增加得更快。我国华北平原将一个钻井钻到 1000m 时，温度为 46.8℃；钻到 2100m 时，温度升高到 84.5℃。另一钻井深达 5000m，井底温度为 180℃。根据各种资料推断，地壳底部和地壳上部的温度为 1100～1300℃，地核温度为 2000～5000℃。

地热作为一种可再生能源，具有热流密度大，容易收集、输送，参数(流量、温度)稳定，可全天候开采，使用方便，安全可靠等优点。随着国民经济的迅速发展和人民生活水平的提高，采暖、空调、生活用热的需求越来越大，是一般民用建筑用能的主要部分。建筑物污染控制和节能已经是国民经济的一个重大问题。在我国南方地区，气候炎热，夏季空调所消耗的能量已经占建筑物总消耗的 40%～50%。利用地热能可以实现采暖、供冷和供生活热水及娱乐保健。建成地热能综合利用建筑物，是改善城市大气环境、节省能源的一条有效途径，也是我国地热能利用的一个新的发展方向。

1. 地热能的分类

地球的深部蕴藏着巨大的热能。在地质因素的控制下，这些热能会以热蒸汽、热水、干热岩等形式向地壳的某一范围聚集，在当前技术经济和地质环境条件下能够科学、合理地开发出来利用时，便成为具有开发意义的地热资源，如图 7.6 所示。它作为替代传统的化石燃料，是解决能源短缺和环境污染问题的新能源之一，日益受到关注。目前地热资源勘查的深度可以达到地表以下 5000m。全球储存的地热资源相当于 5000 亿 t 标准煤当量，我国的地热资源约合 2000 亿 t 标准煤当量以上。按照温度，地热资源可以分为高温、中温和低温三类。温度大于 150℃ 的地热以蒸汽形式存在，叫作高温地热；90～150℃ 的地热以水和蒸汽的混合物形式存在，叫作中温地热；温度大于 25℃、小于 90℃ 的地热以温水(25～40℃)、温热水(40～60℃)、热水(60～90℃)等形式存在，叫作低温地热。高温地热一般存在于地壳活动较强的板块边界，即火山、地震、岩浆侵入多发地区，著名的冰岛地热田、新西兰地热田、日本地热田以及我国的西藏羊八井地热田、云南腾冲地热田、台湾大屯地热田都属于高温地热田。中低温地热田广泛分布在板块的内部，我国华北、京津地区的地热田多属于中低温地热田。

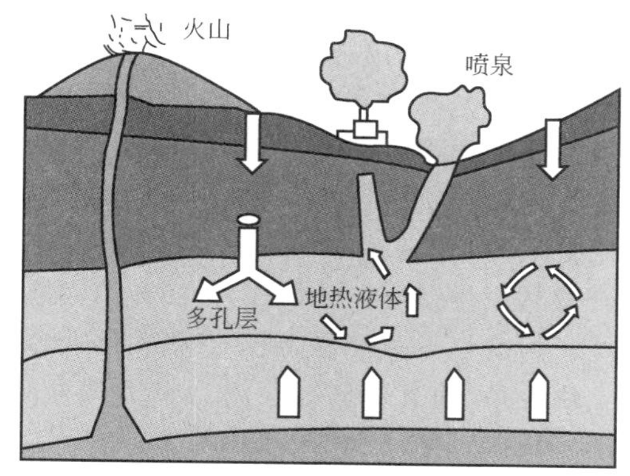

图 7.6 清洁地热能

2. 地热能的分布

地热能集中分布在构造板块边缘一带，该区域也是火山和地震多发区。如果热量提取的速度不超过补充的速度，那么地热能便是可再生的。地热能在世界很多地区应用相当广泛。据估计，每年从地球内部传到地面的热能相当于 100PW・h。不过，地热能的分布相对来说比较分散，开发难度大。

在一定地质条件下的“地热系统”和具有勘探开发价值的“地热田”都有它的发生、发展和衰亡过程，绝对不是只要往深处打钻，到处都可以发现地热。作为地热资源的概念，它也和其他矿产资源一样，有数量和品位的问题。就全球来说，地热资源的分布是不平衡的。明显的地温梯度每千米深度大于 30℃ 的地热异常区，主要分布在板块生长、开裂——大洋扩张脊和板块碰撞、衰亡——消减带部位。

3. 地热能的作用

人类很早以前就开始利用地热能。例如，利用温泉沐浴、医疗，利用地下热水取暖、建造农作物温室、水产养殖及烘干谷物等。但真正认识地热资源并进行较大规模的开发利用，却始于 20 世纪中叶。

1）地热发电

地热发电是地热利用的最重要方式。高温地热流体应首先应用于发电。地热发电和火力发电的原理是一样的，都是利用蒸汽的热能在汽轮机中转变为机械能，然后带动发电机发电。所不同的是，地热发电不像火力发电那样，要装备庞大的锅炉，也不需要消耗燃料，它所用的能源就是地热能。地热发电的过程就是把地下热能首先转变为机械能，然后把机械能转变为电能的过程。要利用地下热能，首先需要有“载热体”把地下的热能带到地面上来。目前能够被地热电站利用的载热体主要是地下的天然蒸汽和热水。按照载热体类型、温度、压力和其他特性的不同，可以把地热发电的方式划分为蒸汽型地热发电和热水型地热发电两大类。

2）地热供暖

将地热能直接用于采暖、供热和供热水是仅次于地热发电的地热利用方式。因为这种利用方式简单、经济性好，所以备受各国重视，特别是位于高寒地区的西方国家，其中冰岛开发利用得最好。该国早在1928年就在首都雷克雅未克建成了世界上第一个地热供热系统，目前这一供热系统已经发展得非常完善，每小时可以从地下抽取7740t的80℃热水，供全市11万名居民使用。由于没有高耸的烟囱，冰岛首都被誉为“世界上最清洁无烟的城市”。此外，利用地热给工厂供热，如用做干燥谷物和食品的热源，用做硅藻土生产、木材、造纸、制革、纺织、酿酒、制糖等生产过程的热源也是大有前途的。目前世界上最大的两家地热应用工厂就是冰岛的硅藻土厂和新西兰的纸浆加工厂。我国利用地热供暖和供热水发展也非常迅速，在京津地区已经成为地热利用中最普遍的方式。

3）地热务农

地热在农业中的应用范围十分广阔。如利用温度适宜的地热水灌溉农田，可以使农作物早熟增产；利用地热水养鱼，在28℃水温下，可以加速鱼的育肥，提高鱼的出产率；利用地热建造温室，育秧、种菜和养花；利用地热给沼气池加温，提高沼气的产量等。在我国，将地热能直接用于农业日益广泛，北京、天津、西藏和云南等地都建有面积大小不等的地热温室。各地还利用地热大力发展养殖业，如培养菌种，养殖非洲鲫鱼、鳗鱼、罗非鱼、罗氏沼虾等。

4）地热行医

地热在医疗领域的应用具有诱人的前景，目前热矿水就被视为一种宝贵的资源，世界各国都很珍惜。由于地热水从很深的地下提取到地面，除温度较高外，常含有一些特殊的化学元素，从而使它具有一定的医疗效果。如含碳酸的矿泉水供饮用，可以调节胃酸、平衡人体酸碱度；饮用含铁矿泉水后，可以治疗缺铁性贫血症；氢泉、硫化氢泉洗浴可以治疗神经衰弱和关节炎、皮肤病等。由于温泉的医疗作用及伴随温泉出现的特殊的地质、地貌条件，使温泉常常成为旅游胜地，吸引大批疗养者和旅游者。日本有1500多个温泉疗养院，每年吸引1亿人到这些疗养院休养。我国利用地热治疗疾病的历史悠久，含有各种矿物元素的温泉众多，因此充分发挥地热的医疗作用，发展温泉疗养行业是大有可为的。

7.2.8 海洋能

海洋能是海水运动过程中产生的可再生能，主要包括温差能、潮汐能、波浪能、潮流能、海流能和盐差能等。潮汐能和潮流能源自月球、太阳和其他星球引力，其他海洋能均源自太阳辐射。海水温差能是一种热能。低纬度的海面水温较高，与深层水形成温度差，可以产生热交换。其能量与温差的大小和热交换水量成正比。潮汐能、潮流能、海流能和波浪能都是机械能。潮汐的能量与潮差大小和潮量成正比。波浪的能量与波高的平方和波动水域面积成正比。在河口水域还存在海水盐差能(又称为海水化学能)，入海径流的淡水与海洋盐水间有盐度差，若隔以半透膜，淡水向海水一侧渗透，可以产生渗透压力，其能量与压力差和渗透能量成正比。

海洋能具有如下特点：

(1) 海洋能在海洋总水体中的蕴藏量巨大，而单位体积、单位面积、单位长度所拥有的能量较小。这就是说，要想得到大能量，就得从大量的海水中获得。

(2) 海洋能具有可再生性。海洋能来源于太阳辐射能与天体间的万有引力，只要太阳、月球等天体与地球共存，这种能源就会再生，就会取之不尽，用之不竭。

(3) 海洋能有较稳定与不稳定能源之分。较稳定的为温度差能、盐度差能和海流能。不稳定能源分为变化有规律与变化无规律两种。属于不稳定但变化有规律的有潮汐能与潮流能。人们根据潮汐潮流变化规律，编制出各地逐日逐时的潮汐与潮流预报，预测未来各个时间的潮汐大小与潮流强弱。潮汐电站与潮流电站可以根据预报表安排发电运行。既不稳定又无规律的是波浪能。

(4) 海洋能属于清洁能源，也就是海洋能一旦开发后，其本身对环境污染影响很小。

中国在东南沿海先后建成7个小型潮汐能电站，其中浙江温岭的江厦潮汐能电站具有代表性，它建成于1980年，至今已运行30多年，且运行状况良好。世界上最大的潮汐发电站是法国北部圣玛珞湾的朗斯河口电站，发电能力为24万kW·h，已经工作了30多年。

7.2.9 未来的几种新能源

1. 可燃冰

这是一种甲烷与水结合在一起的固体化合物，它的外形与冰相似，故被称为“可燃冰”。可燃冰在低温高压下，呈现出稳定状态，冰融化所释放的可燃气体相当于原来固体化合物体积的100倍。据有关组织测算，可燃冰的蕴藏量比地球上的煤、石油和天然气的总和还多。

2. 煤层气

煤在形成过程中，随着温度和压力增加，在产生变质作用的同时，也释放出可燃性气体。从泥炭到褐煤，每吨煤产生$68m^3$气；从泥炭到烟煤，每吨煤产生$130m^3$气；从泥炭到无烟煤，每吨煤产生$400m^3$气。科学家估计，地球上煤层气可以达到$2000Tm^3$。

3. 微生物

世界上有不少国家盛产甘蔗、甜菜、木薯等，利用微生物发酵，可以制成酒精，酒精具有燃烧完全、效率高、无污染等特点，用其稀释汽油，可以得到“乙醇汽油”，而且制作酒精的原料丰富、成本低廉。据报道，巴西已经改装“乙醇汽油”或酒精为燃料的汽车达几十万辆，减轻了大气污染。此外，利用微生物可以制取氢气，以开辟能源的新途径。

【网络导航】

通向能源信息的便车道

能源是一个国家国民经济的重要基础之一。在经济蓬勃发展的情况下，我国的能源工业面临着需求增长与环境保护的双重压力。新能源与可再生能源不仅具备清洁无污染，取之不尽、用之不竭的特点，而且在预防突发事件、军事等多方面具有不可替代的作用，从而大力开发利用新能源和再生能源已成为实现可持续发展社会的必要条件。下面列出了有关能源方面的一些网址，在这里我们可以了解到国内外能源信息、国家能源政策、国际合作与“十二五”新能源发展的总目标等。

(1) 中国能源网：http：//www.china5e.com。

(2) 中国新能源网：http：//www.newenergy.org.cn/，是新能源和可再生能源领域内的综合性信息网站，由中国科学院广州能源研究所主办。

(3) 核电之窗：http：//np.chinapower.com.cn/，由国家电力公司核电办公室承办的网站，其中“核电技术”栏目下的“核科普”可以获得很多相关知识，而“核电新闻”有国内外核电发展的最新信息。

(4) 每周增加新内容的“为什么”网站：http：//www.whyfiles.org是University of Wisconsin的研究生院维护的，进入Archives(数据库存储器)，Browse by Subject(按题目)搜索项目下选Technology，可找到有关“Nuclear Weapons”“Renewable Energy”“Nanotech Advance”的解释，图文并茂。

本章小结

能源是指能够转换成热能、光能、电磁能、机械能、化学能等各种能量形式的自然资源。

一、常规能源

1. 煤

分类：泥煤、褐煤、烟煤和无烟煤。

组成：构成煤的主要元素是C，还有H、O、N、P、S等。

综合利用：煤的焦化、气化、液化。

2. 石油

组成：是由相对分子质量不同的各种烷烃、环烷烃和芳烃等所组成的复杂混合物。

加工方法：分馏、裂化、重整、精制等。

3. 天然气

主要成分是甲烷，还含有少量乙烷和丙烷，是清洁燃料，燃烧值高。

二、新型能源

1. 核能

核反应：实现原子核转变的反应，分核裂变和核聚变两类。

核能：核反应过程中由于原子核的变化，伴随的巨大能量变化，又叫原子能。

2. 太阳能

优点：能量巨大、来源方便和清洁干净。

缺点：强度弱、不连续和不稳定。

利用方式：光—电转换、光—热转换和光—化学转换。

3. 生物质能

分类：森林能源、农作物秸秆、禽畜粪便和生活垃圾。

特点：可再生性、低污染性、广泛分布性和总量十分丰富。

利用：直接燃料和间接燃料。

4. 绿色电池

化学电源是通过氧化还原反应将化学能转变为电能的装置，主要有锌锰干电池、铅蓄电池、银锌电池和燃料电池等。

绿色电池分类：锂离子电池、钠硫电池和银锌电池。

5. 氢能

优点：资源丰富；燃烧焓值大；清洁能源。

6. 风能

风是一种可再生、无污染而且储量巨大的能源。

风能的利用主要是以风能作动力和风力发电两种形式，其中又以风力发电为主。

7. 地热能

分类：按照温度，地热资源可以分为高温、中温和低温三类。

作用：地热可用于地热发电、地热供暖、地热务农和地热行医。

8. 海洋能

分类：主要包括温差能、潮汐能、波浪能、潮流能、海流能和盐差能等。

特点：蕴藏量巨大；可再生性；清洁能源。

9. 未来的几种新能源

未来新能源包括可燃冰、煤层气、微生物等，它们的共同特点是资源丰富，没有污染。

习题与思考题

简答题

1. 煤的直接燃烧存在哪些问题？煤的综合利用主要有哪些途径？

2. 石油的主要成分是什么？石油炼制主要包括哪些过程？主要作用是什么？

3. 石油通过分馏可得到哪些主要产品？各有哪些主要用途？

4. 煤的干馏与石油的分馏在本质上有什么不同？

5. 天然气的主要成分是什么？有哪些主要用途？

6. 与常规能源相比，新能源有哪些优点和缺点？

7. 在新能源的探索中，为什么氢气被认为是理想的二次能源？

8. 绿色电池与传统铅蓄电池相比有何优点？

9. 什么是生物质能？当前世界利用生物质能的技术有哪些？

10. 原煤、石油气(液化气)、天然气、柴草都是我国的家用能源。试比较它们的优缺点。

11. 通过本章的学习，你对人类未来能源开发前景有何感想？

第8章 化学与环境

知识要点	掌握程度	相关知识
水污染及其防治	熟悉水污染的分类及水污染防治的方法	水体污染分类、水体污染防治方法
大气污染及其防治	熟悉大气污染的分类及大气污染防治的方法	光化学烟雾、臭氧层的破坏、酸雨、温室效应、大气污染防治方法
土壤污染及其防治	熟悉土壤污染的分类及土壤污染防治的方法	土壤组分、土壤结构、土壤污染分类、土壤污染防治
环境保护与可持续发展	了解环境保护和可持续发展的定义，及其相互之间的关系	环境保护、可持续发展

导入案例

“是走路还是开车?” “是爬楼梯还是坐电梯?”“室温是28℃还是27℃?”“怎样才可以减少碳排量”……这些问题越来越引起一些人的思考，在生活中、工作中，他们厉行“低碳”原则，也因此得到了一个共同的雅号——“低碳族”，在“低碳”如此流行的今天，你低碳了吗?随着这句问候语的流行，“低碳生活”理念越来越深入人心，现代人开始逐渐步入“低碳生活”时代(图8.1)。

图8.1 倡导低碳生活

低碳，指更低的温室气体(以二氧化碳为主)的排放。随着世界工业经济的发展、人口的剧增、人类欲望的无限上升和生产生活方式的无节制，二氧化碳排放量越来越大，地球臭氧层正遭受前所未有的危机。气候变化，全球变暖，已经使整个地球不堪重负，海啸、干旱、地震、酷热、严寒，这些气象灾害正在不断向人类发出警报。是时候采取行动了，是时候让地球重回绿色了，低碳经济时代、低碳生活时代已经来临。也许人类迈出的只是几小步，但对于整个自然环境来说，可能就会是几大步。低碳生活作为一种生活方式，指低能量、低消耗、低开支的生活方式。低碳生活代表着更健康、更自然、更安全的生活方式，正潜移默化地改变着人们的生活。

8.1 水污染及其防治

【环境与环境问题】

地球表面上水的覆盖面积约占3/4，其中海洋含水量占地球上总水量的97%，高山和极地的冰雪含水量占地球总水量的2.14%，但能被人类利用的水资源仅占地球总水量的0.64%，并且这部分水在地球上的分布极不均衡，一些国家和地区的淡水资源极度匮乏。人类年用水量接近1万亿立方米，而全球有60%的陆地面积淡水供应不足，造成近20亿人饮用水短缺。目前，拥有世界人口40%的约80个国家正面临水源不足，其农业、工业和人民健康受到威胁。我国属于全球13个贫水大国之一。目前，我国国土面积的30%、人口面积的60%处于缺水状态。联合国早在1977年就向全世界发出警告：不久以后，水源将成为继石油危机之后的另一个更为严重的全球性危机。因此，水、特别是淡水已经成为极其宝贵的自然资源。

就人类生活、生产、建设而言，水是不可缺少的物质。比如工业，几乎没有一种工业能离开水，可以毫不夸张地说，水已经成为工业城市的动脉。就生命机体自身而言，水是一切生命机体的组成物质，如人体，水约占体重的2/3。在生物体的新陈代谢中，水是一种重要介质、担负着养分在生物体内的输送、代谢产物的排出等重要任务。可以说，没有水就没有生命。

水在环境体系中不断地循环着。在太阳辐射作用下，地球表面的大量水分被蒸发至空中，被气流输送至各地。同时，水蒸汽在空中冷凝成为液体或固体而以雨、雪、冰雹等形式降落到地球表面，汇集到河流并进入江、河、湖泊和海洋。水分的这种往返循环不断转移交替的现象叫作水循环。这种循环也有一定的周期或规律。如整个大气圈的水汽应该在10天内完成一次循环，其更新交换时间为0.027年，而整个水圈的更新交换时间是2800年，地下水的更新交换时间是5000年，陆地上地表水更新交换时间为7年，河流的更新交换时间为0.031年。

8.1.1 水污染

水是常见的溶剂，可溶解多种物质，这种性质使天然水中富含各种矿物质及其他可溶性物质。由于水的循环作用，使得各种可溶性物质或悬浮物质都能被带进自然界各种形态的水中。当污染物质进入水体中，将影响水质。如果污染物的含量过大，超出了水体的自净能力，破坏了水体的生态平衡，使水和水体的物理、化学性质发生变化而降低了水体的使用价值，就称之为水体污染。全世界75%左右的疾病与水体污染有关，如常见的伤寒、霍乱、痢疾等疾病的发生与传播都和直接饮用水污染紧密相关。

水体污染分为自然污染和人为污染两大类，以后者为主。自然污染是由于自然原因所造成的，如天然植物在腐烂过程中产生有毒物质，以及降雨淋洗大气和地面后将各种物质带入水体，都会影响该地区的水质；人为污染是生产和生活中产生的废水对水体的污染，包括工业废水、农田排水、矿山排水、城市生活污水等。

水体污染也可以根据污染性质分为化学性污染、物理性污染、放射性污染及生物性污染。其中，化学性污染是指由于化学物质所引起水体自身化学成分的改变而引起的污染；物理性污染包括色度、浊度、温度等变化或泡沫状物质引起的污染；放射性污染主要是由于核燃料的开采及炼制、核反应堆的运转、核武器试验等引起的污染；生物性污染指水体中的微生物或病毒等引起的水污染。下面介绍几种主要的水体污染现象。

1. 重金属污染

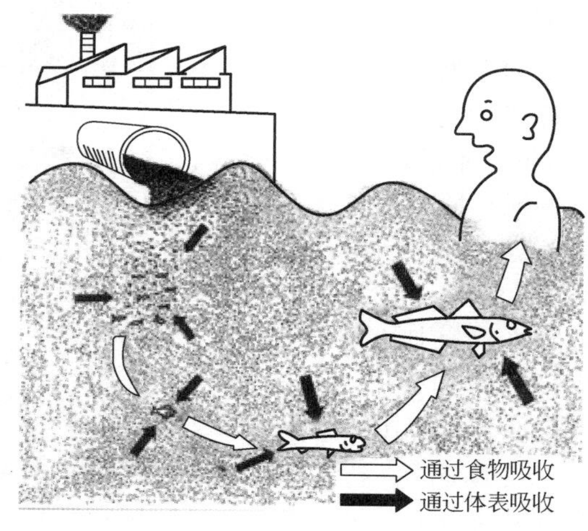

图8.2　日本水俣病事件致病原因

有毒物质对水体的危害性非常大，如重金属汞、镉、铜、铅、铬、砷等，都具有较大的毒性，只需要少量便可污染大片水体。虽然水中的微生物对许多有毒物质有降解功能，但对于重金属，这些微生物无能为力。相反，部分重金属还可在微生物作用下转化为金属有机化合物，产生更大的毒性。更为严重的是，此类物质可通过食物链层层积累，最终在人类食用水产品后进入人体，与蛋白质、酶发生作用而使其失去活性，导致中毒。

震惊日本的水俣病事件就是因为居民长期食用汞（以甲基汞形式存在）含量超标的海产品所致（图8.2），其发病症状为智力障碍、运动失调、视野缩小、听力受损等。水中的汞主要来源于汞极电解食盐场、汞制剂农药厂、用汞仪表厂等的废水。20 世纪 60 年代发生于日本的骨痛病是因为居民饮用水中镉含量(主要以 Cd^{2+} 形式存在)超标造成。当饮用水中镉含量超过 0.01mg/L 后，将积存于人体肝、肾等器官，最终造成肾脏再吸收能力不全，干扰免疫球蛋白的制造，降低机体的免疫能力并导致骨质疏松和骨质软化。含镉污水主要来源于金属矿山、冶炼厂、电镀厂、某些电池厂、特种玻璃制造厂及化工厂等。

铅及其化合物均有毒性，人体中毒后易引发贫血、肝炎、神经系统疾病，表现为痉挛、反应迟钝、贫血等，严重时可引发铅性脑病。含铅废水来源于金属矿山、冶炼厂、电池厂、油漆厂等的废水(主要以 Pb^{2+} 形式存在)。汽车尾气中也含有铅(以四乙基铅的形式存在)。

铬可引起皮肤溃烂、贫血、肾炎等，甚至可能引发癌症。水中铬(主要以铬酸根 CrO_4^{2-} 或重铬酸根 $Cr_2O_7^{2-}$ 形式存在)来源于冶炼厂、电镀厂及制革、颜料等工业的废水。

砷的有毒形态主要是 As_2O_3(砒霜)，对细胞有强烈的毒性。人体中毒表现为呕吐、腹泻、神经炎、肾炎等。砷可致癌。

2. 有机物污染

自从农药问世并大量使用以后，有毒合成有机物成了水体污染的又一大来源。其中，比较有代表性的有滴滴涕(DDT)、六六六、多氯联苯(PCB)等，这些物质性质稳定，难以被降解，对水体危害大，危及面广。曾经有人在生长于南极的企鹅体内测出 DDT，生长于北冰洋的鲸鱼中测出 PCB。

除了直接污染水体的有毒物质外，还有一类有机物通过消耗水中溶解的分子态的氧来使水体性质改变进而污染水体，这类有机物称为耗氧有机物。生活污水和工业废水中所含的碳水化合物、蛋白质、脂肪等有机物都属于耗氧有机物，它们的存在对饮用水和水养殖业危害甚大。

3. 水体的富营养化

随着城市人口的不断增长，城市生活污水排放量也急剧增加，而污水处理能力的发展速度却远远落后，加之工业废水、农田排水等大量排放，从而造成湖泊、水库、河流水流缓慢段的污水含量迅速增大。同时，这些污水中所含的氮、磷等植物生长所必需的营养物质含量也迅速超标。由于营养物质的过剩、使得藻类及其他浮游生物迅速繁殖。一方面大量消耗掉水中的溶解氧，一方面其覆盖于水面遮挡了阳光，导致水中的鱼类和其他生物大量死亡与腐烂，使水质不断恶化，这种现象称为水体富营养化。富营养化污染若发生于海洋水体中，将使海洋中浮游生物暴发性增殖、聚集而引起水体变色，这种现象称为赤潮。我国近年来频发赤潮，给海洋资源、渔业带来巨大损失。富营养化污染若发生于淡水，同样引起蓝藻(严格意义上应称为蓝细菌)、绿藻、砧藻等藻类迅速生长，使水体呈蓝色或绿色，这种现象称为水华。我国的洞庭湖在近年就发生了比较严重的富营养化污染。三峡工程蓄水后，支流水质有恶化趋势，部分区域出现水华，且发生范围、持续时间、发生频次明显增加。另外，太湖、滇池、巢湖、洪泽湖都曾发生水华(图 8.3)。“50 年代淘米洗菜，

图 8.3　太湖蓝藻污染

60年代洗衣灌溉，70年代水质变坏，80年代鱼虾绝代。”水质的恶化使本来就严重缺水的状态雪上加霜。因此，保护水资源已经成为关系国计民生的头等大事。

8.1.2 水污染的防治

【拷问饮用水安全】

工业废水和城市污水的任意排放是造成水污染的主要原因。要控制并进一步消除水污染，必须从污染源抓起，即从控制废水的排放入手，妥善处理城市污水及工业废水，积极对各种废水实施有效的技术处理，将废水中的污染物质分离出来，或将其转化为无害物质。同时，加强对水体及其污染源的监测和管理，尽可能防止水污染。将“防”“治”“管”三者结合起来。

污水处理通常分为三级处理。

一级处理：属于初级处理或预处理，目的是去除水中的悬浮物和漂浮物。经过一级处理后，悬浮固体去除率可达70％～80％。

二级处理：目的是去除废水中呈胶体状态和溶解状态的有机物。经二级处理后，废水中有机物可除去80％～90％，通常都能达到排放标准。

三级处理：属于深度处理，处理后的水通常可达到工业用水、农业用水和饮用水的标准，但成本高，一般只用于严重缺水的地区和城市。

城市污水处理以一级处理为预处理，二级处理为主体，三级处理较少使用。

对污水的技术处理而言，要针对不同的污染物采取对应的处理方法，主要方法如下。

(1) 物理法：主要用于分离废水中呈悬浮状态的污染物质，使废水得到初步净化，包括沉淀、过滤、离心分离、气浮、反渗透、蒸发结晶等方法。

(2) 化学法：通过化学反应的作用来分离或回收废水中的污染物，或将其转化为无害物质。常采用的方法有中和、混凝、氧化还原等。

中和法是针对污水排放前，pH接近中性的要求而采取的一种化学处理方法。对酸性污水，一般加入无毒的碱性物质如石灰、石灰石等，中和水中的酸性物质而使水质接近中性，如用氢氧化钙处理污水中含有的硫酸反应式为

$$Ca(OH)_2 + H_2SO_4 \longrightarrow CaSO_4 + 2H_2O$$

同理，对碱性污水，可加入酸性物质加以中和，通常对碱性不是太高的污水，可通入烟道气体(含大量的CO_2气体)，CO_2气体溶于水成碳酸，从而中和污水中的碱。

混凝法即是废水处理中加入明矾、聚合氯化铝、硫酸亚铁、三氯化铁等物质，这些物质在水中会发生水解生成带电胶体，这些带电的微粒有助于污水中带电细小悬浮物的沉淀。

氧化还原法是针对废水中的部分在氧化剂(如氧气、漂白粉、氯气等)或还原剂(如铁粉、锌粉等)的作用下，可被氧化或还原成无毒或微毒物质的污染物而采取的治理手段。

(3) 物理化学法：包括萃取、吸附、离子交换、反渗透、电渗析等，该法主要是分离废水中的溶解物质，同时回收其中的有用成分，从而使废水得到进一步处理。

(4) 生物处理法：通过微生物的代谢作用，将废水中部分复杂的有机物、有毒物质分解为简单的、稳定的无毒物质。目前，常用的有需氧的活性污泥法、生物滤池法，厌氧的生物还原法等。

生物处理法可用来处理多种废水，适于大量污水的处理且效果好，近年来已成为处理生活污水和某些有机废水的主要方法。

另外，就国家政策角度而言，要从根本上防治水体污染，除了需要加强宣传教育外，还需要以法律的形式来强制执行河水排放等方面的约束。目前，我国水环境治理方面的法规主要是《中华人民共和国水污染防治法》，该法规的发布和实施为我国水环境的治理提供了有力的法律保障。

8.2 大气污染及其防治

包围地球并随地球运动的气体外壳称为地球大气，简称大气、大气层或大气圈。人类生活在大气圈中，依靠空气中的氧气而生存。一般成年人每天需要呼吸 $10\sim12m^3$ 的空气，相当于一天进食量的10倍、饮水量的5倍。同时，大气层也是地球生命的保护伞，因为它吸收了来自外层空间且对地球生命有害的大部分宇宙射线和电磁辐射，尤其是紫外辐射。可见，大气对地球和地球生命是极为重要的。

【危机开始】

然而，人类在战胜自然、利用自然、改造自然的同时，却让大气环境“很受伤”。近代工业的高速发展和当初人们对环境保护的不重视，让人类付出了惨重的环境代价。洛杉矶光化学烟雾事件、伦敦烟雾事件等几次严重的大气环境污染公害事件的出现，让各国政府开始正视人类赖以生存的大气环境问题，其中，大气污染问题更是越来越得到科学家和公众的关注，大气污染原理及防治的研究工作也得到政府部门的大力支持。逐渐地，从大气科学和环境科学中分化出一门独具特色而又无可替代的分支学科：大气环境化学。大气环境化学是研究对环境有重要影响的大气组分在大气中化学行为的一门科学。其研究对象几乎涵盖了所有与大气相关的气态物质、颗粒物质、大气降水以及一些不稳定物质，研究内容主要涉及大气环境中物质的迁移转化规律、气候变化的大气化学原理、大气污染原理及治理、大气环境评价等诸多方面。随着全球和区域性大气污染问题的出现以及一些全球性国际公约的制定和执行，大气环境化学在短短几十年内得到了快速的发展，对于控制环境污染、改善大气质量具有重要意义，同时又促进了其母体学科即大气科学与环境科学的长足发展。

8.2.1 大气污染

最近三四十年，人们注意到地球上出现了一些影响生态平衡和人类生存的重大环境问题。其中极为突出并带有全球性潜在威胁的四大问题是：光化学烟雾、臭氧层破坏、酸雨、温室效应。

1. 光化学烟雾

所谓光化学烟雾，是指大气中的碳氢化合物、氮氧化物(NO_x)等一次污染物及其在太阳光中紫外线照射下发生光化学反应而衍生的二次污染物的混合物(气体和颗粒物)所形成的烟雾(主要成分仍然是 NO_x)，如图8.4所示。在

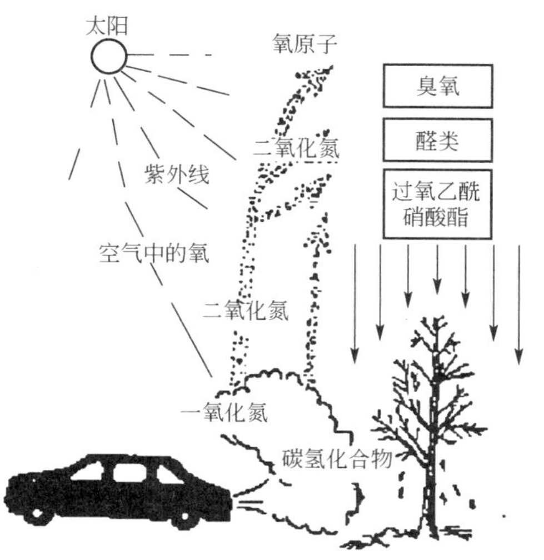

图8.4 光化学烟雾的成因及危害示意图

日本、加拿大、德国、澳大利亚等国都先后出现过较严重的光化学烟雾事件，甚至在我国的兰州、成都、广州都曾经出现过较轻微的光化学烟雾事件。而光化学烟雾中的一次污染物主要来自目前正在激增的汽车所排放的尾气，其形成光化学烟雾机制与自由基反应密切相关，反应过程可表示为

$$NO + O_2 \longrightarrow NO_2 + O\cdot$$

$$NO_2 + h\nu \longrightarrow NO + O\cdot$$

$$O\cdot + O_2 \longrightarrow O_3$$

所生成的 O_3 是一种强氧化剂，可与大气中的有机物发生反应生成一系列复杂的有机化合物，其中有的物质挥发性小，容易凝聚成气态溶胶而降低空气能见度；部分醛酮类物质具有较强刺激性。反应过程中，还会生成一种过氧乙酰自由基，这种自由基将和 NO_2 作用生成过氧乙酰硝酸酯(PAN)。这些物质对动植物和建筑物伤害很大，其中对人和动物的伤害主要是刺激眼睛和呼吸道组织，引起眼红流泪、气喘咳嗽等。特别是PAN，是一种对生物具有强烈作用的氧化剂，也是一种强烈的催泪剂，其催泪作用是甲醛的200倍。1952年12月5—8日，英国伦敦发生烟雾事件，历史上称为伦敦烟雾事件。因为当时燃煤产生的烟雾不断积聚，能见度只有5m，大气烟尘浓度最高达4.46mg/m^3，二氧化硫浓度最高达1.34mg/m^3，形成的酸雾pH达到1.6，数千市民感到胸闷，并伴有喉痛、呕吐等症状，支气管炎、冠心病、肺结核、肺癌等患者死亡率成倍增长。1970年7月18日，东京发生光化学烟雾事件，部分东京学生突发咳嗽、喉痛，均住院治疗。其后的7月19—21日、23—25日又连续发生光化学烟雾。许多居民眼睛感到不适，约有2万人患上红眼病。经东京都公害研究所调查，认定此次事件是由于氮氧化物超过警戒标准所致。

目前，汽车领域已经制定了一系列的尾气排放标准，其中影响最大的就是欧洲排放标准。欧洲排放标准是由欧洲经济委员会(ECE)的排放法规和欧盟(EU)的排放指令共同构成的。排放法规由ECE参与国自愿认可，排放指令是EU参与国强制实施的。汽车排放的欧洲法规(指令)标准1992年前已实施若干阶段，欧洲从1992年起开始实施欧Ⅰ型(欧Ⅰ型认证排放限值)，1996年起开始实施欧Ⅱ型(欧Ⅱ型认证和生产一致性排放限下同)，2000年起开始实施欧Ⅲ型，2005年起开始实施欧Ⅳ型。

2. 臭氧层的破坏

【你不知道的臭氧】

地球周围塞着一层厚厚的大气，人类和一切生物都生活在大气的“海洋”中。大气掩护着地球，使地球免遭紫外线等各种有害射线的袭击。如果太阳辐射出的紫外线全部畅通无阻地到达地面，那地球上现有的生命恐怕早就荡然无存了。大气中吸收紫外线的“主将”就是臭氧。

臭氧含量虽然低，吸收紫外线的能力却很强，臭氧层对地球生物而言，无异于一把天然的保护伞，因为它阻挡或吸收了来自太阳的高能量紫外线辐射。这种辐射如没有经大幅减弱直接到达地面，则将损害乃至破坏生物体内的蛋白质和DNA，造成细胞死亡，对地球生物造成不可估量的损失，甚至导致地球生态系统的全面崩溃。有研究认为，如果平流层的 O_3 总量减少1%，预计到达地面的有害紫外线将增加2%。

然而，人类活动却在不经意地破坏着这把保护伞。1984 年，英国科学家首先发现南极上空出现臭氧层空洞。1985 年，美国的气象卫星探测到了这个“洞”，其面积与美国领土相等，深度相当于珠穆朗玛峰的高度。1989 年，科学家又在北极上空发现臭氧层空洞。1994 年，南极上空的臭氧层破坏面积已达 24000000km^2，北半球上空的臭氧层比以往任何时候都薄，欧洲和北美上空的臭氧层平均减少了 10%～15%，西伯利亚上空甚至减少了 35%。我国的青藏高原等地上空也发现臭氧层在逐渐变稀薄。尤其让人担心的是，臭氧层空洞扩大的趋势并没有得到明显有效的控制。科学家警告说，地球上臭氧层被破坏的程度远比一般人想象的要严重得多，臭氧层破坏的后果是很严重的。

对人类而言，紫外线的增强将导致皮肤癌患病概率大幅提高、白内障发病率激增、人体免疫系统机能降低等严重后果。大量疾病的发病率和严重程度都会增加，尤其是麻疹、水痘、疱疹等病毒性疾病，疟疾等通过皮肤传染的寄生虫病，肺结核和麻风病等细菌感染以及真菌感染疾病等。

对陆生植物而言，紫外线的增强使得植物的生理和进化过程都将受到影响，比如豆类、瓜类等作物，另外某些作物如土豆、番茄、甜菜等的质量将会下降；对森林和草地，可能会改变物种的组成，进而影响不同生态系统的生物多样性分布。

对水生生态系统来说，海洋浮游植物的生长和分布也将受到紫外线增强的较大影响，而这些植物是大气中 CO_2 气体的重要吸收者，进而将导致温室效应的加剧。同时，鱼、虾、蟹、两栖动物和其他动物的繁殖力、幼体发育等受到损害。要知道，世界上 30%以上的动物蛋白质来自海洋。

此外，紫外线的增强对生物化学循环、材料等也将造成负面影响。

现在，人们普遍认为氟氯烃类物质的大量使用和排放是造成臭氧层破坏的主要原因。氟氯烃类物质是 20 世纪以来，随着工业的发展，人们在制冷剂、发泡剂、喷雾剂以及灭火剂中广泛使用的一种性质稳定、不易燃烧、价格便宜的有机物质。但是，当这种物质进入大气平流层后，受紫外线辐射而很容易分解出原子态的自由基(Cl·)，而 Cl·可轻易地引发破坏臭氧分子的连锁反应，但它仅仅充当了催化剂的角色，自身并没有消耗，从而能反复分解 O_3。

另外，人类的其他活动，如汽车尾气、大型喷气式飞机的尾气、核爆炸烟尘甚至氮肥的使用，都将向大气排放一定的氮氧化物，进入大气平流层的部分氮氧化物也将引起 O_3 的破坏。平流层的 NO 在破坏 O_3 的过程中也起的是催化作用。

3. 酸雨

未受污染的天然降水由于吸收了大气中的 CO_2 而显弱酸性，其 $pH \approx 5.6$。当降水的 $pH < 5.6$ 时，我们称其为酸雨。显然，酸雨的形成是因为天然降水中溶入了其他酸性物质。1852 年在英国曼彻斯特首次发现酸性降水，1872 年英国科学家史密斯首先提出“酸雨”这一专有名词。现在，世界上形成了欧洲、北美和中国三个酸雨区。欧洲酸雨区主要以德、法、英等国为中心，波及大半个欧洲地区；北美酸雨区包括美国和加拿大在内的北美地区。这两个酸雨区的总面积大约 1000 多万平方千米。我国酸雨区覆盖四川、重庆、广东、广西、湖南、湖北等省(自治区)市地区，面积达 200 多万平方千米，个别地区曾出现 $pH < 4.0$ 的降水。我国酸雨区面积扩大之快、降水酸化率之高，在整个世界上也是罕见的。

酸雨，被称为“天堂的眼泪”或“空中的死神”，给地球生态环境和人类社会经济都带来了严重的影响和破坏。研究表明，酸雨会造成土壤酸化、肥力降低，影响农作物生长，对森林的危害也很大。被酸雨酸化了的水和土地，大多数生物就会死亡，甚至消失，使土壤更“酸”、更贫瘠，农作物减产。据报道，北美酸雨区已发现大片森林死于酸雨。欧洲中部有100万公顷的森林由于酸雨的危害而枯萎死亡；意大利的北部也有9000多公顷的森林因酸雨而死亡。我国四川、广西等省(自治区)有10多万公顷森林也正在衰亡。

对水体而言，酸雨会污染河流、湖泊和地下水，影响浮游生物的生长繁殖，减少鱼类食物来源，破坏水生生物系统。如在瑞典的90000多个湖泊中，已有20000多个遭到酸雨危害，4000多个成为无鱼湖；挪威有260多个湖泊鱼虾绝迹；加拿大有8500余个湖泊全部酸化；美国至少有1200个湖泊全部酸化，成为“死湖”，鱼类、浮游生物，甚至水草和藻类纷纷绝迹。

酸雨对建筑、桥梁、名胜古迹等均带来严重危害。世界上许多古建筑和石雕艺术品遭酸雨腐蚀而严重损坏，如古希腊、罗马的文物遗迹，加拿大的议会大厦，我国的乐山大佛等均遭酸雨侵蚀而严重损坏。

酸雨成分中，90%以上为硫酸和硝酸，其余是盐酸、碳酸和少量有机酸。我国的酸雨中主要是硫酸。酸雨是由于煤和石油在燃烧过程中所排放出的二氧化硫和氮氧化合物等气体，在空气中发生自由基氧化等反应，生成物溶解于雨水而形成的，如图8.5所示。

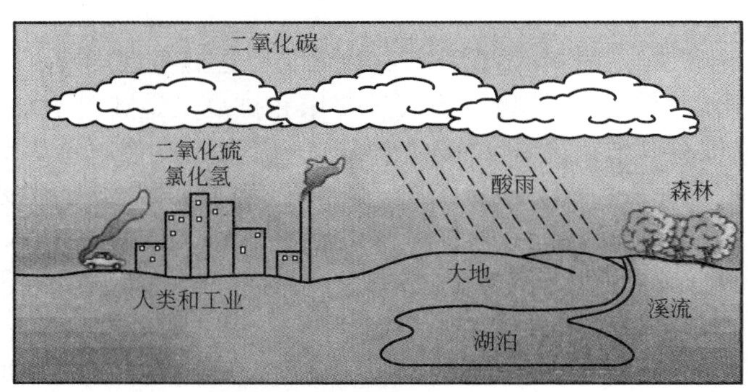

图 8.5　酸雨形成原因示意图

对于SO_2，从其自身性质来看，既能够被氧化成SO_3，又能够被还原成单质S或H_2S。在通常情况下，气态SO_2并不容易直接被氧化。但是在大气的氧化环境中，由于强烈的太阳光辐射的影响，SO_2比较容易被激发成激发态，而后发生光化学氧化。由于SO_2极易溶解于水，因此部分SO_2也会溶解于大气中的水蒸汽而生成亚硫酸H_2SO_3，并吸附于其周围的固体颗粒，而液相状态下，H_2SO_3很容易就被空气中的各种氧化性物质氧化成H_2SO_4，这就是SO_2的液相氧化过程。

NO是燃烧过程中直接排放到大气中的污染物，很容易被氧化成NO_2，NO_2在大气中能发生光分解反应，并能与大气中的氧化性物质反应，比如与HO·反应生成硝酸(HNO_3)。HNO_3在大气中的光解速度很慢，但沉降速度很快，加之其具有很大的溶解度，故容易成为酸雨的主要成分。

全球每年排放进大气的 SO_2 约1亿t，NO_2 约5000万t。所以，要控制酸雨形势不断严峻的势头，只有世界各国联手行动控制 SO_2 和 NO_2 的排放。我国在1995年8月颁布了新修订的《中华人民共和国大气污染防治法》，其中明确规定要在全国划定酸雨控制区和 SO_2 污染控制区，以求在双控区内强化对酸雨和 SO_2 的污染控制。双控政策实施至今，效果显著。

4. 温室效应加剧

我们的地球就像一个大温室，地球大气中的 CO_2 和其他微量气体，它们几乎不吸取太阳光却能大量吸取地面的长波辐射，这些气体称为温室气体，其中最主要的就是 CO_2。如果没有温室气体，实际地球表面的平均温度将不是现在的15～16℃，而是约18℃，温室气体就像是给地球盖上了一条被子，使地球不会“着凉感冒”。温室效应曾对地球的发展起着积极的作用。

但是近十年来，由于人口急剧增加，工业迅速发展，温室气体远远超过了过去的水平，而且植被破坏、森林大量减少、水土流失、降水量大大降低，减少 CO_2 转化为有机物的条件，破坏了 CO_2 的生成和转化的动态平衡，地球就像捂在一口锅里，温度逐渐升高，就形成“温室效应”。目前温室效应造成了地球气候变暖，出现了干旱、洪涝、飓风等自然灾害，更令人担忧的是，由于气温升高，将使两极地区冰川融化(图8.6)，海平面升高，许多沿海城市、岛屿或低洼地区将面临海水上涨的威胁，甚至被海水吞没。20世纪60年代以来，非洲撒哈拉牧区曾发生持续6年的干旱，饥饿致死者越过150万人，这是“温室效应”给人类带来灾害的典型事例。

图8.6 温室效应导致冰雪融化

为了控制温室气体的排放量，抑制全球变暖趋势，各国政府及一些世界组织都在不断地采取措施，并制定了一系列世界规则：1985年，世界气象组织和联合国环境规划署在奥地利召开全球学者和政府官员大会，向全世界呼吁认真对待气候变暖，因此引发了一系列国际性的政策措施的制定；1992年在巴西召开的联合国环境与发展大会上，166个国家联合签署了《气候变化框架公约》；1997年12月，150多个联合国气候变化公约签字国又在日本京都召开了气候会议，最后签署了《京都议定书》，对工业化国家的温室气体排放量规定了削减指标；2007年，联合国环境规划署将该年世界环境日主题确定为“冰川消融，后果堪忧”，为此，各国政府都在积极采取措施，如开发水能、太阳能、核能等新型能源，并积极调整能源结构、提高能源利用率、大量植树造林等，为抑制全球变暖做出应有的贡献。

8.2.2 大气污染的防治

【天问大气＋真相追踪】

SO_2、NO_x、CO、O_3 和烃类等气体是造成大气污染的主要污染物，大气环境质量的好坏与这些污染物在空气中的含量有关。

大气污染大部分源于燃料的燃烧，一方面源于燃料的品种，另一方面是燃烧条件所造成的。因此，为了防止大气污染，既要改变能源的结构与成分，又要改善燃烧条件，尽可能减少污染气体的排放。

由于烟道气中的 SO_2 呈酸性，选用碱性溶液来吸收，如用碱性 Na_2S 溶液吸收 SO_2。

要从烟气中脱除 NO_x，可利用其氧化性，采用催化还原法除去。我国研究成功的氨还原法，以 CuO－CrO 为催化剂，在较宽的操作温度范围，可使 NO_x 的转化率达99％以上，使尾气中的 NO_x 降低到符合排放标准，其主要反应为

$$6NO + 4NH_3 \longrightarrow 5N_2 + 6H_2O$$

$$6NO_2 + 8NH_3 \longrightarrow 7N_2 + 12H_2O$$

最后必须指出：植物不仅可调节大气中 O_2 与 CO_2 的正常含量，还对粉尘、SO_2、光化学烟雾等都有不同程度的吸收能力。此外，森林对调节气温、保持水土、防止噪声等都有重要作用。所以，植树造林对大气环境的保护极为有效。

美国洛杉矶光化学烟雾事件

洛杉矶位于美国西南海岸，西面临海，三面环山，是个阳光明媚、气候温暖、风景宜人的地方。早期金矿、石油和运河的开发，加之得天独厚的地理位置，使它很快成为一个商业、旅游业都较发达的港口城市。洛杉矶市很快就变得空前繁荣，著名的电影业中心：好莱坞和美国第一个“迪斯尼乐园”都建在了这里。城市的繁荣又使洛杉矶人口剧增，白天，纵横交错的城市高速公路上拥挤着数百万辆汽车，整个城市仿佛一个庞大的蚁穴。

然而好景不长，从20世纪40年代初开始，人们就发现这座城市一改以往的温柔，变得“疯狂”起来。每年从夏季至早秋，只要是晴朗的日子，城市上空就会出现一种弥漫天空的浅蓝色烟雾，使整座城市上空变得混浊不清。这种烟雾使人眼睛发红，咽喉疼痛，呼吸憋闷，头昏、头痛。1943年以后，烟雾更加肆虐，以致远离城市100km以外，海拔高度2000m山上的大片松林也因此枯死，柑橘减产。仅1950—1951年，美国因大气污染造成的损失就达15亿美元。1955年，因呼吸系统衰竭死亡的65岁以上的老人达400多人；1970年，约有75％以上的市民患上红眼病。这就是最早出现的新型大气污染事件——光化学烟雾污染事件。

洛杉矶在20世纪40年代拥有250万辆汽车，每天大约消耗1100t汽油，排出1000多吨碳氢化合物，300多吨氮氧化物，700多吨一氧化碳。另外，还有炼油厂、供油站等其他石油燃烧排放，这些化合物被排放到洛杉矶上空。

光化学烟雾是由于汽车尾气和工业废气排放造成的，一般发生在湿度低、气温在24～32℃的夏季晴天的中午或午后。汽车尾气中的烯烃类碳氢化合物和二氧化氮被排放到大气中后，在强烈的阳光紫外线照射下，会吸收太阳光所具有的能量。这些物质的分子在吸收了阳光的能量后，会变得不稳定，原有的化学键遭到破坏，形成了新的物质。这种化学反应被称为光化学反应，其产物为剧毒的光化学烟雾。

光化学烟雾可以说是工业发达、汽车拥挤的大城市的一个隐患。20世纪50年代以来，世界上很多城市都不断发生过光化学烟雾事件。光化学烟雾的形成机理十分复杂，其主要污染物来自汽车尾气。因此，目前人们主要在改善城市交通结构、改进汽车燃料、安装汽车排气系统催化装置等方面做着积极的努力，以防患于未然。

8.3 土壤的污染及其防治

土壤是人类环境的主要构成因素之一，处于陆地生态系统中的无机物和生物界的中心。土壤系统不仅在内部进行着能量和物质的循环，而且与水域、大气和生物之间也不断进行物质交换。可以说，土壤是人类社会和文明发展的温床。如果土壤遭到大规模的严重破坏，人类将面临巨大的灾难。然而，如今土壤污染已成为世界性问题，受到世界各国的高度重视，并把每年的4月22日定为“地球日”。

所谓土壤污染，是指由于人为输入土壤的各种污染影响了土壤的正常功能，降低了农作物的产量和生物学质量，影响了人类健康。例如，蛔虫病和钩虫病等寄生虫病能够通过土壤传播。人们生吃被污染的蔬菜、瓜果就容易被感染。

我国是耕地资源极其匮乏的国家，且数量正不断减少。但是，我国的土壤污染问题也比较严重。据初步统计，全国目前至少有1300～1600万公顷的耕地受到农药污染；每年因土壤污染减产粮食1000多万吨，因土壤污染而造成的各种农作物经济损失合计约200亿元。专家指出，不断恶化的土壤污染形势已经成为影响我国农业可持续发展的最大障碍，将对我国经济的高速发展提出严峻挑战。因此，采取有效措施防治土壤污染对于合理利用土地、保护人民身体健康、提高人民生活质量具有极其重要的意义。

8.3.1 土壤的组成和结构

土壤的组成(图8.7)分为固体、液体、气体三相。其固体部分中包含有土壤矿物质等无机体，也有土壤有机质、土壤生物等有机体；其液体部分主要指土壤中的水分和溶液；气体指土壤缝隙中的空气，也称土壤空气。液体部分和气体部分组成了土壤的孔隙部分。孔隙部分的存在，让土壤具有疏松的结构，以适合植物的生长和土壤生物的生存。从体积上说，土壤的固体部分与孔隙部分约各占一半。

土壤组成
- 固体部分
  - 无机体——土壤矿物质
  - 有机体——土壤有机质、土壤生物
- 空隙部分
  - 液体——土壤水分和土壤溶液
  - 气体——土壤空气

图8.7 土壤组成

土壤矿物质在体积上约占整个土壤组成的38%，在质量上则占整个固体部分的95%以上。土壤矿物质主要是由无数年来岩石风化而成，其中一部分在风化过程中保留了原始的化学组成，叫原生矿物质；另一部分则在风化过程中改变了其化学组成，从而形成了新的物质，叫次生矿物质。

土壤有机质在土壤中含量很小(质量小于整个固体部分的5%)，但它是土壤不可缺少的组成部分。土壤有机质包括土壤中各种动物和植物残骸、微生物和其他有机物质，具体可以分为碳水化合物、含氮化合物和腐殖质三大类。其中腐殖质元素组成多样，对植物成长而言，营养丰富。

土壤生物指土壤中的生物种群，包括动物和微生物。它们的存在对土壤有机物质的降解、土壤物质和能量的循环、土壤污染物的转化和迁移、食物链系统平衡的维持等具有重要的影响。

土壤水分主要来源于降水、灌溉和地下水，对土壤的物理、化学和生物性质及土壤功能的影响极其关键。因为土壤中的各种营养成分必须溶解于水形成土壤溶液，才能自如地在土壤中转化迁移。

土壤空气存在于土壤空隙中，其组成与大气基本一致。但与大气相比，土壤空气中的氧含量相对较少，二氧化碳含量相对较多。

1. 土壤的物理性质

土壤能表现出一定的胶体的物理性质，如带有电荷(通常为负电荷)，并且各胶体微粒间由于带同种电荷相互排斥而使土壤具有分散性。当外界由于灌溉等原因加入电解质(可在水中电离成带电的离子)时，胶体微粒间的电荷排斥力消失，溶胶变凝胶，从而使土壤具有凝聚性。同时，由于土壤微粒带负电性而使其具有一定的吸附土壤中带电阳离子的能力。阳离子的电荷越多、离子半径越小，就与土壤胶粒吸附越紧密，并且能将其他相对吸附不紧密的离子置换下来，这个过程称为离子交换吸附。例如，Ca^{2+}能将吸附在土壤胶粒上的Na^+交换下来。

2. 土壤的化学性质

1）土壤的酸碱性

土壤中CO_2溶于水形成的碳酸，矿物质氧化产生的无机酸，有机物质分解产生的有机酸以及人为施用的无机肥料中残留的无机酸，均能在土壤溶液中电离出H^+，使土壤显酸性，H^+浓度越大，酸性就越强。另外，由于土壤胶粒的吸附作用，土壤微粒表面往往吸附部分H^+，这些H^+需要其他离子交换下来才能对土壤的酸度做出贡献。同时，在被吸附的离子中有一定含量的Al^{3+}，它在被其他离子交换下来的时候，容易发生水解，生成H^+，从而使土壤表现出酸性。反之，当土壤溶液中存在较大量的弱酸强碱盐类(如$NaCO_3$和$NaHCO_3$)时，溶液会因为这类盐水解所生成OH^-，并使OH^-浓度高于H^+而显碱性。在通常情况下，$NaCO_3$可使土壤呈较强的碱性，pH高达10以上；$NaHCO_3$则使土壤呈较弱的碱性，pH常为7.5～8.5。碱性的土壤往往不利于农作物的生长。

2）土壤的氧化还原性

土壤中往往含有一些能发生氧化还原反应的物质，这些物质的氧化态和还原态在溶液中形成一系列的平衡体系，从而使土壤既具有氧化性，又具有还原性，如$Fe^{3+}-Fe^{2+}$体系、$SO_4^{2-}-H_2S$体系、$NO_3^--NH_4^+$体系等。这些体系的存在对土壤的氧化性、还原性有极大的影响，进而影响土壤中各种物质的转化和迁移。

3）土壤的缓冲性

土壤的缓冲性是指酸、碱、盐类等外界物质进入土壤后，在一定限度内，土壤酸度、氧化还原等性质的变化能稳定地保持在一定范围内。土壤缓冲性是土壤的重要性质之一，为植物生长和土壤生物的活动创造比较稳定的生活环境。

3. 土壤的生物性质

土壤生物是土壤的重要组成部分，如细菌、真菌、藻类、动物甚至病毒等。从某种意义上说，土壤生物的群落分布反映出该地区土壤的质量(肥力)。土壤生物的存在，不仅可以分解土壤有机质和促进腐殖质形成，而且可以影响土壤有机碳、有机氮不断分解进而影响土壤气体的组成；不仅可以通过吸收、固定并释放养分，改善和调节植物营养状况，而且可以与植物共生促进植物生长；同时，土壤生物在土壤的自净功能中也表现突出，在有机物污染和重金属污染治理中起重要作用。

8.3.2 土壤污染

1. 土壤污染物的分类及来源

土壤污染物主要来自于工业生产、农业生产及生活污水的排放等，所以有人把污染按来源分为生活性污染和生产性污染。通常情况下，根据污染物性质不同，可把土壤污染物分为如下四类。

1）化学污染物

化学污染物包括汞、镉、铅、砷等重金属，过量的氮、磷植物营养元素，氧化物和硫化物等无机污染物；各种化学农药、石油及其裂解产物以及其他有机合成产物等有机污染物。

2）物理污染物

物理污染物包括来自工厂、矿山的固体废弃物，如尾矿、废石、粉煤灰和工业垃圾等。

3）生物污染物

生物污染物指带有各种病菌的城市垃圾和由卫生设施(包括医院)排出的废水、废物以及厩肥等。

4）放射性污染物

放射性污染物主要存在于核原料开采和核爆炸地区，以锶和铯等在土壤中生存期较长的放射性元素为主。

也有人把污染物分为病原体、有毒物质和放射性物质三类。

2. 土壤污染的特征

与水体污染、大气污染不同，土壤污染一般无法通过人类感观系统直接感知。通常，都是发现对人畜产生危害后，通过现代分析手段对土壤样品进行分析检测才能判定，所以土壤污染不太容易被发现，具有隐蔽性。由于土壤不像水体和大气一样具有较强的流动性，所以土壤中的污染物还具有累积性和区域性，同时还导致土壤污染的难治理性。

3. 土壤污染物在土壤环境中的转化和迁移

进入土壤的污染物，因其类型和性质的不同，主要有固定、挥发、降解、流散和淋溶等去向。

1）重金属离子的转化和迁移

重金属一般是指相对密度等于或大于5.0的金属，引起土壤污染的重金属主要包括汞、镉、铅、铬以及类金属砷等生物毒性显著的元素，以及具有一定毒性的一般重金属，如锌、铜、镍、钴、锡等。重金属不易随水流失，不能被土壤微生物分解。更令人担忧的是，重金属可以在生物体内富集，甚至在土壤中转化为毒性更大的物质。重金属可以通过和胶体的结合、溶解和沉淀作用等多种途径被包含于矿物颗粒内或被吸附于土壤胶体表面上，从而在土壤中积累，大部分将被固定在土壤中而难以排除。虽然一些化学反应能缓和其毒害作用，但仍是对土壤环境的潜在威胁。重金属的某些形态的离子可以由植物根系从土壤中吸收并在植物体内积累起来，从而转化为对作物的污染。人们也可以通过这种方式对土壤重金属污染进行净化，但如果这种受污染的植物残体再进入土壤，会使土壤表层进一步富集重金属。

2）化学农药的转化和迁移

化学农药进入土壤后，将通过气态挥发、扩散进入大气并污染大气，或随土壤中水分的流动而污染水源，或发生化学降解、光化学降解和生物降解等过程而最终从土壤中消失。例如，大部分除草剂均能发生光化学降解；一部分农药(特别是有机磷和氨基甲酸酯类农药)能在土壤中产生化学降解；目前使用的农药多为有机化合物，故也可产生生物降解，即土壤微生物通过氧化还原作用(如甲拌磷、氟乐灵)、脱卤作用(如DDT)、水解作用(如有机磷酸酯类、氨基甲酸酯类)、脱烷基作用(如烷基胺三氯苯)、环破裂作用(如西维因)、芳环羧基化作用或异构化作用等，破坏农药的化学结构，而使农药降解。

8.3.3 土壤污染的防治

根据我国以预防为主的环境保护方针，要防止土壤污染，首先要控制和消除土壤污染源。同时对已经污染的土壤，要采取有效措施，消除土壤中的污染物或控制土壤中污染物的迁移转化，使其不能进入食物链。土壤污染的防治可从以下方面入手。

(1) 控制和消除土壤污染源。一方面，在工业方面，大力推广闭路工艺，减少或消除污染物质，对“三废”进行回收处理，控制污染物排放的数量和浓度，使之符合排放标准；另一方面，控制化肥、农药的使用，对残留量大、毒性大的农药，控制其使用范围和使用量，并寻求高效低毒农药和生物防治病害的新方法，对本身含有毒物质的化肥品种，要合理、经济用肥，避免使用过多造成土壤污染。

(2) 增加土壤容量和提高土壤净化能力。增加土壤有机质和黏粒数量，可增加土壤对污染物的容量。分离培育新的微生物品种，改善微生物土壤环境条件，增加生物降解作用，是提高土壤净化能力的重要环节。

(3) 防止土壤污染的其他措施。例如，利用某些植物对土壤中重金属的较强吸收能力去除重金属；采用轮作法延长土壤自净过程的时间；对严重污染的土壤采用容土法(从别处取土置换)或深翻到下层；施加抑制剂与重金属结合而减少其被植物的吸收等。

8.4 环境保护与可持续发展

人类在改造自然的过程中，长期以来都是以高投入、高消耗作为发展的手段，对自然资源往往重开发、轻保护，重产品质量和产品效应、轻社会效应和长远利益，违背自然规律，忽视对污染的治理，造成了生态危机，因而遭到自然的频繁报复，如臭氧空洞的出现、全球气温上升、土地沙漠化、生物物种锐减、水资源的污染等。特别是农药和化肥的污染，其范围如此之广，以至于南极的企鹅和北极苔原地带的驯鹿都受到了影响。事实迫使人类必须抛弃传统的发展思想，建立资源与人口、环境与发展的协调关系，实行可持续发展战略，以建设更为安全与繁荣、良性循环的美好未来。

可持续发展就是指社会、经济、人口、资源和环境的协调发展，这样的发展不以损害后人的发展能力为代价，也不以损害别的国家和地区的发展能力为代价，既达到发展的目的，又保证发展的可持续性。

化学及化学工业的发展为人类生活的改善提供了物质基础，但也是造成环境问题的主要原因之一，长久以来饱受争议。但我们也应该认识到污染的产生，主要还是由于人们不科学的发展观，同时，对环境污染的治理仍有赖于化学的方法与手段。1990 年前后，美国科学家提出绿色化学的概念。绿色化学是贯彻可持续发展战略的一个重要组成部分，绿色化学又称环境无害化学、洁净化学，即用化学技术和方法把对人类的健康和安全及对生态环境有害的原材料、产物的使用和生产减少到最低。从绿色化学的目标来看，有两个方面值得重视；一是开发以“原子经济性”为基本原则的新化学反应过程；二是改进现有的化学工业，减少和消除污染。

近代环境科学和环境保护工作，大致可分为三个阶段。20 世纪 60 年代中期至 60 年代末为第一阶段，当时面临着严重环境污染的现实，迫切的任务就是治理。许多国家颁布了一系列法令，采取了必要的政治及经济手段，治理取得了一定效果。但这只不过是应急措施，并不是治本之道。从 60 年代末开始进入防、治结合，以防为主的综合防治阶段。这是一项防患于未然的根本措施，使环境保护取得了较显著的效果，这一阶段目前仍在持续。从 70 年代中期起，又日益向谋求更好环境的阶段过渡，在此阶段，更加强调环境的整体性，强调人类与环境的协调发展，强调环境管理，从而强调全面规划、合理布局和资源的综合利用，并把环境教育当做解决环境保护问题的最根本手段。

我国的环境保护绝不能走其他工业发达国家走过的“先污染、后治理”的老路，也难以选择当前发达国家高投入、高技术控制环境问题的治理模式。我国已经确定了“经济建设、城乡建设、环境建设同步规划、同步实施、同步发展，实现经济效益和环境效益相统一”的环境保护战略方针，以达到协调、稳定、持续的发展。但也应看到，我国的环境保护在取得巨大成绩的同时，还有许多地区，为片面追求 GDP 的快速增长，盲目引入一些被发达国家、地区淘汰的高污染项目，为获得区区小利，付出了巨大的环境成本，有的甚至造成长久难以消除的污染。

人类是地球生命大家庭中一个最重要的成员，有责任与其他成员和谐相处，更有责任保护好共同的家园。洁净的蓝天、和谐的自然才是人类能留给子孙的最宝贵的财富。

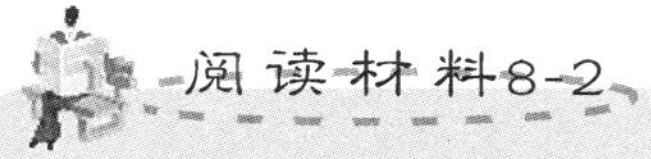

新时代的“白色恐怖”

塑料作为人工合成的高分子材料，随着石油化工的发展而得到迅速发展，已经成为一类与生活息息相关的不可替代材料，广泛用于家电、汽车、家具、包装等许多方面。

到目前为止，世界塑料年产量已达1.2亿t，我国每年产量也超过500万t。然而随着塑料产量增大、成本降低，大量的商品包装袋、液体容器以及农膜等，人们已经不再反复使用，而是用过即作为垃圾丢弃的消费品。就是大型成形件，最后也会随着产品的损坏而被丢弃，使塑料成为一类用过即被丢弃的产品的代表。废弃塑料带来的“白色污染”，今天已经成为一种不能再被忽视的社会公害了。

早在20世纪60年代中期，人们就发现聚氯乙烯塑料中残存的氯乙烯单体，能引起使前指骨溶化称为“肢端骨溶解症”的怪病。从事聚氯乙烯树脂制造的工人常常会出现手指麻木、刺痛等所谓自蜡症(雷诺综合征)。当人们接触氯乙烯单体后，就会发生手指、手腕、颜面浮肿，皮肤变厚、变僵、失去弹性和不能用力握物的皮肤硬化症，同时还有脾肿大、胃及食道静脉瘤、肝损伤、门静脉压亢进等症。20世纪70年代后又在一些聚氯乙烯生产厂中，发现有人患有一种极少见的肝癌：血管肉瘤。

日本一位工程师设计出了“裂解放心塑料装置”。这是一种全新的方法，是根据波状运动原理，在锅炉里设计构成一种特殊的条件，从而产生波能，以波能击碎塑料的聚合分子链，并结合化学方法，不断加入5种不同的催化剂和一种特制溶液，以溶解被击碎的塑料，将塑料变成油。用这种方法，投入1kg废塑料能产生1.2L煤油。

现在，有些化学家正在研制非淀粉基生物可分解塑料。如已制成了乳酸基生物可分解塑料、多糖基的天然塑料。乳酸基塑料是以土豆等副食品废料为原料的，这些废料中多糖的含量很高，经过处理后，多糖先转换为葡萄糖，最后变成乳酸，乳酸再经聚合便可制得乳酸基塑料。化学家们还制出了生化聚合塑料，这种塑料是天然细菌的末端产品，它们能被土壤里的微生物在短期内分解。然而这些塑料性能虽佳，但成本要比普通塑料高出许多，因而也就限制了它们在社会生活中的应用。一旦这些可分解的塑料大量替代现在使用的塑料，那么塑料垃圾造成的环境污染必将得到完善的解决。

【网络导航】

关心环境的便车道

现代科技造就了高楼林立的城市、奔流如潮的汽车、无处不在的声音、无孔不入的电磁波等五彩缤纷的现代文明。相应地也伴生了现代污染，如水、大气、土壤的污染；光、噪声、放射性污染；食品、农药、生活与太空垃圾等。还有生物资源衰退、温室效应、厄尔尼诺和拉尼娜现象、臭氧层遭破坏、酸雨、土地沙漠化、洪旱灾害等，给人类带来了难以估量的损失。针对这些污染或灾难的根源，在网上我们都可以找到其详细的分析、研究、防治对策。下面给出一些相关的主页网址。

(1) 中华人民共和国环境保护部：http：//www.zhb.gov.cn，有污染控制、科技标准等栏目。

(2) 国家安全生产监督管理局：http：//www.chinasafety.gov.cn/，法规标准、

安全常识、应急救援、制作消毒剂、危险化学品的安全常识。

(3) 中国环境监测总站：http：//www.cnemc.cn/，可查看空气质量日报与预报、水自动监测周报、环境标准等。

(4) 美国环境保护局（Environmental Protection Agency，EPA），http：//www.epa.gov，在教育资源(Educational Resources)栏目下的学生中心(students center)，有水、大气、环保、生态、废物回收等栏目。

(5) 加拿大有关酸雨的网址：http：//www.ec.gc.ca/acidrain/index.html。

本章小结

一、水污染及其防治

(1) 分类：重金属污染、有机物污染和水体富营养化。

(2) 防治

处理方法：一级处理、二级处理和三级处理；

技术方法：物理方法、化学方法、物理化学方法和生物处理法。

二、大气污染及其防治

(1) 分类：光化学烟雾、臭氧层的破坏、酸雨、温室效应加剧。

(2) 防治：改变能源的结构与成分、改善燃烧条件、植树造林等。

三、土壤污染及其防治

(1) 分类：化学污染物、物理污染物、生物污染物和放射性污染物。

(2) 防治：控制和消除土壤污染源、增加土壤容量和提高土壤净化能力、防止土壤污染的其他措施。

四、环境保护与可持续发展

简答题

1. 水体污染的分类有哪些？如何治理？目前进展如何？
2. 大气污染的分类有哪些？如何治理？目前进展如何？
3. 土壤污染的分类有哪些？如何治理？目前进展如何？
4. 调查并论述环境保护与可持续发展的关系。

第9章 化学与生命

本章教学要点

知识要点	掌握程度	相关知识
蛋白质与酶	熟悉氨基酸、肽和蛋白质的基本概念、组成；了解其结构，熟悉酶的催化反应特性	氨基酸、肽、蛋白质和酶
核酸	熟悉核酸的基本概念和化学组成；了解DNA和RNA的结构及复制机制	核苷酸、DNA、RNA和DNA复制与基因表达
糖	熟悉糖的组成、分类，了解糖的结构	单糖、寡糖和多糖
维生素	了解维生素的种类、生理功能及其与人体健康的关系	维生素A、维生素B、维生素C、维生素D、维生素E和维生素K
生命元素	了解人体内常见元素和微量元素的生理功能及其与人体健康的关系	常见元素和微量元素

导入案例

生命是如何演化的？尽管达尔文“物竞天择”理论对此作了颇为精彩的解释，但近年来一系列发现，却使得这个领域重新充满疑团。例如，“寒武纪大爆炸”就是其中最具挑战性的事实：寒武纪后期，在非常短促的历史时期内，地球上突然冒出了许多新的动物类型，包括海绵动物、腔肠动物、腕足动物、节肢动物等，总之，大多数“门类”都在此时同时出现，而之前根本并不存在，之后则基本上没有增加，这一事实和所谓“渐进式演化”和“物系谱树”等理论相违背。尽管直至今天还没有找到任何地球之外生命存在的踪迹，但由于宇宙中星体太多了，要否定它几乎是不可能的事，所以寻找还必须继续顽强地进行下去。一旦有所发现，由于它们所处的环境和地球截然不同，其元素组成、结构方式、遗传密码、新陈代谢类型，肯定和地球型生命有很大差别，研究其间的异同，必然会导致生命科学的重大进展。

恩格斯说：“生命的起源必然是通过化学的途径实现的。”人体是由化学物质构成的复杂体系，其生命过程与这些物质的化学变化有关。没有化学变化，地球上就不会有生命，更不会有人类。人类的生存和繁衍是靠化学反应来维持的。因此，要了解人体奥秘，首先就要了解其中的物质组成和化学变化。

9.1 蛋白质与酶

组成生命的物质很多，其中蛋白质、核酸和糖是组成生命的三大基本物质。

蛋白质是一类含氮的高分子化合物，它在生命现象和生命过程中起着决定性作用，主要表现在两个方面：一方面是组织结构的作用，如角蛋白组成皮肤、毛发、指甲等；骨胶蛋白组成腰、骨等；肌球蛋白组成肌肉等。另一方面是起生物调节作用，如各种酶对生物化学反应起催化作用，血红蛋白在血液中输送氧气等，因此说蛋白质是生命功能的执行者。研究蛋白质的结构与功能的关系是从分子水平上认识生命现象的一个重要方面。

蛋白质是天然高分子物质，相对分子质量大，结构复杂，但它可被酸、碱或蛋白酶催化水解，最终生成氨基酸，所以氨基酸是构成蛋白质的基本单元。

9.1.1 蛋白质的基本结构单元——氨基酸

氨基酸是组成蛋白质的基本结构单元。从各种生物体中发现的氨基酸已有180多种，但是从细菌到人类参与蛋白质组成的常见氨基酸或称基本氨基酸只有20种。氨基酸含有两个特定的官能团：氨基（$—NH_2$）和羧基（—COOH）。在常见的20种氨基酸中除脯氨酸外，其余19种氨基酸中的氨基总是处于羧基的α碳原子上，故称为α-氨基酸，其结构式表示如下：

$$\begin{array}{c} NH_2 \\ |\,\alpha \\ R—C—COOH \\ | \\ H \end{array}$$

其中 R 代表每种氨基酸的特性基团。20 种常见氨基酸的名称及结构列于表 9－1 中。

表 9－1　20 种常见氨基酸

序号	中文名称	英文缩写(三字符)	R 基团的结构
1	甘氨酸	Gly	$—H$
2	丙氨酸	Ala	$—CH_3$
3	丝氨酸	Ser	$—CH_2OH$
4	半胱氨酸	Cys	$—CH_2SH$
5	苏氨酸*	Thr	$—CH(OH)CH_3$
6	缬氨酸*	Val	$—CH(CH_3)_2$
7	亮氨酸*	Leu	$—CH_2CH(CH_3)_2$
8	异亮氨酸*	Ile	$—CH(CH_3)CH_2CH_3$
9	蛋氨酸*	Met	$—CH_2CH_2SCH_3$
10	苯丙氨酸*	Phe	$—\overset{H_2}{C}—C_6H_5$
11	色氨酸	Trp	$—\overset{H_2}{C}$— (N H)
12	酪氨酸*	Tyr	$—\overset{H_2}{C}—C_6H_4—OH$
13	天冬氨酸	Asp	$—CH_2COOH$
14	天冬酰胺	Asn	$—CH_2CONH_2$
15	谷氨酸	Glu	$—CH_2CH_2COOH$
16	谷氨酰胺	Gln	$—CH_2CH_2CONH_2$
17	赖氨酸*	Lys	$—CH_2CH_2CH_2CH_2NH_2$
18	精氨酸*	Arg	$—CH_2CH_2CH_2NHC(NH)NH_2$
19	组氨酸*	His	$—\overset{H_2}{C}$— (N NH)
20	脯氨酸	Pro	(N H) COOH, H

表 9－1 中带 * 的为人体必需氨基酸，儿童必需 10 种，前 8 种为成人所必需。必需氨基酸是人体所必需但自身却不能制造的氨基酸，它们必须从食物中获取。其余氨基酸可以利用其他的物质在体内合成。人们可以从不同的食物内得到必需的氨基酸，但没有任何一种食物中含有全部必需的氨基酸，因此，人们必须注意饮食的多样性，才能获取足够的各种必需氨基酸。

氨基酸在一般条件下是无色或白色结晶，熔点较高(通常在 200～300℃)，但往往在熔化前，受热分解放出CO_2；它们都能溶于强酸或强碱溶液，易溶于水，而难溶于乙醚、苯和石油醚等非极性有机溶剂。氨基酸有的无味，有的味甜，有的味苦，有的味鲜，如谷氨酸钠盐即味精，常作为调味剂。

9.1.2 多肽

一个氨基酸分子中的羧基与另一氨基酸分子的氨基之间脱水而形成的化合物叫肽，形成的共价键酰胺键(— CONH —)通常称为肽键。肽链中的每个氨基酸单元称为氨基酸残基，根据每个分子中氨基酸残基的数目，分别称为二肽、三肽等。十肽以下的常归类为寡肽，十肽以上的则称为多肽。

除环状肽外，链形的肽有游离氨基的一端称为N端，有游离羧基的一端称为C端，如图9.1所示。

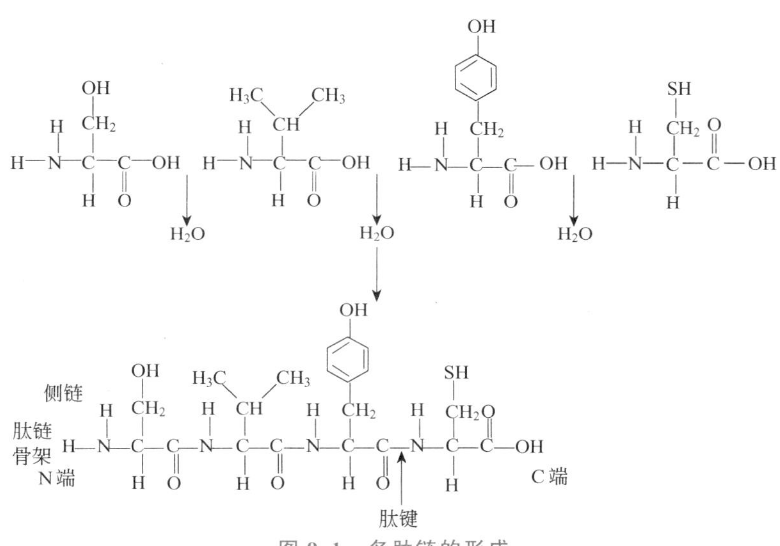

图9.1 多肽链的形成

9.1.3 蛋白质

【蛋白质的合成】

蛋白质也是由氨基酸残基通过肽键相连而成的高分子化合物。从这一点上看，蛋白质与多肽没有区别，而且，蛋白质和多肽都具有生理活性，但习惯上将相对分子质量大于一万的称为蛋白质，一万以下的称为多肽，可以说蛋白质就是相对分子质量大的多肽。

1. 蛋白质的一级结构

蛋白质分子中氨基酸的连接方式和排列顺序就是蛋白质的一级结构。一级结构是最根本的，它包含决定蛋白质高级结构的因素。

蛋白质的空间结构：蛋白质具有的专一生理作用，是由其空间结构(即二级、三级、四级结构)决定的。

2. 蛋白质的二级结构

蛋白质的二级结构主要是指蛋白质多肽链本身的折叠和盘绕方式。蛋白质的二级结构中最重要的是α-螺旋和β-折叠，如图9.2所示。

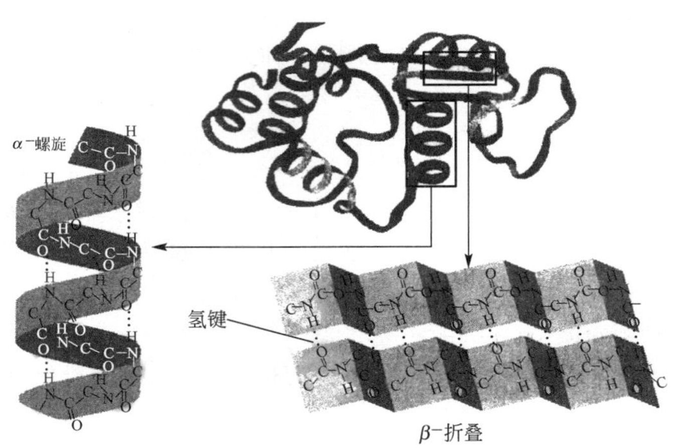

图 9.2　蛋白质的二级结构

由于肽链不是直线形的，价键之间有一定角度，而且分子中又含有许多酰胺键，因此一条肽链可以通过一个酰胺键中羰基的氧原子与另一酰胺键中氨基的氢原子间形成氢键而绕成螺旋形，叫作 α -螺旋。氨基酸侧链上的 R -基指向螺旋外侧，这种 α -螺旋是右手螺旋，每一螺旋由 3.6 个氨基酸组成，螺距为 0.54nm。α -螺旋主要是肽链内形成的氢键，这种 α -螺旋可被弯曲和回折而不断，拉伸后可以恢复原状，如人及动物的毛发等。

蛋白质的另一种二级结构是由链间的氢键将肽链拉在一起形成“片”状，叫作 β -折叠。这一结构多存在于纤维蛋白中，如丝心蛋白(蚕丝)等。

3. 蛋白质的三级结构

在二级结构的基础上，肽链进一步盘绕、折叠形成的不规则的特定的空间结构，称蛋白质的三级结构。

4. 蛋白质的四级结构

许多蛋白质由两条或多条肽链构成。每条肽链都有各自的一、二、三级结构，相互以共价键联结。这些肽链称为蛋白质的亚基。由亚基构成的蛋白质称为寡聚蛋白质。四级结构就是各个亚基在寡聚蛋白质的天然构象中的排列方式。单独存在的亚基一般没有生物活性。具有四级结构的蛋白质分子的亚基可以是相同的也可以是不同的。单独蛋白质没有四级结构(图 9.3)。

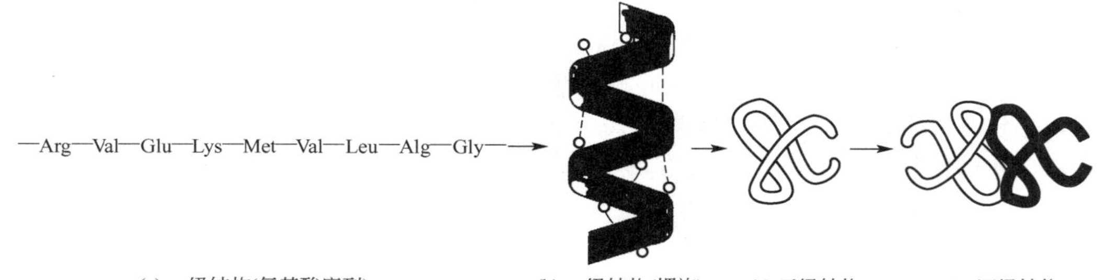

图 9.3　蛋白质结构中的四种层次

蛋白质的立体形状在很大程度上取决于它的一级结构，也就是说取决于它是由哪些氨基酸组成的，以及氨基酸的排列顺序。因为蛋白质分子所以能够形成相当稳定的立体结构，必须有某种力量将链与链之间，或链中的某些片段联系在一起。这种力量便是组成肽链的氨基酸所含的各种基团间相互作用形成的。例如，二级结构的形成主要靠氢键。但肽链中除含有可构成氢键的酰胺键外，由于各氨基酸中还可能含有羟基、巯基、游离的氨基和羧基以及烃基等，这些基团之间可以借助于氢键、—S—S—键、静电引力，以及色散力等将肽链或链中的某些部分联系在一起(图 9.4)，从而使得每种蛋白质具有其特定的稳定构象。正是这种特定的构象赋予蛋白质以某种特殊的生理活性。一旦这种构象遭到破坏(并不是蛋白质被水解)，其活性完全消失，这就叫作蛋白质的变性。

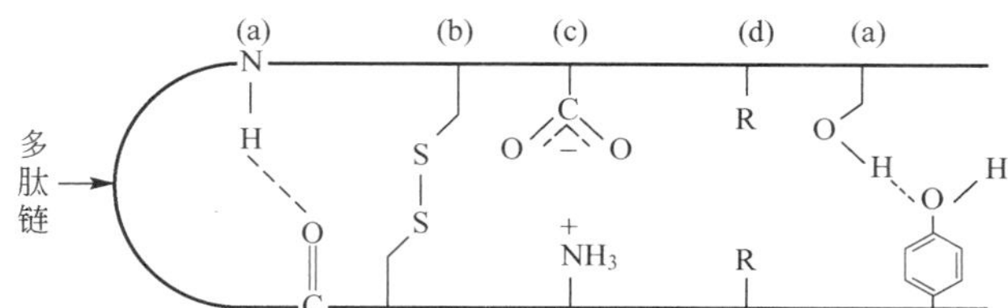

图 9.4 维持蛋白质空间构象的各种键

(a)—氢键；(b)—S—S 键；(c)—静电引力；(d)—色散力

9.1.4 酶

在各种生命活动中，构成新陈代谢以及生物体内的一切化学变化都是在酶的催化下进行的，可以说没有酶，生命就不能延续下去。所有的酶都是蛋白质，是一种具有催化活化功能和高度专一性的特殊蛋白质。

酶有以下两个主要的特点。

(1) 高度的专一性。这种催化机制可以用“锁和钥匙模型”来比喻。由于酶分子的空间结构，可以使酶分子形成特定形状的空穴，成为活性中心，犹如“锁”一样，而与薄的空穴形状互补的底物分子就犹如“钥匙”，底物分子专一性地楔入到酶的空穴中形成酶-底物复合体，同时，酶催化反应物生成产物，然后产物离开酶的活性中心，酶继续催化另一分子底物的反应，如图 9.5 所示。

图 9.5 酶与底物的诱导契合图解

(2) 强大的催化能力。通过酶的催化作用可以使反应速率提高 10^{10} ～10^{14} 倍，也就是说在酶作用下 5s 内能完成的反应，若没有酶的催化作用就需要 1500 年才能完成。

酶按其化学组成可以分为单纯蛋白酶和结合蛋白酶。结合蛋白酶是由酶蛋白和非蛋白小分子组成的，非蛋白物质称为辅基或辅酶。例如，过氧化氢酶中的金属离子 Fe^{2+}、Fe^{3+}，辅酶 A 等。辅酶本身无催化作用，但一般在酶促反应中起运输转移电子、原子或某些功能基团的作用。

9.2 核　酸

核酸是重要的生物大分子，是分子生物学研究的重要领域。核酸最初是由米歇尔(F. Miescher)于 1870 年从外科绷带上脓细胞的细胞核中分离出来的，由于其来源于细胞核具有酸性而得名。核酸有两大类；脱氧核糖核酸(DNA)和核糖核酸(RNA)。DNA 主要集中在细胞核内，是遗传物质，携带着蛋白质合成的指令。RNA 主要分布于细胞质中，负责解释 DNA 指令并执行指令。蛋白质是根据核酸的指令合成的。

9.2.1 核酸的基本组成单位——核苷酸

核酸是由核苷酸通过磷酸二酯键连接而成的长链高分子化合物，核苷酸是核酸的基本组成单位。每个核苷酸是由碱基、戊糖和磷酸三部分组成。

根据核酸水解得到戊糖结构的不同，可将核苷酸分为脱氧核糖核苷酸(水解后生成 D-2-脱氧核糖)和核糖核苷酸(水解后生成 D-核糖)。由脱氧核糖核苷酸组成的长链分子称脱氧核糖核酸(DNA)，由核糖核苷酸组成的长链分子称核糖核酸(RNA)。

DNA 分子中的碱基有四种：腺嘌呤(A)，鸟嘌呤(G)，胸腺嘧啶(T)和胞嘧啶(C)。

RNA 分子中的碱基也有四种：腺嘌呤(A)，鸟嘌呤(G)，尿嘧啶(U)和胞嘧啶(C)。

DNA 和 RNA 中戊糖结构如图 9.6 所示。

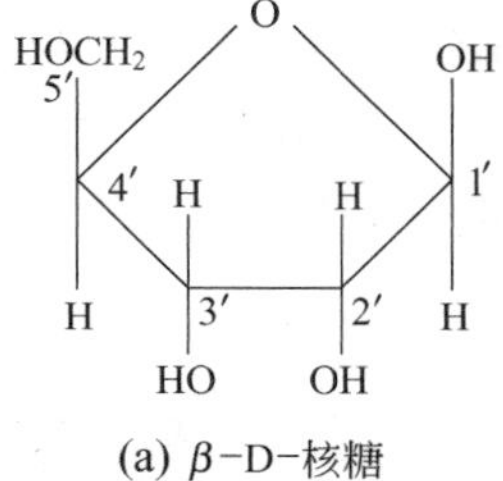

(a) β-D-核糖

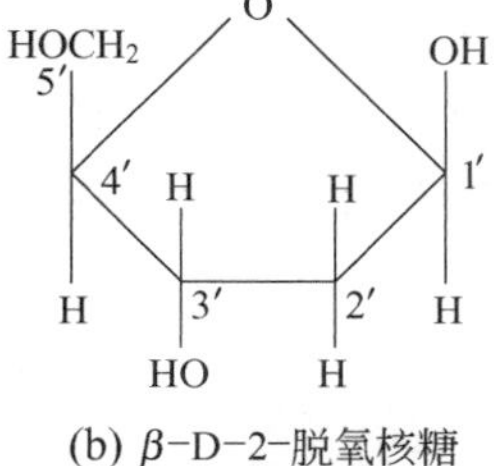

(b) β-D-2-脱氧核糖

图 9.6　戊糖结构

各碱基可分别与糖相连形成核苷。核苷是一种糖苷，由戊糖和碱基脱水缩合而成，糖与碱基的连键是糖苷键(N—C 键)。糖的第一位碳原子(C_1')与嘧啶碱的第一位氮原子(N_1)或与嘌呤碱的第九位氮原子(N_9)相连接。糖苷中的戊糖羟基(C_5')与磷酸缩合，被磷酸酯化，就形成核苷酸(图 9.7)。

核酸的结构主要是由四种核苷酸(或脱氧核糖核苷酸)通过 3′，5′-磷酸二酯键的联结而组成多核苷酸链。各个核苷酸之间脱水缩合即一个核苷酸上的磷酸基团与下一个核苷酸糖基的第三位碳原子上的羟基缩合，如此形成多核苷酸长链(图 9.8)。

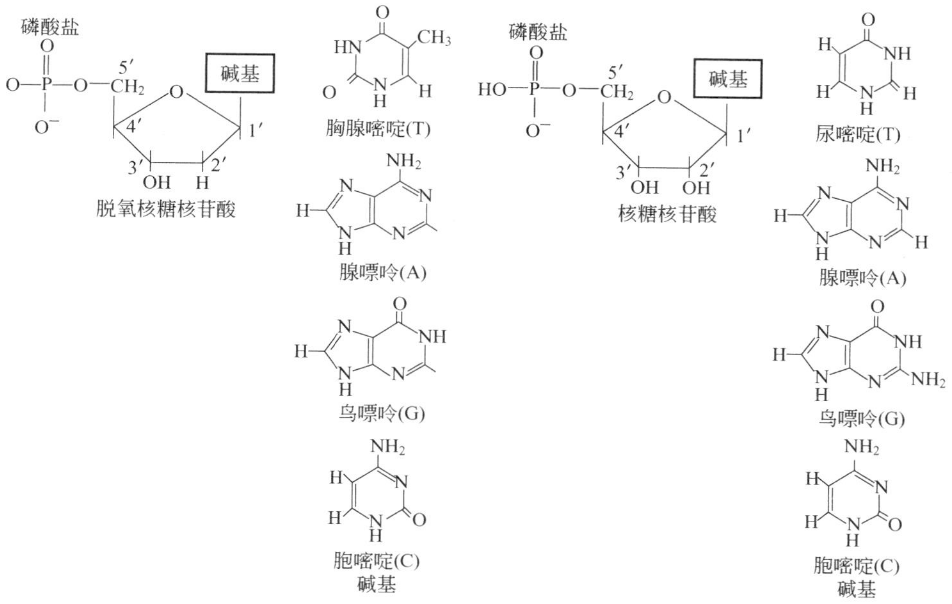

磷酸盐 碱基 脱氧核糖核苷酸 胸腺嘧啶(T) 腺嘌呤(A) 鸟嘌呤(G) 胞嘧啶(C) 碱基

(a) DNA的核苷酸

磷酸盐 碱基 核糖核苷酸 尿嘧啶(T) 腺嘌呤(A) 鸟嘌呤(G) 胞嘧啶(C) 碱基

(b) RNA的核苷酸

图 9.7 核苷酸及碱基结构

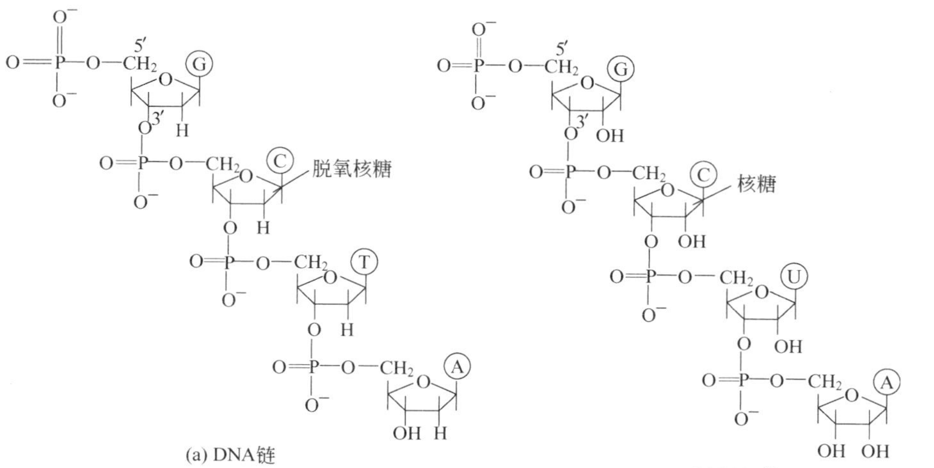

脱氧核糖

(a) DNA链

核糖

(b) RNA链

图 9.8 DNA 链及 RNA 链

9.2.2 DNA 的双螺旋结构

1953 年，美国分子生物学家沃森(Watson)和英国分子生物学家克里克(Crick)根据 X 射线衍射图谱研究，提出了 DNA 双螺旋结构的模型，如图 9.9 所示。

DNA 双螺旋结构模型的要点如下。

(1) DNA 分子是由两条多核苷酸链螺旋平行盘绕于共同的纵轴上，形成双螺旋结构。两条多核苷酸链的走向相反。一条为 5′-3′，另一条则为 3′-5′，习惯上以 3′-5′的为正方向。

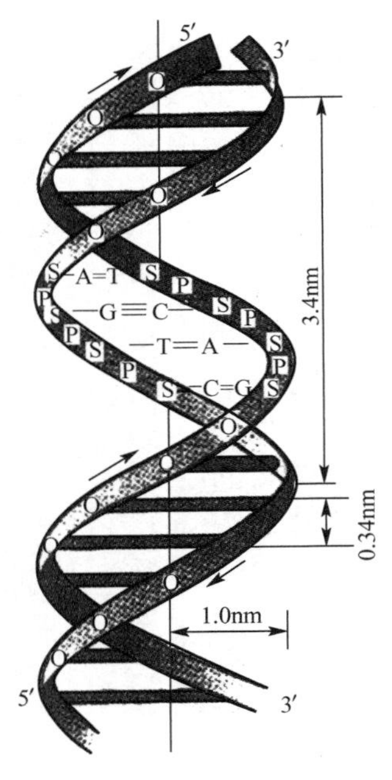

图 9.9　DNA 双螺旋结构模型

（2）碱基位于螺旋内部，磷酸及糖在螺旋表面，碱基的平面与纵轴垂直，糖平面几乎与碱基平面垂直。

（3）两条多核苷酸链上的碱基两两配对，即一条链上的 A 与另一条链上的 T 之间通过两个氢键配对，同时 G 与 C 之间通过三个氢键配对，这种碱基间互相匹配的情形称为碱基互补。

（4）在多核苷酸链中碱基的顺序各不相同，具体碱基的顺序就是遗传信息。

（5）配对的碱基平面与螺旋纵轴相垂直，碱基之间堆积距离为 0.34nm，双螺旋直径为 2nm。沿轴方向，每隔 0.34nm 有一个核苷酸，两核苷酸夹角为 36°，因此沿中心轴每旋转一周有 10 个核苷酸，每隔 3.4nm（即螺距高度为 3.4nm）重复出现同一结构（图 9.9）。

DNA 是一种生物超分子，两条互补的 DNA 单链通过互相之间的识别和作用，自组装形成稳定的 DNA 双螺旋结构。由于碱基互补原则，当一条核苷酸链的顺序确定以后，即可推知另一条互补核苷酸链的碱基顺序。DNA 的自我复制、转录及反转录的分子基础都是碱基互补。

9.2.3　RNA

RNA 有几种类型，它们基本上是单链分子，并且分子中并不严格遵守碱基配对原则。经常遇到的 RNA 结构是一条单链在分子的某个段或几段具有两股互补的排列，其他区域则以单股形式存在。例如，从酵母中分离出的丙氨酸转移核糖体结构因其形状像三叶草，故称三叶草结构。每种类型的 RNA 在蛋白质合成中起着不同的作用，有些作为细胞中 DNA 指导下蛋白质合成的信息携带者；有些作为核糖体（核糖体是蛋白质合成过程进行的地方）的结构组分；而另一些则将氨基酸转移到核糖体上，以便使其结合成蛋白质。

9.2.4　DNA 的复制与基因表达

【DNA 复制】

DNA 是遗传信息的载体，生物体要保持物种的延续，子代必须从母代继承控制个体发育的遗传信息。所以，通过 DNA 的自我复制，使母代的遗传信息传递给子代，分子的复制在保持生物物种遗传的稳定性和延续性方面起着重要的作用。

DNA 在复制时，首先打开 DNA 双螺旋，以 DNA 单链为模板，再按照碱基配对原则合成出一条互补的新链，这样新形成的两个 DNA 分子就与原来 DNA 分子的碱基顺序完全相同。在此过程中，每个子代双链 DNA 分子中都有一条来自母代 DNA，另一条是新合成的。这种复制方式叫半保留复制，如图 9.10 所示。

基因是控制生物性状的遗传物质的功能单位和结构单位，是有遗传效应的 DNA 片段。基因有三大特征：基因携带遗传信息，编码生物活性产物主要是蛋白质或者各种 RNA；基因能够复制，从而将遗传信息传递给子代；基因能突变，组成基因的核苷酸发生改变，可影响基因的功能，但对生物进化极为重要。

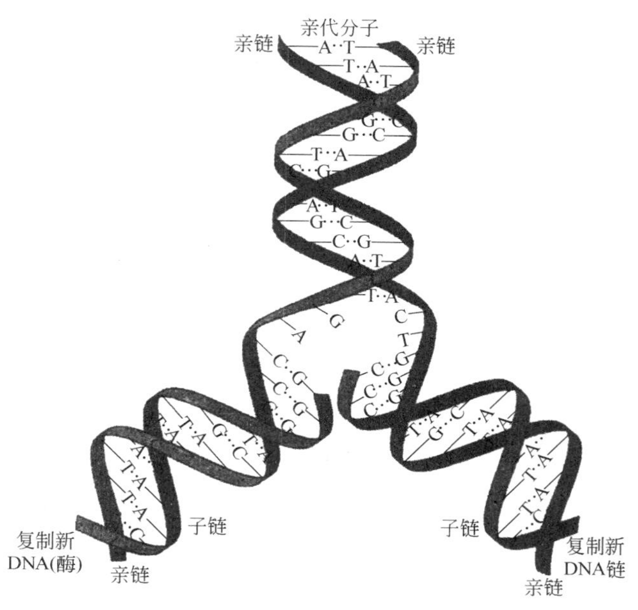

图 9.10 DNA 的半保留复制

基因的生物功能主要是通过蛋白质来体现的，因此基因也就是决定一条完整的蛋白质或肽链的 DNA 片段。一个 DNA 分子可以含有上万个基因，每个基因中可以有成百上千脱氧核苷酸。虽然脱氧核苷酸的种类只有四种，但它们的排列方式是千变万化的，就产生了不同的生命现象。

从 DNA 到蛋白质的过程称为基因表达。基因中蕴藏的遗传信息通过转录生成信使 RNA，进而翻译成蛋白质，这是生物学中的“中心法则”。由此可以看出，DNA 控制着蛋白质的合成，如图 9.11 所示。

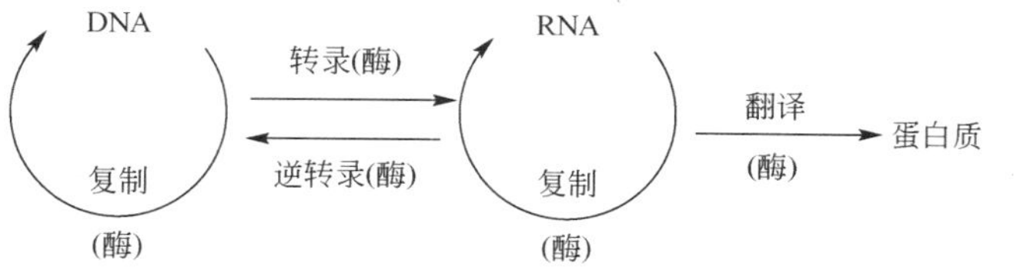

图 9.11 DNA 控制蛋白质的合成过程

【转录与复制】

基因表达过程首先是一段 DNA 双螺旋结构开始解旋，以其中的一条单链为模板进行复制，合成出信使 RNA，这一过程称为转录。实验证明，信使 RNA 上每 3 个核苷酸翻译成蛋白质链上的氨基酸，把这 3 个核苷酸称为遗传密码，也称三联体密码或密码子。

DNA 的自我复制以及基因的表达是很严格的。但复制过程中也会发生频率极低的突变，所谓突变是指基因结构上的改变，如 DNA 链上某一点 A 代替了 T，这样小小的基因结构改变会引起生物体性状的巨大改变，这样的突变是由基因结构的改变引起的，所以叫“基因突变”。基因突变是生物变异的主要来源，也是生物进化的重要因素之一。

阅读材料9-1

生物芯片

生物芯片技术是使用半导体工业中的微加工和微电子技术以及其他相关技术，将庞大的、分立式的生物化学分析系统缩微到半导体硅芯片中，使之具有高速度、分析自动化和高度并行处理能力，从而实现对细胞、蛋白质、核酸以及其他生物组分大信息量准确、快速地检测。目前，高密度基因芯片是最重要的一种生物芯片，在它上面集成有成千上万密集排列的基因探针，能够在同一时间内分析大量基因。人们可迅速读取生命的篇章，准确高效地破译遗传密码。生物芯片还可同时进行多种肿瘤早期诊断。

用生物芯片制作的具有不同用途的全功能缩微芯片实验室，体积小、质量轻、便于携带，实现了分析过程全自动化，分析速度提高了成千上万倍。有了它，人们可通过自己拥有的个人化验室，在地球上的任何一处，随时监测自己身体的健康状况，通过环球通信系统可将结果传回到居住地的家庭医生处。届时，医学互联网既可做远程诊断，也可做远程手术。

9.3 糖

糖是一类化学实验式通式为 $C_m(H_2O)_n$ 的化合物。由于其中氢氧的比例正好与水分子相同，所以习惯称为碳水化合物。具体地说，糖类物质是含有多个羟基的醛类或酮类化合物。糖类物质几乎存在于所有的生命体中，其中以存在于植物中的糖类为最多，约可占到其干重的80％，动物的组织中含糖量不超过其干重的2％。糖类是生物体的基本营养物质，其主要生物学作用是提供能量和碳源，也有部分糖类物质可参与细胞结构的组成。

糖类可以根据分子的大小分为单糖、寡糖和多糖三大类。也可根据其分子组成中含有醛基或羰基而分为醛糖和酮糖。

9.3.1 单糖

单糖是一类多羟基的醛或酮的总称，是构成复杂糖类的基本结构单元。最重要的单糖有葡萄糖、果糖、核糖、脱氧核糖等。

葡萄糖的分子式是 $C_6H_{12}O_6$，是含6个碳原子的多羟基醛糖。其结构式如图9.12所示。

其中的 ^2C～^5C 都是不对称碳原子，所以它有16种同分异构体，对应着16种不同构型。

果糖则是一种六碳多羟基酮糖，其分子式也是 $C_6H_{12}O_6$，如图9.12所示。核糖是一种多羟基戊醛糖，分子式为 $C_5H_{10}O_5$，结构式如图9.13所示。

```
    1                       1
     CHO                     CH2OH
    2|                      2|
  H—C—OH                     C═O
    3|                      3|
 HO—C—H                  HO—C—H
    4|                      4|
  H—C—OH                  H—C—OH
    5|                      5|
  H—C—OH                  H—C—OH
    6|                      6|
     CH2OH                   CH2OH
```

D-葡萄糖　　D-果糖

图 9.12　D 型葡萄糖及果糖的结构式

```
    1                       1
     CHO                     CHO
     |                       |
  H—2C—OH                 H—2C—H
     |                       |
    3|                      3|
  H—C—OH                  H—C—OH
    4|                      4|
  H—C—OH                  H—C—OH
     |                       |
    5 CH2OH                 5 CH2OH
```

D-核糖　　D-脱氧核糖

图 9.13　D 型核糖及脱氧核糖的结构式

核糖是最常见的一种戊醛糖，它是 RNA 的基本结构单元之一，其中^{2}C～^{4}C 是不对称碳原子。在 D 核糖中^{2}C 上的一个羟基被 H 原子取代就变成了脱氧核糖(2-脱氧-D-核糖)。这是存在于 DNA 中的分布最广的脱氧核糖。

上述单糖在水溶液是以直链或开链式结构存在，但在结晶中，可以成环结构存在。例如，D 葡萄糖在结晶态中可以形成如图 9.14 所示的两种构型，两者的区别在于^{1}C 上羟基位置朝向的不同。

在 RNA 中的核糖也是以成环形态存在的，如图 9.15 所示。

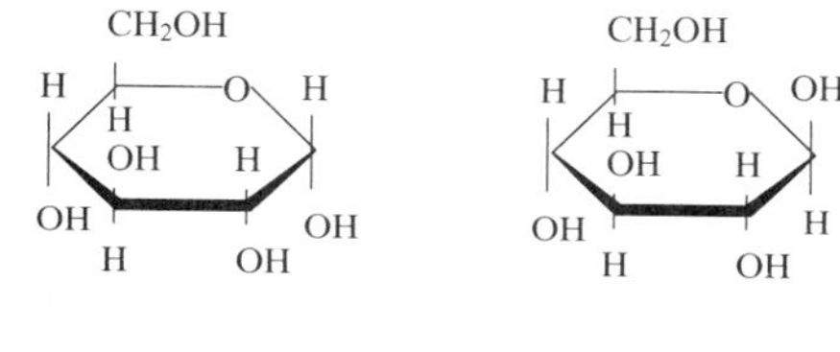

α-D-葡萄糖　　β-D-葡萄糖

图 9.14　葡萄糖的成环结构

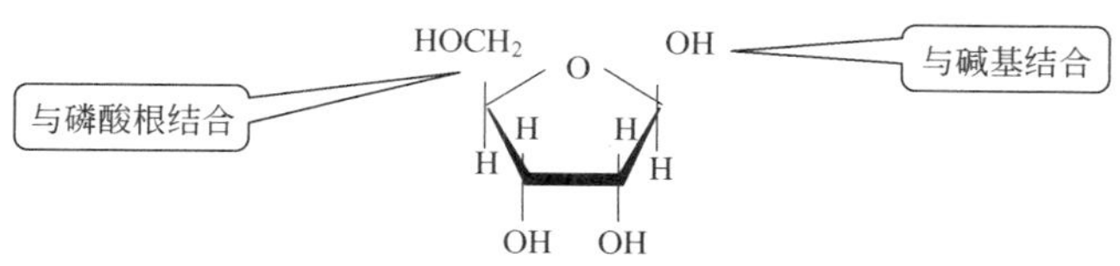

图 9.15　核糖的成环结构

9.3.2　寡糖和多糖

1. 寡糖

寡糖是指由二至十几个单糖分子组成的糖类，又称低糖。

蔗糖、麦芽糖和纤维二糖就是典型的双糖。蔗糖由一个葡萄糖分子和一个果糖分子所组成，麦芽糖和纤维二糖则由两个葡萄糖分子组成，它们的结构式如图 9.16 所示。

其中两个单糖之间是通过羟基间缩合(两个—OH 缩去一分子 H_2O)产生的糖苷键相连。而麦芽糖和纤维二糖的区别则在于糖苷键的构型不同。

蔗糖是从甘蔗或甜菜中分离获得的，麦芽糖是淀粉水解的产物，而纤维二糖则是纤维素水解的产物。

2. 多糖

多糖是由多个单糖分子通过糖苷键连接而成的多聚糖。纤维素和淀粉是两种典型而最重要的多糖。

(a) 麦芽糖[葡萄糖—α—(1,4)-葡萄糖苷]

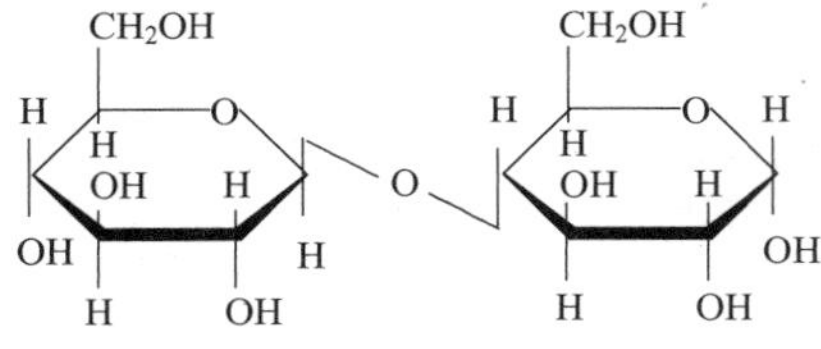

(b) 纤维二糖[葡萄糖—β—(1,4)—葡萄糖苷]

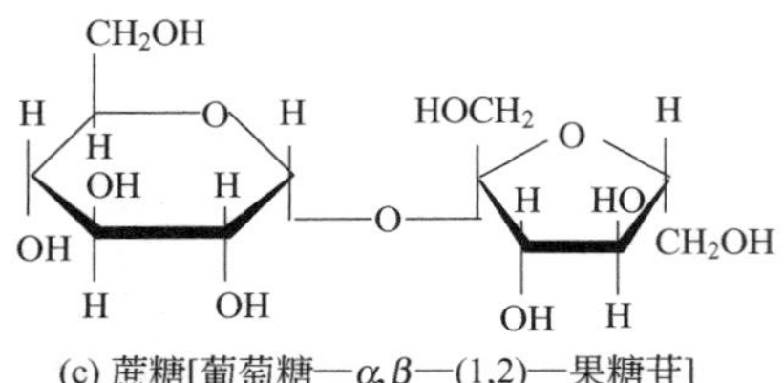

(c) 蔗糖[葡萄糖—α,β—(1,2)—果糖苷]

图 9.16　几种双糖的结构式

淀粉在生物体内的主要作用是提供能量及碳源，淀粉分子中葡萄糖分子间以 α—(1，4)—糖苷键相连，整个分子呈现螺旋状。

纤维素在植物细胞壁中起支撑骨架的作用，在纤维素分子中葡萄糖分子间是以 β—(1，4)—糖苷键相连，所以整个分子呈现长条纤维状。

动物体内的糖原也是葡萄糖分子以 α—(1，4)—糖苷键连接而成的多糖，但其分子有许多支链，所以结构更为复杂。糖原储存于肝脏及肌肉中，当长时间运动及饥饿时，可提供能量为生物体使用。

人的唾液中含有丰富的淀粉酶，所以可把淀粉分解成葡萄糖，最终在小肠中被人体吸收，但淀粉酶无法分解纤维素。而在牛、马、羊等食草动物的消化系统中，则含纤维素水解酶，所以能使草类等纤维素物质变成葡萄糖，而供体内吸收用。

因为糖原支链多，所以在特定酶作用下，可在多点同时水解，而迅速产生大量葡萄糖，从而提供大量能量。

阅读材料9-2

通过“剪子”得到目标血型

很多人都知道，O 型血是万能血型，可以供给任何血型的人。如果血库里的血全是 O 型，在病人遇上危急情况时，无须验血就可直接输入这种万能的救命血了。人的血型一共分为 O、A、B、AB 型四种，其是由红细胞表面的糖分子结构决定的：O 型血的糖分子链为葡萄糖—半乳糖—N—乙酰半乳糖胺—半乳糖—岩藻糖；A 型血的糖分子链为葡萄糖—半乳糖—N—乙酰半乳糖胺—半乳糖—N—乙酰半乳糖胺；B 型血的糖分子链为葡萄糖—半乳糖—N—乙酰半乳糖胺—半乳糖—岩藻糖—半乳糖；AB 型血的糖分子链为 A 型、B 型两种结构兼而有之。从上面的四种血型结构可以看出，其他血型与 O 型血的区别在于多出了些“枝杈”，如果剪掉这些“枝杈”，这些血型就都成了 O 型血。

中国军事医学科学院的科学家从海南咖啡豆里提取一种酶——2—半乳糖苷酶，这种酶可以像剪子一样把 B 型血的“枝杈”剪掉，将其转变为 O 型血。但是这种酶非常少，从 50lb(1lb=453.59g)的咖啡豆中提取的酶才能完成 $200cm^3$ B 型血向 O 型血的转变。科学家又发现，将从咖啡豆里提取的酶的基因转移到一种叫毕赤的酵母里，这种酶就会大量繁殖，复制出无数的可把 B 型血裁成 O 型血的“剪子”。这样就可以把 B 型血“剪”成 O 型血了。科学家们正在努力寻找把 A、AB 型血剪成 O 型血的途径。据介绍，与上述方法类似，在植物或动物中提取一种基因“剪子”，剪去 A 型血多余的“枝杈”，就可把 A 型血转变成 O 型血。值得注意的是，这种血型的改变只能在人体外进行，它无法改变人体的血型。

9.4 维 生 素

维生素即维持生命之素，是维持正常生理功能所必需的物质。人体对维生素的需要量虽然非常小，但它十分重要。维生素是有机化合物，而不是构成细胞的物质。许多辅酶或辅基含有维生素成分，参与各种代谢活动。和激素不同，维生素不是体内内分泌腺分泌的。有些维生素是由肠内寄生的细菌制造的，而有些则必须通过食物来供给。各种维生素缺乏时，所影响的细胞功能不同，发生的症状也不同，但是细胞的任何功能受到损害，细胞的生长发育就不能正常进行，所以缺乏任何一种维生素，都能使人体的生长发育受阻碍，或者停止，甚至死亡。例如，脚气病、坏血病、癞皮病、夜盲症等皆由缺少维生素引起。

1. 维生素 A

维生素 A_1 是一种不饱和醇(又称视黄醇)，可以溶解在醚、氯仿等脂性溶剂中。结构中含有四个异戊二烯共轭双键，因此易于氧化，特别是在光的作用下更容易被破坏。维生素 A_2 为脱氢视黄醇，其生理作用与维生素 A_1 相同，但生理活性只有维生素 A_1 的 40%。维生素 A 有两个重要的功能：①它为视紫红质的成分，而视紫红质是眼睛视网膜上的色素，遇到光线称为视黄质，这种变化刺激视神经，使人感觉到光的明亮。视黄质再变回视紫红质后仍可再感光，在这反复变化中消耗维生素 A。如果不进行补充，视紫红质渐渐减少，感光就不灵敏了。所以缺少维生素 A，使视网膜不能很好感受弱光，在暗处不能辨别物体，这就是夜盲症。②它为上皮生长所必需的物质，缺少了上皮会萎缩，长出角质的细胞，引起蟾皮病、眼干燥症。角质细胞不能很好地保护下层组织，碰到细菌，易受感染。所以缺少维生素易得各种传染病，如感冒、肺炎。维生素 A 还能抑制癌细胞增长，使正常组织恢复功能。

维生素 A 在无氧条件下热稳定性很好，所以要保存维生素 A，必须避免和空气接触，不要晒太阳，烧菜时要盖上盖子。维生素 A 只在动物体内有，如鱼肝油、奶油、鱼子、肝、蛋黄等。而类胡萝卜素则在胡萝卜、番茄、柑橘等黄绿色蔬菜与水果中含量丰富。人体的肝脏能储存维生素 A，肝脏有病或对维生素 A 有吸收阻碍时，就会出现维生素 A 缺乏症。

2. 维生素 B

维生素 B_1 又称硫胺素。含硫胺素最多的食物为酵母、糙米、粗面、花生、黄豆、肝、肾、牛肉、瘦猪肉、鸡蛋等，如食物中缺乏维生素 B_1 则会引起胃口欠佳，且引起肠胃肌肉变弱，蠕动减少，易发生便秘，情况严重则发生脚气病。在中国和日本以米为主食的地区，脚气病发生率很高。这种病还会引起周围神经发炎，导致肌肉渐渐麻痹萎缩，心脏肥大而收缩力小，导致循环失调，心力衰竭造成死亡。人对维生素 B_1 的需要量随体内糖量而定，吃糖多的则需要多些。对于消化道有疾病的人、孕妇以及常喝酒少吃食的人来说更需人为补充维生素 B_1。

维生素 B_2 又称核黄素，是因其存在于细胞核内而得此名。维生素 B_2 广泛参与体内各种氧化还原反应，能促进糖、脂肪和蛋白质代谢，对维持皮肤、粘膜和视觉的正常机能均有一定作用。缺少维生素 B_2 则细胞内氧化作用不能很好进行，表现为发生皮炎，烂嘴角，舌头发亮发红，舌乳头肥大呈地图状，眼睛怕光，易流泪，角膜充血，局部发痒，脱屑等。食物中肝、酵母、肾、心脏、蛋、瘦肉、米糠、麦麸、花生、菠菜中的维生素 B_2 含量多。维生素 B_2 在消化道很容易被吸收，谷类和蔬菜中的核黄素与其他物质结合很紧，必须在煮熟的过程中让维生素 B_2 分离出来才能被吸收。

维生素 B_6 有三种存在形式：吡哆醇、吡哆醛、吡哆胺，这三种形式可以互变。它们广泛存在于多种动植物体组织内。在人体内的维生素 B_6 与三磷酸腺苷形成多种酶的辅酶。缺乏维生素 B_6 会引起胃口不好，消化不良，呕吐或腹泻，还会导致头疼、失眠等。

维生素 B_{12} 又称钴胺素，存在于肝、酵母、肉类中，在工业上用放线菌(如灰链霉菌)合成。维生素 B_{12} 能溶于水和醇，在空气中易吸潮，但潮解后会变得更稳定。维生素 B_{12} 对人体合成蛋氨酸起着重要作用。它的另一作用是使一些酶的巯基保持还原状态。缺乏维生素 B_{12} 会使糖的代谢降低，还会影响脂的代谢。

烟酸和烟胺也属于维生素 B 家族，它们是白色晶体，微溶于水，耐热、耐氧化。各种细胞内都含有氧化作用所需要的辅酶，称作辅酶Ⅰ和辅酶Ⅱ，它们是烟酰胺和核糖、磷酸、腺苷的结合物，因此烟酰胺是正常细胞氧化作用所必需的物质。食物中若缺少烟酰胺，最初没有症状，直到严重时才会发生，这就是癞皮病。皮肤的表现很特殊，左右对称，硬而粗糙，颜色深暗，手、腕、颈部受太阳照射的部位最为严重，两手好像戴了手套一样。食物中以萝卜叶、番茄、菠菜、牛肉、肝、酵母中含量丰富。

3. 维生素 C

维生素 C 是已糖的衍生物，又称抗坏血酸，为白色晶体，易溶于水。它极易被氧化，遇热遇碱均会被破坏，遇铜离子则更易被分解，所以煮菜不宜加热太久，更不要用铜锅，也不宜加碱。煮时要加盖，切碎的蔬菜不宜久放，否则与空气接触时间长了维生素 C 会被氧化。缺少维生素 C，细胞间质中的胶原纤维消失，基质解聚，血管通透性增强，造成坏血病，俗称漏血病。常见的维生素 C 缺乏症有：皮下有小血斑，肿痛，骨质薄而稀松；要是有创口或骨折，很难复原；造血机能衰退，造成贫血，病人抵抗力差，容易传染疾病。维生素 C 对人体亚硝胺的形成有阻碍作用，大剂量维生素 C 的服用可预防感冒和癌症。过量维生素 C 不会引起中毒，它会通过尿排出，但长期大量服用有形成结石的可能性。水果、番茄、蔬菜都含丰富的维生素 C，橘子一类的水果含量更高。动物性食物中含量较少，只在肝、肾、脑中有一些。维生素 C 在消化道很容易被吸收，摄入的几乎完全吸收。人体内还有储存维生素 C 的功能，垂体和肾上腺含量最高，短时的缺少不致引起疾病。

4. 维生素 D

维生素 D 常与维生素 A 共存，比较丰富的来源是鱼的肝脏和内脏。维生素 D 中效力较高的有维生素 D_2(麦角钙化醇)与维生素 D(胆钙化醇)，它们均为甾醇衍生物。人体中的麦角甾醇等维生素 D 原经紫外线作用后即可转化为维生素 D_2，因而一般认为，成年人如果不是生活在见不到阳光的地方，很容易得到足够的维生素 D。维生素 D 促进钙和磷在小肠吸收，使血钙和血磷浓度增加，磷酸钙在骨骼沉着，使骨骼钙化。儿童需要较多的磷酸钙，没有维生素 D 的帮助是不够用的，所以小孩必须补充维生素 D。缺少维生素 D，骨骼的磷酸钙少，骨质变软，这就是软骨症，严重时造成 X 形腿、O 形腿、鸡胸或小儿佝偻病等。但维生素D吃多了会造成中毒，在不应该有磷酸钙沉淀的组织内也会发生钙化，如肾、血管、心脏、支气管内都有可能发生。

5. 维生素E

维生素E又称生育酚，共有8种异构体，以α，β，δ，γ四种较为重要，最重要的是α-生育酚。维生素E存在于大豆、麦芽等多种植物中，特别是植物油中含量较丰富。维生素E性质稳定，能耐酸、碱，在无氧存在时可耐200℃高温。在有氧存在时，维生素E易被氧化，是食用油脂最理想的抗氧化剂。在人体内，维生素E也具有抗氧化作用，有抗衰老的效果。其抗氧化作用与微量元素硒的代谢密切相关。维生素E也具有增加血液中胆固醇的作用，还可减轻各种毒物对人体器官的损害。另外，维生素E对糖、脂肪和蛋白质的代谢都有影响。

6. 维生素K

维生素K又称凝血维生素，有好几个种类，是2—甲基—1，4—萘醌及其衍生物。维生素K受热不易被破坏，但遇碱即失效，光照后也会失活。人工合成的维生素K都是水溶性的，可以制成针剂进行注射。很多细菌可以制造出维生素K，人体肠腔内的细菌就能制造，所以成人一般不需补充维生素K。维生素K的生理功能跟血凝有关，它是加速血液凝固，促进肝脏合成凝血酶原所必需的因子。维生素K有K_1(植物性)、K_2(动物性)、K_3、K_4(人工合成)等多种。维生素K存在于绿叶蔬菜及蛋黄中，新生婴儿及肝脏有疾病的人应补充维生素K。

【科学家简介】

霍奇金(1910—1994)：英国女化学家。霍奇金主要从事结构化学方面的研究，主要研究测定甾族化合物、胃蛋白酶和维生素B等的结构。在1932年以前，X射线分析仪仅限于验证化学分析的结果，但霍奇金将X射线分析技术发展成一个非常有用的分析方法。她最先用X射线结晶学正确测定了复杂有机大分子的结构，并做出了第一幅蛋白质的X射线衍射图。1944年第一次成功地测定了青霉素的立体结构；1956年测定了维生素B_{12}的结构；1969年测定了胰岛素的结构。霍奇金因测定抗恶性贫血的生化化合物的基本结构而获得1964年诺贝尔化学奖。她是继居里夫人及其女儿伊伦·约里奥-居里之后，第三位获得诺贝尔化学奖的女科学家。1947年入选英国皇家学会，1956年获得英国功绩勋章，1970年再次获得英国功绩勋章，1984年获得Dimitrov奖，1987年获列宁和平奖。

9.5 生命元素与人体健康

大自然中一切物质都是由化学元素组成的，人体也不例外。人体内约含60多种元素，这些元素在人体中含量相差很大。各种元素在人体中有不同的功能。按它们的不同生理效应可将人体中元素分为生命必需元素、有害元素和尚未确定的元素。

生命必需元素是指下列几类元素：一是生命过程的某一环节需要该元素的参与，即该元素存在于健康的组织中；二是生物体具有主动进入并调节其体内分布和水平的元素；三是存在于体内的生物活性化合物的有关元素，缺乏该元素时会引起某些生理变化，当补充后即能恢复。这些必需元素参与人体各种生理作用，是人体营养不可缺少的成分，若缺乏它们就会出现各种疾病，如人体缺碘会造成甲状腺肿大，缺铁会出现贫血症等。在生命必需元素中，根据其在人体中的含量又可分为常量元素和微量元素两类。构成生物体的碳、氧、氮、磷、硫、氯、铁、钠、镁、钾、钙等11种为必需常量元素，约占体重的9.25%。将含量低于0.01%的元素称微量元素。目前已被公认的必需微量元素有14种，它们是铁、碘、锌、铜、钴、铬、锰、钼、硒、镍、锡、硅、氟和钒。

有害元素指某些会影响人的机体的正常功能的元素，如镉、汞、铅为剧毒元素，铍、镓、铟、铊、锗、砷、锑、铋等为有害元素。

其他没有提到的元素为未确定元素。但需指出的是，在实际研究中，确定某元素是否为生物体必需，或是划分必需与毒害的界限，常属不易之事，因为这与它在体内的含量及存在形式、状态等密切相关。在这一节内容中主要介绍人体必需的常量及微量元素。

9.5.1 常见元素

1. 钙

钙是人体内含量最多的元素，一般成年人体内含钙量为1～1.25kg，其中99%存在于骨骼与牙齿中。其余的1%存在于软组织、细胞外液和血液中，成年人每日约有700mg的钙进行更新，因此必须从食物中摄取钙。

人体内的钙如果缺乏，对儿童会造成骨质生长不良和骨化不全，会出现出牙晚，“鸡胸”或佝偻病，成年人则易患软骨病，容易发生骨折并发生出血和瘫痪等疾病，高血压、脑血管病等也与缺钙有关。

人体所需的钙，以乳制品最好，不但含量丰富且吸收率高。此外，蛋黄、豆类、花生等含钙也较高，小虾皮含钙特别丰富。专家建议每日膳食中应注意多喝牛奶，其次是豆制品和活性钙制品。

2. 磷

骨骼和牙齿中除了含钙外，磷也是一种重要的元素。正常人体内含磷0.6～0.9kg，其中80%左右分布于骨骼和牙齿中。体内90%的磷是以磷酸根PO_4^{3-}的形式存在，磷是细胞核蛋白、磷脂和某些辅酶的重要成分。磷酸盐还能组成体内酸碱缓冲体系，维持体内的酸碱平衡。人体内代谢所产生的能量主要是以三磷酸腺苷(ATP)的形式被利用、储存或转化的，ATP含有的高能磷酸酯键为人体的生命活动提供能量。磷还参与葡萄糖、脂肪和蛋白质的代谢。磷是形成核酸的重要原料，而核酸构成细胞核。磷的化学规律控制着核酸、核糖以及氨基酸、蛋白质的化学规律，从而控制着生命的化学进化。由于磷的分布很广，因此一般不易缺乏该种元素。

3. 镁

成年人体内含有镁20～30g，主要存在于骨骼、牙齿、软组织和体液中。镁是维持心肌正常功能和结构的必需元素，更重要的是，镁与血压、心肌的传导性与节律、心肌舒缩等有关。若镁缺乏可导致心肌坏死、冠状动脉病等，供应心脏血液和氧气的动脉痉挛，出现抑郁、肌肉软弱无力和眩晕等症状，儿童严重缺镁会出现惊厥，表情淡漠。

镁普遍存在于动植物性食物中，以蔬菜、小米、燕麦、豆类和小麦等含量最丰富，动物内脏也含有丰富的镁。如果膳食结构比较合理，人体一般不会缺镁。

4. 钠、钾和氯

钠、钾、氯分别占人体的0.15%，0.35%和0.15%。在体内以离子状态存在于一切组织液中，细胞内 K^+ 含量多，而细胞外液(血浆、淋巴、消化液)中则 Na^+ 含量多。Na^+ 和 K^+ 是人体内维持渗透压的最重要的阳离子，而 Cl^- 则是维持渗透压的最重要的阴离子。它们对于维持血浆和组织液的渗透平衡有重要的作用，血浆渗透压发生变化，就将导致细胞损伤甚至死亡。

人体中的 Na^+ 和 Cl^- 主要来自食盐。K^+ 主要来自水果、蔬菜等植物性食物。我国人民普遍存在摄取 Na^+ 过多而 K^+ 偏少的现象，如果膳食中钠过多钾过少，钠、钾比值偏高，血压就会升高。摄入钠过多，会对高血压、心脏病、肾功能衰竭等患者造成很大的危害。缺钾可对心肌产生损害，引起心肌细胞变性和坏死。还可引起肾、肠及骨骼的损害，出现肌肉无力、水肿、精神异常等症状。而钾过多时则可引起四肢苍白发凉、嗜睡、动作迟笨、心跳减慢以致突然停止等症状。

9.5.2 微量元素的生理功能

微量元素在体内的含量虽然极少，但都具有重要的生理机能，下面介绍几种重要微量元素的生理机能。

1. 铁

铁是人们最早发现的人体必需的微量元素，也是在人体组织中含量最多的微量元素，一般在成年人的组织中含铁4～5g。铁在人体内的主要功能是以血红蛋白的形式参加氧的转运、交换和组织呼吸过程，此外，铁还与许多酶的合成有关，如果体内缺铁，会造成缺铁性或营养性贫血。

含铁质丰富的食物是动物肝脏、蛋黄、豆类和一些蔬菜(如紫菜、黄花菜、黑木耳)等。

2. 锌

锌是人体中含量较高的微量金属元素，成年人体内含锌为2～3g。锌分布于人体各组织器官内，以视网膜、脉络膜、睫状体、前列腺等器官含锌量较高，胰腺、肝、肾、肌肉等组织也含有较多的锌。

实践证明，人体缺锌会出现下列症状：食欲不振、生长迟缓、脉管炎、恶性贫血、白血病、伤口愈合差、味觉减退等，缺锌还能造成大脑发育不良，对青少年来说可能造成智力低下。

含锌量高的食物有海鲜类，如牡蛎、蛤、螟、虾、蟹及动物肝和肾、牛肉、奶、瘦猪肉、蛋黄、鸡、鸭、兔等。植物类食品一般比动物类含锌量低，但其中花生米、黄豆、芝麻、小麦、小米、绿豆等含锌稍多。

3. 硒

硒作为人体必需微量元素的发现是一个曲折的过程。19世纪60年代以前，由于有些牧草中含硒量过高而导致牲畜中毒，人吃了含硒高的食物也会出现风湿病、眼睛红肿及肝肾中毒等现象。在硒冶炼厂及加工厂工作的工人，出现容易得胃肠疾病、神经过敏和紫斑症等现象。还有些含硒化合物如 H_2Se、SeF_6 等都是极毒的物质，因此当时人们对硒是“谈硒色变”。直到20世纪40年代，人们才发现硒有很重要的生物功能，是人体必需的微量元素。硒主要由呼吸道和消化道吸收，皮肤不吸收。缺硒可引起很多疾病，如克山病、大骨节病、艾滋病，尤其是癌症。

肉类食物中硒含量最高，谷类和豆类中硒含量比水果和蔬菜高。海产品(如虾、蟹)的硒含量很高，但被人体的吸收利用率较低。我国硒的供给量标准为成年人每天为 50μg，1～3岁为 20μg 等。但必须注意，硒的过量摄入(每天超过 200μg)，对人体健康就会造成危害：硒过多则导致维生素 B_{12} 和叶酸代谢紊乱、铁代谢失常、贫血，还会抑制一些酶的活性，诱发心、肝、肾的病变。

4. 碘

早在19世纪50年代，人们就已经认识到碘是人体所必需的元素，正常人体内含碘25～26mg,甲状腺是含碘量最高的组织。甲状腺素是甲状腺分泌的激素，它对机体的作用极为广泛，这种激素能加速各种物质的氧化过程，增加人体耗氧量和产生热量；甲状腺素可多方面影响糖的代谢；甲状腺素可以促进脂肪的合成和降解；甲状腺素对大脑的发育和功能活动有密切关系，如在胚胎早期缺乏甲状腺素，则会影响大脑发育。所以甲状腺素对人体的生长和智力的发育是必不可少的。每个甲状腺素分子中含有4个碘原子，没有碘甲状腺素分子就不能产生。如果体内缺碘，就会导致病变，其中甲状腺肿大和克丁病是对人类危害最大的。

5. 氟

正常人体内含氟约为 2.68g，人体中几乎所有的器官和组织中都含有氟，其中硬组织骨骼和牙齿中氟的含量大约占人体中氟含量的 90%。氟在生物体内还有一个重要的特性，即无生物降解作用，能在体内聚集，骨骼中的含氟量有随年龄增长而增加的趋势。机体正常的钙、磷代谢离不开氟，适量氟有利于钙和磷的利用及其在骨骼中沉积，增加骨骼的硬度，并降低硫化物的溶解度。但是，过量的氟与钙结合形成氟化钙，沉积于骨组织中会使之硬化，并引起血钙降低，从而引起骨质疏松和软化。氟量在体内积累过多可引起氟斑牙和氟骨症。

6. 其他微量元素与健康

其他人体必需的微量元素的人体含量、日需求量等列于表 9-2 中。

表 9-2　人体必需的其他微量元素

元素名称符号	人体含量/g	日需求量/mg	主要来源	主要生理功能	缺乏症	过量症
钴 $_{27}Co$	小于0.003	0.0001	肝、瘦肉、奶、蛋、鱼	造血，心血管的生长和代谢，促进核酸和蛋白质合成	心血管病，贫血，脊髓炎，气喘，青光眼	心肌病变，心力衰竭，高血脂，致癌
钼 $_{42}Mo$	小于0.05	0.2	豆荚、卷心菜、大白菜、谷物、肝、酵母	组成氧化还原酶，催化尿酸，抗铜储铁，维持动脉弹性	心血管病，克山病，食道癌，肾结石，龋齿	睾丸萎缩，性欲减退，脱毛，软骨，贫血，腹泻

（续）

元素名称符号	人体含量/g	日需求量/mg	主要来源	主要生理功能	缺乏症	过量症
铬 $_{24}Cr$	小于0.006	0.1	啤酒、酵母、蘑菇、粗细面粉、红糖、蜂蜜、肉、蛋	发挥胰岛素作用，调节胆固醇、糖和脂质代谢，防止血管硬化	糖尿病，心血管病，高血脂，胆石，胰岛素功能失常	伤肝肾，鼻中隔穿孔，肺癌
镍 $_{28}Ni$	0.01	0.3	蔬菜、谷类	参与细胞激素和色素的代谢，生血，激活酶，形成辅酶	肝硬化，尿素，肾衰，肝脂质和磷脂质代谢异常	鼻咽癌，皮肤炎，白血病，骨癌，肺癌
锶 $_{38}Sr$	0.32	1.9	奶、蔬菜、豆类、海鱼虾类	长骨骼，维持血管功能和通透性，合成粘多糖，维持组织弹性	骨质疏松，抽搐症，白发，龋齿	关节痛，大骨节病，贫血，肌肉萎缩
铜 $_{29}Cu$	0.1	3	干果、葡萄干、葵花子、肝、茶	造血，合成酶和血红蛋白，增强防御功能	贫血，心血管损伤，冠心病，脑障碍，溃疡关节炎	黄疸肝炎，肝硬化，胃肠炎，癌
锰 $_{25}Mn$	0.02	8	干果、粗谷物、桃仁、板栗、菇类	组酶，激活剂，增强蛋白代谢，合成维生素，防癌	软骨，营养不良，神经紊乱，肝癌，生殖功能受抑	无力，帕金森症，心肌梗塞
钒 $_{23}V$	0.018	1.5	海产品	刺激骨髓造血，降血压，促生长，参与胆固醇和脂质及辅酶代谢	胆固醇高，生殖功能低下，贫血，心肌无力，骨异常	结膜炎，鼻咽炎，心肾受损
锡 $_{50}Sn$	0.017	3	龙须菜、西红柿、橘子、苹果	促进蛋白质和核酸反应，促生长，催化氧化还原反应	抑制生长，门齿色素不全	贫血，胃肠炎，影响寿命

健康长寿是人类共同的愿望。大量研究结果表明，机体的衰老受各种因素的影响，而其中饮食情况是一项很重要的因素。可以说，人类健康长寿最关键的因素之一是保持人体内的多种元素平衡。为保持人体的各种元素平衡，科学、合理的膳食是很重要的。在日常生活中，人们要注意饮食的多样化和多种营养素的平衡供给。

【现代生命科学与人类生活】

【网络导航】

【生命旅行】

生命科学的最新进展通道

（1）中华人民共和国科技部主页网址：http//www.most.gov.cn，有“科技成果”“科技计划”“科技统计”“国内外科技动态”等栏目。

(2)“科学在线”主页(中文版)网址：http//china. sciencemag. org，有“科学快讯”“科学此刻”等栏目。科学此刻(Science Now)在每个工作日都会由《科学》杂志的新闻组为网上用户提供几篇三四段长的有关科研或科学政策的最新消息。这些消息短小精炼，使读者可用不多的时间就能及时了解到世界各地各科研领域的最新进展。

(3) 蛋白质数据库：http：//www. rcsb. org/pdb/molecules/molecules/molecule_list. html。这是 Scripps 研究所建立和维护的基因数据库。特色栏目是“每月一个分子”描述的方式让大学生容易理解，文章提供了已了解的蛋白质结构和功能的关系。

(4) 中华基因网：http：//www. chinagenenet. com，有资源库，生物信息，科研谷等。

(5) 中国科学院上海生命科学研究院生物信息中心：http：//www. biosino. org/，有核酸公共数据库。主要收集中国科研人员递交的核酸序列，可以从这个数据库中搜索序列，与 BLAST 序列比较，并可与 GenBank、EMBL、DDBJ 数据间进行格式转换。

(6) 京都基因与基因组百科全书网站，http：//www. nome. jp/kegg，KEGG 是 Kyoto Encyclopedia of Genes and Genomes 的首字母。

本章小结

一、蛋白质与酶

(1) 氨基酸：含有两个特定的官能团：氨基($—NH_2$)和羧基($—COOH$)，常见的有 20 种。

(2) 多肽：一个氨基酸分子中的羧基与另一氨基酸分子的氨基之间脱水而形成的化合物叫肽。根据每个分子中氨基酸残基的数目，分别称为二肽、三肽等。十肽以下为寡肽，十肽以上为多肽。

(3) 蛋白质：由氨基酸残基通过肽键相连而成的高分子化合物。

(4) 酶：具有高度专一性和强大的催化能力。

二、核酸

(1) 核苷酸：每个核苷酸包括三大部分：碱基、戊糖和磷酸。分类：脱氧核糖核酸、核糖核酸。

(2) DNA 的双螺旋结构。

(3) RNA。

(4) DNA 复制与基因表达。

三、糖

(1) 单糖：葡萄糖、果糖、核糖和脱氧核糖等。

(2) 寡糖：由二至十几个单糖分子组成的糖类，又称低糖。

(3) 多糖：由多个单糖分子通过糖苷键连接而成的多聚糖。纤维素和淀粉是两种典型而最重要的多糖。

四、维生素

(1) 定义：维持生命之素，是维持正常生理功能所必需的物质。
(2) 分类：维生素A、维生素B、维生素C、维生素D、维生素E、维生素K。

五、生命元素与人体健康

(1) 常见元素：钙、磷、镁、钠、钾、氯。
(2) 微量元素：铁、锌、硒、碘、氟、其他微量元素。

简答题

1. 蛋白质是由什么元素组成的？什么是蛋白质的一级、二级和三级结构？
2. 构成人体蛋白质的20种氨基酸的名称与符号是什么？
3. DNA是由哪几种碱基组成的？试写出它们的结构。
4. 什么是DNA的二级结构？在DNA二级结构中四种碱基配对有何规律？
5. DNA是如何复制的？
6. 蛋白质是怎样合成的？
7. 什么是肽键？
8. 酶的特性有哪些？
9. 构成核酸的基本单元是什么？核酸的分类有哪些？
10. 糖的分类有哪些？其组成和结构如何？
11. 维生素的定义是什么？人体内维生素的种类及其生理功能是什么？
12. 人体内包含哪些生命元素？这些生命元素的生理功能有哪些？

附　　录

附表 1　常用的物理化学常数

物理常数	符号	最佳实验值	供计算用值
真空中光速	c	(299792458±1.2)m/s	3.00×10^{8} m/s
引力常数	G_0	$(6.6720\pm0.0041)\times10^{-11}$ m³/s²	6.67×10^{-11} m³/(s² kg)
阿伏伽德罗(Avogadro)常数	N_A	$(6.022045\pm0.000031)\times10^{23}$ mol⁻¹	6.02×10^{23} mol⁻¹
普适气体常数	R	(8.31441±0.00026)J/(mol·K)	8.31J/(mol·K)
玻尔兹曼(Boltzmann)常数	k	$(1.380662\pm0.000041)\times10^{-23}$ J/K	1.38×10^{-23} J/K
理想气体摩尔体积	V_m	$(22.41383\pm0.00070)\times10^{-3}$	22.4×10^{-3} L/mol
基本电荷(元电荷)	e	$(1.6021892\pm0.0000046)\times10^{-19}$ C	1.602×10^{-19} C
原子质量单位	u	$(1.6605655\pm0.0000086)\times10^{-27}$ kg	1.66×10^{-27} kg
电子静止质量	m_e	$(9.109534\pm0.000047)\times10^{-31}$ kg	9.11×10^{-31} kg
法拉第常数	F	(9.648456±0.000027)C/mol	96500C/mol
真空磁导率	μ_0	12.5663706144 ± 10^{-7} H/m	4πH/m
玻尔(Bohr)半径	α_0	$(5.2917706\pm0.0000044)\times10^{-11}$ m	5.29×10^{-11} m
普朗克(Planck)常数	h	$(6.626176\pm0.000036)\times10^{-34}$ J·s	6.63×10^{-34} J·s

附表 2　用于构成十进倍数和分数单位的 SI 词头

所表示的因数	词头符号	词头名称	所表示的因数	词头符号	词头名称
10^{24}	尧［它］	Y	10^{-1}	分	d
10^{21}	泽［它］	Z	10^{-2}	厘	c
10^{18}	艾［可萨］	E	10^{-3}	毫	m
10^{15}	拍［它］	P	10^{-6}	微	μ
10^{12}	太［拉］	T	10^{-9}	纳［诺］	n
10^{9}	吉［咖］	G	10^{-12}	皮［可］	p
10^{6}	兆	M	10^{-15}	飞［母托］	f
10^{3}	千	k	10^{-18}	阿［托］	a
10^{2}	百	h	10^{-21}	仄［普托］	z
10^{1}	十	da	10^{-24}	幺［科托］	y

附表 3　常见物质的标准摩尔生成焓、标准摩尔生成吉布斯函数、标准摩尔熵

(298.15K，100kPa)

物　质	$\Delta_f H_m^\theta$/(kJ/moL)	$\Delta_f G_m^\theta$/(kJ/moL)	S_m^θ/[J/(moL·K)]
$Ag(s)$	0	0	42.55
$AgCl(s)$	−127.07	−109.8	96.2
$AgBr(s)$	−100.4	−96.9	107.1
$Ag_2CrO_4(s)$	−731.74	−641.83	218
$AgI(s)$	−61.84	−66.19	115
$Ag_2O(s)(s)$	−31.1	−11.2	121
$AgNO_3(s)$	−124.4	−33.47	140.9
$Al(s)$	0.0	0.0	28.33
$AlCl_3(s)$	704.2	−628.9	110.7
$\alpha-Al_2O_3(s)$	−1676	−1582	50.92
B(s，β)	0	0	5.86
$B_2O_3(s)$	−1272.8	−1193.7	53.97
$Ba(s)$	0	0	62.8
$BaCl_2(s)$	−858.6	−810.4	123.7
$BaO(s)$	−548.10	−520.41	72.09
$Ba(OH)_2(s)$	−944.7	—	—
$BaCO_3(s)$	−1216	−1138	112
$BaSO_4(s)$	−1473	−1362	132
$Br_2(l)$	0	0	152.23
$Br_2(g)$	30.91	3.14	245.35
$Ca(s)$	0	0	41.2
$CaF_2(s)$	−1220	−1167	68.87
$CaCl_2(s)$	−795.8	−748.1	105
$CaO(s)$	−635.09	−604.04	39.75
$Ca(OH)_2(s)$	−986.09	−898.56	83.39
$CaCO_3$(s，方解石)	−1206.92	−1128.8	92.88
$CaSO_4$(s，无水石膏)	−1434.1	−1321.9	107
C(石墨)	0	0	5.74
C(金刚石)	1.987	2.900	2.38
$CO(g)$	−110.53	−137.15	197.56
$CO_2(g)$	−393.51	−394.36	213.64

(续)

物　　质	$\Delta_f H_m^\theta$/(kJ/moL)	$\Delta_f G_m^\theta$/(kJ/moL)	S_m^θ/[J/(moL·K)]
CO_2(aq)	−413.8	−386.0	118
CCl_4(l)	−135.4	−65.2	216.4
CH_3OH(l)	−238.7	−166.4	127
C_2H_5OH(l)	−277.7	−174.9	161
HCOOH(l)	−424.7	−361.4	129.0
CH_3COOH(l)	−484.5	−390	160
CH_3CHO(l)	−192.3	−128.2	160
CH_4(g)	−74.81	−50.75	186.15
C_2H_2(g)	226.75	209.20	200.82
C_2H_4(g)	52.26	68.12	219.5
C_3H_8(g)	−103.85	−23.49	269.9
C_6H_6(g)	82.93	129.66	269.2
C_6H_6	49.03	124.50	172.8
Cl_2(g)	0	0	222.96
HCl(g)	−92.31	−95.30	186.80
Co(s)(a,六方)	0	0	30.04
$Co(OH)_2$(s,桃红)	−539.7	−454.4	79
Cr(s)	0	0	23.8
Cr_2O_3(s)	−1140	−1058	81.2
Cu(s)	0	0	33.15
Cu_2O(s)	−169	−146	93.14
CuO(s)	−157	−130	42.63
Cu_2S(s,a)	−79.5	−86.2	121
CuS(s)	−53.1	−53.6	66.5
$CuSO_4$(s)	−771.36	−661.9	109
$CuSO_4 \cdot 5H_2O$(s)	−2279.70	−1880.06	300
F_2(g)	0	0	202.7
Fe(s)	0	0	27.3
Fe_2O_3(s,赤铁矿)	−824.2	−742.2	87.40
Fe_3O_4(s,磁铁矿)	−1120.9	−1015.46	146.44
H_2(g)	0	0	130.57
Hg(g)	61.32	31.85	174.8

（续）

物　质	$\Delta_f H_m^\theta$/(kJ/moL)	$\Delta_f G_m^\theta$/(kJ/moL)	S_m^θ/[J/(moL·K)]
HgO(s，红)	−90.83	−58.56	70.29
HgS(s，红)	−58.2	−50.6	82.4
$HgCl_2$	−224	−179	146
Hg_2Cl_2	−265.2	−210.78	192
I_2(s)	0	0	116.14
I_2(g)	62.438	19.36	260.6
HI(g)	25.9	1.30	206.48
K(s)	0	0	64.18
KCl(s)	−436.75	−409.2	82.59
KI(s)	−327.90	−324.89	106.32
KOH(s)	−424.76	−379.1	78.87
$KClO_3$(s)	−397.7	−296.3	143
$KMnO_4$(s)	−837.2	−737.6	171.7
Mg(s)	0	0	32.68
$MgCl_2$(s)	−641.32	−591.83	89.62
MgO(s，方镁石)	−601.70	−569.44	26.9
$Mg(OH)_2$(s)	−924.54	−833.58	63.18
$MgCO_3$(s)	−1096	−1012	65.7
$MgSO_4$(s)	−1285	−1171	91.6
Mn(s，α)	0	0	32.0
MnO_2(s)	−520.03	−465.18	53.05
$MnCl_2$(s)	−481.29	−440.53	118.2
Na(s)	0	0	51.21
NaCl(s)	−411.15	−384.15	72.13
NaOH(s)	−425.61	−379.53	64.45
Na_2CO_3(s)	−1130.7	−1044.5	135.0
NaI(s)	−287.8	−286.1	98.53
Na_2O_2(s)	−510.87	−447.69	94.98
HNO_3(l)	−174.1	−80.79	155.6
NH_3(g)	−46.11	−16.5	192.3
NH_4Cl(s)	−314.4	−203.0	94.56
NH_4NO_3(s)	−365.6	−184.0	151.1

(续)

物　　质	$\Delta_f H_m^\theta$/(kJ/moL)	$\Delta_f G_m^\theta$/(kJ/moL)	S_m^θ/[J/(moL·K)]
$(NH_4)_2SO_4(s)$	−901.90	—	187.5
$N_2(g)$	0	0	191.5
$NO(g)$	90.25	86.75	210.65
$NO_2(g)$	33.2	51.30	240.0
$N_2O(g)$	82.05	104.2	219.7
$N_2O_4(g)$	9.16	97.82	304.2
$O_3(g)$	143	163	238.8
$O_2(g)$	0	0	205.03
$H_2O(l)$	−285.54	−237.19	69.94
$H_2O(g)$	−241.82	−228.59	188.72
$H_2O_2(l)$	−187.8	−120.4	—
$H_2O_2(aq)$	−191.2	−134.1	144
P(s,白)	0	0	41.09
P(红)(s,三斜)	−17.6	−12.1	22.8
$PCl_3(g)$	−287	−268.0	311.7
$PCl_5(s)$	−443.5	—	—
Pb(s)	0	0	64.81
PbO(s,黄)	−215.33	−18.90	68.70
$PbO_2(s)$	−277.40	−217.36	68.62
$H_2S(g)$	−20.6	−33.6	205.7
$H_2S(aq)$	−40	−27.9	121
$H_2SO_4(l)$	−813.99	−690.10	156.90
$SO_2(g)$	−296.83	−300.19	248.1
$SO_3(g)$	−395.7	−371.1	256.6
Si(s)	0	0	18.8
SiO_2(s,石英)	−910.94	−856.67	41.84
$SiF_4(g)$	−1614.9	−1572.7	282.4
Sn(s,白)	0	0	51.55
Sn(s,灰)	−2.1	0.13	44.14
$SnCl_2(s)$	−325	—	—
$SnCl_4(s)$	−511.3	−440.2	259

（续）

物　　质	$\Delta_f H_m^\theta$/(kJ/moL)	$\Delta_f G_m^\theta$/(kJ/moL)	S_m^θ/[J/(moL·K)]
Zn(s)	0	0	41.6
ZnO(s)	−348.3	−318.3	43.64
$ZnCl_2$(aq)	−488.19	−409.5	0.8
ZnS(s，闪锌矿)	−206.0	−201.3	57.7
HBr	−36.40	−53.43	198.70

附表 4　常见弱酸、弱碱的解离常数

弱电解质	t/℃	解离常数
H_3AsO_4	18	$K_1=5.62\times10^{-3}$
	18	$K_2=1.70\times10^{-7}$
	18	$K_3=3.95\times10^{-12}$
H_3BO_3	20	7.3×10^{-10}
HBrO	25	2.06×10^{-9}
H_2CO_3	25	$K_1=4.30\times10^{-7}$
	25	$K_2=5.61\times10^{-11}$
$H_2C_2O_4$	25	$K_1=5.90\times10^{-2}$
	25	$K_2=6.40\times10^{-5}$
HCN	25	4.93×10^{-10}
HClO	18	2.95×10^{-5}
H_2CrO_4	25	$K_1=1.8\times10^{-1}$
	25	$K_2=3.20\times10^{-7}$
HF	25	3.53×10^{-4}
HIO_3	25	1.69×10^{-1}
HIO	25	2.3×10^{-11}
HNO_2	12.5	4.6×10^{-4}
NH_4^+	25	5.64×10^{-10}
H_2O_2	25	2.4×10^{-12}
H_3PO_4	25	$K_1=7.52\times10^{-3}$
	25	$K_2=6.23\times10^{-8}$
	25	$K_3=2.2\times10^{-13}$
H_2S	18	$K_1=9.1\times10^{-8}$
	18	$K_2=1.1\times10^{-12}$
HSO_4^-	25	1.2×10^{-2}
H_2SO_3	18	$K_1=1.54\times10^{-2}$
	18	$K_2=1.02\times10^{-7}$
H_2SiO_3	30	$K_1=2.2\times10^{-10}$
	30	$K_2=2\times10^{-12}$
HCOOH	25	1.77×10^{-4}
CH_3COOH	25	1.76×10^{-5}
$CH_2ClCOOH$	25	1.4×10^{-3}
$CHCl_2COOH$	25	3.32×10^{-2}
$H_3C_6H_5O_7$	20	$K_1=7.1\times10^{-4}$
（柠檬酸）	20	$K_2=1.68\times10^{-5}$
	20	$K_3=4.1\times10^{-7}$
$NH_3\cdot H_2O$	25	1.77×10^{-5}
AgOH	25	$1.\times10^{-2}$
$Al(OH)_3$	25	$K_1=5\times10^{-9}$
	25	$K_2=2\times10^{-10}$
$Be(OH)_2$	25	$K_1=1.78\times10^{-6}$
	25	$K_2=2.5\times10^{-9}$
$Ca(OH)_2$	25	$K_2=6\times10^{-2}$
$Zn(OH)_2$	25	$K_1=8\times10^{-7}$

附表 5　常用缓冲溶液的配制

pH	配　制　方　法
0	1mol/L HCl 溶液（不能有 Cl^- 存在时，可用硝酸）
1	0.1mol/L HCl 溶液
2	0.01mol/L HCl 溶液
3.6	$NaAc\cdot 3H_2O$ 8g 溶于适量水中，加 6mol/L HAc 溶液 134mL，稀释至 500mL
4.0	将 60mL 冰醋酸和 16g 无水醋酸钠溶于 100mL 水中，稀释至 500mL
4.5	将 30mL 冰醋酸和 30g 无水醋酸钠溶于 100mL 水中，稀释至 500mL
5.0	将 30mL 冰醋酸和 60g 无水醋酸钠溶于 100mL 水中，稀释至 500mL
5.4	将 40g 六次甲基四胺溶于 90mL 水中，加入 20mL6mol/L HCl 溶液
5.7	100g $NaAc\cdot 3H_2O$ 溶于适量水中，加 6mol/L HAc 溶液 13mL，稀释至 500mL
7.0	NH_4Ac 77g 溶于适量水中，稀释至 500mL
7.5	NH_4Cl 66g 溶于适量水中，浓氨水 1.4mL，稀释至 500mL
8.0	NH_4Cl 50g 溶于适量水中，浓氨水 3.5mL，稀释至 500mL
8.5	NH_4Cl 40g 溶于适量水中，浓氨水 8.8mL，稀释至 500mL
9.0	NH_4Cl 35g 溶于适量水中，浓氨水 24mL，稀释至 500mL

附表 6　常见难溶电解质的溶度积(298K)

难溶电解质	K_{sp}	难溶电解质	K_{sp}
AgCl	1.77×10^{-10}	$BaSO_4$	1.08×10^{-10}
AgBr	5.35×10^{-13}	$BaSO_3$	5.0×10^{-10}
AgI	8.52×10^{-17}	$BaCO_3$	2.58×10^{-9}
AgOH	2.0×10^{-8}	$Co(OH)_3$	1.6×10^{-44}
Ag_2SO_4	1.20×10^{-5}	$CoCO_3$	1.4×10^{-13}
Ag_2SO_3	1.50×10^{-14}	$\alpha-CoS$	4.0×10^{-21}
Ag_2S	6.3×10^{-50}	$\beta-CoS$	2.0×10^{-25}
Ag_2CO_3	8.46×10^{-12}	Cu(OH)	1×10^{-14}
$Ag_2C_2O_4$	5.40×10^{-12}	$Cu(OH)_2$	2.2×10^{-20}
Ag_2CrO_4	1.12×10^{-12}	CuCl	1.72×10^{-7}
$Ag_2Cr_2O_7$	2.0×10^{-7}	CuBr	6.27×10^{-9}
Ag_3PO_4	8.89×10^{-17}	CuI	1.27×10^{-12}
$Al(OH)_3$	1.3×10^{-33}	Cu_2S	2.5×10^{-48}
As_2S_3	2.1×10^{-22}	CuS	6.3×10^{-36}
BaF_2	1.84×10^{-7}	$CuCO_3$	1.4×10^{-10}
$Ba(OH)_2\cdot 8HO$	2.55×10^{-4}	$Fe(OH)_2$	4.87×10^{-17}

（续）

难溶电解质	K_{sp}	难溶电解质	K_{sp}
$Fe(OH)_3$	2.79×10^{-39}	CdS	8.0×10^{-27}
$FeCO_3$	3.13×10^{-11}	$Cr(OH)_3$	6.3×10^{-31}
FeS	6.3×10^{-18}	$Co(OH)_2$	5.92×10^{-15}
$Hg(OH)_2$	3.0×10^{-26}	MnS(无定形)	2.5×10^{-10}
Hg_2Cl_2	1.43×10^{-18}	MnS(结晶)	2.5×10^{-13}
Hg_2Br_2	6.4×10^{-23}	$MnCO_3$	2.34×10^{-11}
Hg_2I_2	5.2×10^{-29}	$Ni(OH)_2$(新析出)	5.5×10^{-16}
Hg_2CO_3	3.6×10^{-17}	$NiCO_3$	1.42×10^{-7}
$HgBr_2$	6.2×10^{-20}	$\alpha-NiS$	3.2×10^{-19}
HgI_2	2.8×10^{-29}	$Pb(OH)_2$	1.43×10^{-15}
Hg_2S	1.0×10^{-47}	$Pb(OH)_4$	3.2×10^{-66}
HgS	4×10^{-53}	PbF_2	3.3×10^{-8}
HgS	1.6×10^{-52}	$PbCl_2$	1.70×10^{-5}
$K_2[PtCl_6]$	7.4×10^{-6}	$PbBr_2$	6.60×10^{-6}
$Mg(OH)_2$	5.61×10^{-12}	PbI_2	9.8×10^{-9}
$MgCO_3$	6.82×10^{-6}	$PbSO_4$	2.53×10^{-8}
$Mn(OH)_2$	1.9×10^{-13}	$PbCO_3$	7.4×10^{-14}
BaC_2O_4	1.6×10^{-7}	$PbCrO_4$	2.8×10^{-13}
$BaCrO_4$	1.17×10^{-10}	PbS	8.0×10^{-28}
$Ba(PO_4)_2$	3.4×10^{-23}	$Sn(OH)_2$	5.45×10^{-28}
$Be(OH)_2$	6.92×10^{-22}	$Sn(OH)_4$	1.0×10^{-56}
$Bi(OH)_3$	6.0×10^{-31}	SnS	1.0×10^{-25}
BiOCl	1.8×10^{-31}	$SrCO_3$	5.60×10^{-10}
$BiO(NO_3)$	2.82×10^{-3}	$SrCrO_4$	2.2×10^{-5}
Bi_2S_3	1×10^{-97}	$Zn(OH)_2$	3.0×10^{-17}
$CaSO_4$	4.93×10^{-5}	$ZnCO_3$	1.46×10^{-10}
$CaSO_4\cdot\frac{1}{2}HO$	3.1×10^{-7}	$\alpha-ZnS$	1.6×10^{-24}
$CaCO_3$	2.8×10^{-9}	$\beta-ZnS$	2.5×10^{-22}
$Ca(OH)_2$	5.5×10^{-6}	$CsClO_4$	3.95×10^{-3}
CaF_2	5.2×10^{-9}	$Au(OH)_3$	5.5×10^{-46}
$CaC_2O_4\cdot H_2O$	2.32×10^{-9}	$La(OH)_3$	2.0×10^{-19}
$Ca_3(PO_4)_2$	2.07×10^{-29}	LiF	1.84×10^{-3}
$Cd(OH)_2$	7.2×10^{-15}	—	—

附表 7　常见配离子的稳定常数(298K)

配离子	K_f^θ	配离子	K_f^θ
$Ag(CN)_2^-$	1.3×10^{21}	$Fe(CN)_6^{4-}$	1.0×10^{35}
$Ag(NH_3)_2^+$	1.1×10^{7}	$Fe(CN)_6^{3-}$	1.0×10^{42}
$Ag(SCN)_2^-$	3.7×10^{7}	$Fe(C_2O_4)_3^{3-}$	2×10^{20}
$Ag(S_2O_3)_2^{3-}$	2.9×10^{13}	$Fe(NCS)_2^+$	2.2×10^{3}
$Al(C_2O_4)_3^{3-}$	2.0×10^{16}	FeF_3	1.13×10^{12}
AlF_6^{3-}	6.9×10^{19}	$HgCl_4^{2-}$	1.2×10^{15}
$Cd(CN)_4^{2-}$	6.0×10^{18}	$Hg(CN)_4^{2-}$	2.5×10^{41}
$CdCl_4^{2-}$	6.3×10^{2}	HgI_4^{2-}	6.8×10^{29}
$Cd(NH_3)_4^{2+}$	1.3×10^{7}	$Hg(NH_3)_4^{2-}$	1.9×10^{19}
$Cd(SCN)_4^{2-}$	4.0×10^{3}	$Ni(CN)_4^{2-}$	2.0×10^{31}
$Co(NH_3)_6^{2+}$	1.3×10^{5}	$Ni(NH_3)_4^{2+}$	9.1×10^{7}
$Co(NH_3)_6^{3+}$	2×10^{35}	$Pb(CH_3COO)_4^{2-}$	3×10^{8}
$Co(NCS)_4^{2-}$	1.0×10^{3}	$Pb(CN)_4^{2-}$	1.0×10^{11}
$Cu(CN)_2^-$	1.0×10^{24}	$Zn(CN)_4^{2-}$	5×10^{16}
$Cu(CN)_4^{3-}$	2.0×10^{30}	$Zn(C_2O_4)_2^{2-}$	4.0×10^{7}
$Cu(NH_3)_2^+$	7.2×10^{10}	$Zn(OH)_4^{2-}$	4.6×10^{17}
$Cu(NH_3)_4^{2+}$	2.1×10^{13}	$Zn(NH_3)_4^{2+}$	2.9×10^{9}
$FeCl_3$	98		

附表 8　常见氧化还原电对的标准电极电势(298K)

1. 在酸性溶液中

电极反应	φ^θ/V	电极反应	φ^θ/V
$Li^- + e^- = Li$	−3.0401	$Mg^{2+} + 2e^- = Mg$	−2.372
$Rb^+ + e^- = Rb$	−2.98	$Y^{3+} + 3e^- = Y$	−2.372
$K^+ + e^- = K$	−2.931	$AlF_6^{3-} + 3e^- = Al + 6F^-$	−2.069
$Cs^+ + e^- = Cs$	−2.92	$Be^{2+} + 2e^- = Be$	−1.847
$Ba^{2+} + 2e^- = Ba$	−2.912	$Al^{3+} + 3e^- = Al$	−1.662
$Sr^{2+}\ 2e^- = Sr$	−2.89	$SiF_6^{2-} + 4e^- = Si + 6F^-$	−1.24
$Ca^{2+} + 2e^- = Ca$	−2.868	$Mn^{2+} + 2e^- = Mn$	−1.185
$Na^+ + e^- = Na$	−2.71	$Cr^{2+} + 2e^- = Cr$	−0.913
$La^{3+} + 3e^- = La$	−2.522	$H_3BO_3 = 3H^+ + 3e^- = B + 3H_2O$	−0.8698
$Ce^{3+} + 3e^- = Ce$	−2.483	$Zn^{2+} + 2e^- = Zn(Hg)$	0.7628

（续）

电极反应	φ^θ/V	电极反应	φ^θ/V
$Zn^{2+}+2e^-=Zn$	−0.7618	$Ag_2SO_4+2e^-=2Ag+SO_4^{2-}$	0.654
$Cr^{3+}+3e^-=Cr$	−0.744	$O_2+2H^++2e^-=H_2O_2$	0.682
$Fe^{2+}+2e^-=Fe$	−0.447	$Fe^{3+}+e^-=Fe^{2+}$	0.771
$Cd^{2+}+2e^-=Cd$	−0.4030	$Hg_2^{2+}+2e^-=2Hg$	0.7973
$PbSO_4+2e^-=Pb+SO_4^{2-}$	−0.3588	$Ag^++e^-=Ag$	0.7996
$Co^{2+}+2e^-=Co$	−0.28	$Hg^{2+}+2e^-=Hg$	0.851
$Ni^{2+}+2e^-=Ni$	−0.257	$2Hg^{2+}+2e^-=Hg_2^{2+}$	0.920
$Mo^{3+}+3e^-=Mo$	−0.200	$NO_3^-+3H^++2e^-=HNO_2+H_2O$	0.934
$AgI+e^-=Ag+I^-$	−0.15224	$NO_3^-+4H^++3e^-=NO+2H_2O$	0.957
$Sn^{2+}+2e^-=Sn$	−0.1375	$HNO_2+H^++e^-=NO+H_2O$	0.983
$Pb^{2+}+2e^-=Pb$	−0.1262	$Br_2(l)+2e^-=2Br^-$	1.066
$Fe^{3+}+3e^-=Fe$	−0.037	$IO_3^-+6H^++6e^-=I^-+3H_2O$	1.085
$2H^++2e^-=H_2$	0	$Cu^{2+}+2CN^-+e^-=Cu(CN)_2^-$	1.103
$AgBr+e^-=Ag+Br^-$	0.07133	$ClO_4^-+2H^++2e^-=ClO_3^-+H_2O$	1.189
$S_4O_6^{2-}+2e^-=2S_2O_3^{2-}$	0.08	$2IO_3^-+12H^++10e^-=I_2+6H_2O$	1.195
$S+2H^++2e^-=H_2S(aq)$	0.142	$ClO_3^-+3H^++2e^-=HClO_2+H_2O$	1.214
$Sn^{4+}+2e^-=Sn^{2+}$	0.151	$MnO_2+4H^++4e^-=Mn^{2+}+2H_2O$	1.224
$Cu^{2+}+e^-=Cu^+$	0.153	$O_2+4H^++6e^-=2H_2O$	1.229
$SO_4^{2-}+4H^++2e^-=H_2SO_3+H_2O$	0.172	$Cr_2O_7^{2-}+14H^++6e^-=2Cr^{3+}7H_2O$	1.232
$AgCl+e^-=Ag+Cl^-$	0.22233	$Cl_2+2e^-=2Cl^-$	1.35827
$Hg_2Cl_2+2e^-=2Hg+2Cl^-$	0.26808	$ClO_4^-+8H^++8e^-=Cl^-+4H_2O$	1.389
$Cu^{2+}+2e^-=Cu$	0.3419	$2ClO_4^-+16H^++14e^-=Cl_2+8H_2O$	1.39
$Cu^{2+}+2e^-=Cu(Hg)$	0.345	$BrO_3+6H^++6e^-=Br^-+3H_2O$	1.423
$Fe(CN)_6^{3-}+e^-=Fe(CN)_6^{4-}$	0.358	$ClO_3+6H^++6e^-=Cl^-+3H_2O$	1.451
$Ag_2CrO_4+2e^-=2Ag+CrO_4^{2-}$	0.4470	$PbO_2+4H^++2e^-=Pb^{2+}+2H_2O$	1.455
$H_2SO_3+4H^++4e^-=S+3H_2O$	0.449	$2ClO_3^-+12H^++10e^-=Br_2+6H_2O$	1.47
$Ag_2C_2O_4+2e^-=2Ag+C_2O_4^{2-}$	0.4647	$HClO+H^++2e^-=Cl^-+H_2O$	1.482
$Cu^++e^-=Cu$	0.521	$2BrO_3^-+12H^++10e^-=Br_2+6H_2O$	1.482
$I_2+2e^-=2I^-$	0.5355	$MnO_4^-+8H^++5e^-=Mn^{2+}+4H_2O$	1.507
$I_3^-2e^-=3I^-$	0.536	$Mn^{3+}+e^-=Mn^{2+}$	1.5415
$H_3AsO_4+2H^++2e^-=HAsO_2+2H_2O$	0.560	$HClO_2+3H^++4e^-=Cl^-+2H_2O$	1.570
$AgAc+e^-=Ag+Ac^-$	0.643	$Ce^{4+}+e^-=Ce^{3+}$	1.61

（续）

电极反应	φ^θ/V	电极反应	φ^θ/V
$2HClO_2+6H^++6e^-=Cl_2+4H_2O$	1.628	$H_2O_2+2H^++2e^-=2H_2O$	1.776
$HClO_2+2H^++2e^-=HClO+H_2O$	1.645	$Co^{3+}+e^-=Co^{2+}$	1.83
$MnO_4^-+4H^++3e^-=MnO_2+2H_2O$	1.679	$S_2O_8^{2-}+2e^-=2SO_4^{2-}$	2.010
$PbO_2+SO_4^{2-}+4H^++2e^-=PbSO_4+2H_2O$	1.6913	$F_2+2e^-=2F^-$	2.866
$Au^++e^-=Au$	1.692	$F_2+2H^++2e^-=2HF$	3.053

2. 在碱性溶液中

电极反应	φ^θ/V	电极反应	φ^θ/V
$Ca(OH)_2+2e^-=Ca+2OH^-$	−3.02	$AgCN+e^-=Ag+CN^-$	−0.017
$Ba(OH)_2+2e^-=Ba+2OH^-$	−2.99	$NO_3^-+H_2O+2e^-=NO_2^-+2OH^-$	0.01
$Mg(OH)_2+2e^-=Mg+2OH^-$	−2.690	$HgO+H_2O+2e^-=Hg+2OH^-$	0.0977
$Mn(OH)_2+2e^-=Mn+2OH^-$	−1.56	$Co(NH_3)_6^{3+}+e^-=Co(NH_3)_6^{2+}$	0.108
$Cr(OH)_3+3e^-=Cr+3OH^-$	−1.48	$Hg_2O+H_2O+2e^-=2Hg+2OH^-$	0.123
$ZnO_2^{2-}+2H_2O+2e^-=Zn+4OH^-$	−1.215	$Mn(OH)_3+e^-=Mn(OH)_2+OH^-$	0.15
$SO_4^{2-}+H_2O+2e^-=SO_3^{2-}+2OH^-$	−0.93	$Co(OH)_3+e^-=Co(OH)_2+OH^-$	0.17
$P+3H_2O+3e^-=PH_3+3OH^-$	−0.87	$PbO_2+H_2O+2e^-=PbO+2OH^-$	0.247
$2H_2O+2e^-=H_2+2OH^-$	0.8277	$IO_3^-+3H_2O+6e^-=I^-+OH^-$	0.26
$AsO_4^{3-}+2H_2O+2e^-=AsO_2^-+4OH^-$	−0.71	$Ag_2O+H_2O+2e^-=2Ag+2OH^-$	0.342
$Ag_2S+2e^-=2Ag+S^{2-}$	−0.691	$O_2+2H_2O+4e^-=4OH^-$	0.401
$Fe(OH)_3+e^-=Fe(OH)_2+OH^-$	−0.56	$MnO_4^-+e^-=MnO_4^{2-}$	0.558
$HPbO_2^-+H_2O+2e^-=Pb+3OH^-$	−0.537	$MnO_4^-+2H_2O+3e^-=MnO_2+4OH^-$	0.595
$S+2e^-=S^{2-}$	−0.47627	$BrO_3^-+3H_2O+6e^-=Br^-+6OH^-$	0.61
$Cu_2O+H_2O+2e^-=2Cu+2OH^-$	−0.360	$ClO_3^-+3H_2O+6e^-=Cl^-+2OH^-$	0.62
$Cu(OH)_2+2e^-=Cu+2OH^-$	−0.222	$ClO^-+H_2O+2e^-=O_2+2OH^-$	0.841
$O_2+2H_2O+2e^-=H_2O_2+2OH^-$	−0.146	$O_3+H_2O+2e^-=O_2+2OH^-$	1.24
$CrO_4^{2-}+4H_2O+3e^-=Cr(OH)_3+5OH^-$	−0.13		

附表9　不同温度下水的饱和蒸汽压

温度/℃	压力/kPa	温度/℃	压力/kPa	温度/℃	压力/kPa
0	0.6125	4	0.8134	8	1.073
1	0.6568	5	0.8724	9	1.148
2	0.7058	6	0.9350	10	1.228
3	0.7580	7	1.002	11	1.312

（续）

温度/℃	压力/kPa	温度/℃	压力/kPa	温度/℃	压力/kPa
12	1.402	42	8.200	72	33.95
13	1.497	43	8.640	73	35.43
14	1.598	44	9.101	74	35.96
15	1.705	45	9.584	75	38.55
16	1.818	46	10.09	76	40.19
17	1.937	47	10.61	77	41.88
18	2.064	48	11.16	78	43.64
19	2.197	49	11.74	79	45.47
20	2.338	50	12.33	80	47.35
21	2.487	51	12.96	81	49.29
22	2.644	52	13.61	82	51.32
23	2.809	53	14.29	83	53.41
24	2.985	54	15.00	84	55.57
25	3.167	55	15.74	85	57.81
26	3.361	56	16.51	86	60.12
27	3.565	57	17.31	87	62.49
28	3.780	58	18.14	88	64.94
29	4.006	59	19.01	89	67.48
30	4.248	60	19.92	90	70.10
31	4.493	61	20.86	91	72.80
32	4.755	62	21.84	92	75.60
33	5.030	63	22.85	93	78.48
34	5.320	64	23.91	94	81.45
35	5.623	65	25.00	95	84.52
36	5.942	66	26.14	96	87.67
37	6.275	67	27.33	97	90.94
38	6.625	68	28.56	98	94.30
39	6.992	69	29.83	99	97.76
40	7.376	70	31.16	100	101.30
41	7.778	71	32.52	—	—

附表 10　常用元素的熔点和沸点　（单位：℃）

元素	熔点	沸点	元素	熔点	沸点
H	−259.34	−252.8	Fe	1535	2750
Li	180.54	1342	Co	1495	2870
B	2300	2550	Ni	1455	2730
C	3652	4827	Cu	1083.4±0.2	2567
N	−209.86	−195.8	Zn	419.58	907
O	−218.4	−182.962	Ga	29.78	2403
F	−219.62	−188.14	Br	−7.2	58.78
Ne	−248.67	−245.9	Mo	2610	5560
Na	97.81±0.03	882.9	Cd	320.9	765
Mg	648.8	1107	In	156.61	2080
Al	1410	2467	Sn	231.97	2270
Si	44.1	2355	Sb	630.5	1750
P	112.8	280	Ba	725	1640
S	−100.98	444.674	W	3410±20	5660
Cl	63.65	−34.6	Pt	1772	3827±100
K	839±2	760	Au	1064.43	2808
Ca	1660±10	1484	Hg	−38.87	356.58
Ti	1857±20	3287	Pb	327.502	1740
Cr	1224±3	2672	Bi	271.3	1560±5

元素周期表

周期	I A 1	II A 2	III B 3	IV B 4	V B 5	VI B 6	VII B 7	VIII 8	VIII 9	VIII 10	I B 11	II B 12	III A 13	IV A 14	V A 15	VI A 16	VII A 17	0 18	电子层	0族电子数
1	1 H 氢 $1s^1$ 1.00794(7)																	2 He 氦 $1s^2$ 4.002602(2)	K	2
2	3 Li 锂 $2s^1$ 6.941(2)	4 Be 铍 $2s^2$ 9.012182(3)											5 B 硼 $2s^22p^1$ 10.811(7)	6 C 碳 $2s^22p^2$ 12.0107(8)	7 N 氮 $2s^22p^3$ 14.00674(7)	8 O 氧 $2s^22p^4$ 15.9994(3)	9 F 氟 $2s^22p^5$ 18.9984032(5)	10 Ne 氖 $2s^22p^6$ 20.1797(6)	L K	8 2
3	11 Na 钠 $3s^1$ 22.989770(2)	12 Mg 镁 $3s^2$ 24.3050(6)											13 Al 铝 $3s^23p^1$ 26.981538(2)	14 Si 硅 $3s^23p^2$ 28.0855(3)	15 P 磷 $3s^23p^3$ 30.973761(2)	16 S 硫 $3s^23p^4$ 32.066(6)	17 Cl 氯 $3s^23p^5$ 35.4527(9)	18 Ar 氩 $3s^23p^6$ 39.948(1)	M L K	8 8 2
4	19 K 钾 $4s^1$ 39.0983(1)	20 Ca 钙 $4s^2$ 40.078(4)	21 Sc 钪 $3d^14s^2$ 44.955910(8)	22 Ti 钛 $3d^24s^2$ 47.867(1)	23 V 钒 $3d^34s^2$ 50.9415(1)	24 Cr 铬 $3d^54s^1$ 51.9961(6)	25 Mn 锰 $3d^54s^2$ 54.938049(9)	26 Fe 铁 $3d^64s^2$ 55.845(2)	27 Co 钴 $3d^74s^2$ 58.933200(9)	28 Ni 镍 $3d^84s^2$ 58.6934(2)	29 Cu 铜 $3d^{10}4s^1$ 63.546(3)	30 Zn 锌 $3d^{10}4s^2$ 65.39(2)	31 Ga 镓 $4s^24p^1$ 69.723(1)	32 Ge 锗 $4s^24p^2$ 72.61(2)	33 As 砷 $4s^24p^3$ 74.92160(2)	34 Se 硒 $4s^24p^4$ 78.96(3)	35 Br 溴 $4s^24p^5$ 79.904(1)	36 Kr 氪 $4s^24p^6$ 83.80(1)	N M L K	8 18 8 2
5	37 Rb 铷 $5s^1$ 85.4678(3)	38 Sr 锶 $5s^2$ 87.62(1)	39 Y 钇 $4d^15s^2$ 88.90585(2)	40 Zr 锆 $4d^25s^2$ 91.224(2)	41 Nb 铌 $4d^45s^1$ 92.90638(2)	42 Mo 钼 $4d^55s^1$ 95.94(1)	43 Tc 锝 $4d^55s^2$	44 Ru 钌 $4d^75s^1$ 101.07(2)	45 Rh 铑 $4d^85s^1$ 102.90550(2)	46 Pd 钯 $4d^{10}$ 106.42(1)	47 Ag 银 $4d^{10}5s^1$ 107.8682(2)	48 Cd 镉 $4d^{10}5s^2$ 112.411(8)	49 In 铟 $5s^25p^1$ 112.411(8)	50 Sn 锡 $5s^25p^2$ 118.710(7)	51 Sb 锑 $5s^25p^3$ 121.760(1)	52 Te 碲 $5s^25p^4$ 127.60(3)	53 I 碘 $5s^25p^5$ 126.90447(3)	54 Xe 氙 $5s^25p^6$ 131.29(2)	O N M L K	8 18 18 8 2
6	55 Cs 铯 $6s^1$ 132.90545(2)	56 Ba 钡 $6s^2$ 137.357(7)	57—71 La—Lu 镧系	72 Hf 铪 $5d^26s^2$ 178.49(2)	73 Ta 钽 $5d^36s^2$ 180.9479(1)	74 W 钨 $5d^46s^2$ 183.84(1)	75 Re 铼 $5d^56s^2$ 186.207(1)	76 Os 锇 $5d^66s^2$ 190.23(3)	77 Ir 铱 $5d^76s^2$ 192.217(3)	78 Pt 铂 $5d^96s^1$ 195.078(2)	79 Au 金 $5d^{10}6s^1$ 196.96655(2)	80 Hg 汞 $5d^{10}6s^2$ 200.59(2)	81 Tl 铊 $6s^26p^1$ 204.38(2)	82 Pb 铅 $6s^26p^2$ 207.2(1)	83 Bi 铋 $6s^26p^3$ 208.98038(2)	84 Po 钋 $6s^26p^4$	85 At 砹 $6s^26p^5$	86 Rn 氡 $6s^26p^6$	P O N M L K	8 18 32 18 8 2
7	87 Fr 钫 $7s^1$	88 Ra 镭 $7s^2$	89—103 Ac—Lr 锕系	104 Rf 𬬻* $(6d^27s^2)$	105 Db 𬭊* $(6d^37s^2)$	106 Sg 𬭳*	107 Bh 𬭛*	108 Hs 𬭶*	109 Mt 鿏*	110 Ds *	111 Rg *	112 Uub *	113 Uut *	114 Fl *	115 Uup *	116 Lv *	117 Uus *	118 Uuo		

镧系	57 La 镧 $5d^16s^2$ 138.9055(2)	58 Ce 铈 $4f^15d^16s^2$ 140.116(1)	59 Pr 镨 $4f^36s^2$ 140.90765(2)	60 Nd 钕 $4f^46s^2$ 144.24(3)	61 Pm 钷 $4f^56s^2$	62 Sm 钐 $4f^66s^2$ 150.36(3)	63 Eu 铕 $4f^76s^2$ 151.964(1)	64 Gd 钆 $4f^75d^16s^2$ 157.25(3)	65 Tb 铽 $4f^96s^2$ 158.92534(2)	66 Dy 镝 $4f^{10}6s^2$ 162.50(3)	67 Ho 钬 $4f^{11}6s^2$ 164.93032(2)	68 Er 铒 $4f^{12}6s^2$ 167.26(3)	69 Tm 铥 $4f^{13}6s^2$ 168.93421(2)	70 Yb 镱 $4f^{14}6s^2$ 173.04(3)	71 Lu 镥 $4f^{14}5d^16s^2$ 174.967(1)
锕系	89 Ac 锕 $6d^17s^2$	90 Th 钍 $6d^27s^2$ 232.0381(1)	91 Pa 镤 $5f^26d^17s^2$ 231.03588(2)	92 U 铀 $5f^36d^17s^2$ 238.0289(1)	93 Np 镎 $5f^46d^17s^2$	94 Pu 钚 $5f^67s^2$	95 Am 镅* $5f^77s^2$	96 Cm 锔* $5f^76d^17s^2$	97 Bk 锫* $5f^97s^2$	98 Cf 锎* $5f^{10}7s^2$	99 Es 锿* $5f^{11}7s^2$	100 Fm 镄* $5f^{12}7s^2$	101 Md 钔* $(5f^{13}7s^2)$	102 No 锘* $(5f^{14}7s^2)$	103 Lr 铹* $(5f^{14}6d^17s^2)$

原子序数 → 19；元素符号 → K；钾 ← 元素名称（注*的是人造元素）；$4s^1$ ← 外围电子的构型，括号指可能的构型；原子量 → 39.0983

注：

1. 原子量录自1997年国际原子量表，以$^{12}C=12$为基准。原子量末位数的准确度加注在其后括号内。
2. 商品Li的原子量范围为6.94~6.99。

参 考 文 献

[1] 唐有祺．化学与社会［M］．北京：高等教育出版社，2001.
[2] 胡常伟，周歌．大学化学［M］．3 版．北京：化学工业出版社，2015.
[3] 赵士铎．普通化学［M］．北京：中国农业大学出版社，2002.
[4] 董元彦，左贤云．无机及分析化学［M］．北京：北京大学出版社，2001.
[5] 王芳．大学化学［M］．北京：北京大学出版社，2014.
[6] 马全红，周少红．工程化学［M］．北京：化学工业出版社，2011.
[7] 董志平，方伊，工程化学基础［M］．北京：高等教育出版社，2015.
[8] 刘立明，王薇，张荣华．工程化学基础教程［M］．北京：化学工业出版社，2015.
[9] 杨秋华．大学化学［M］．北京：高等教育出版社，2014.
[10] 王忠兰．普通化学［M］．沈阳：辽宁科学技术出版社，2001.
[11] 苏显云．大学普通化学实验［M］．北京：高等教育出版社，2005.
[12] 陈林根．工程化学基础［M］．北京：高等教育出版社，2007.
[13] 闵恩泽，吴巍．绿色化学与化工［M］．北京：化学工业出版社，2009.
[14] 刘旦初．化学与人类［M］．上海：复旦大学出版社，2011.
[15] 沈光球，陶家洵．现代化学基础［M］．北京：清华大学出版社 2009.
[16] 华彤文，王颖霞，卞江．普通化学原理［M］．4 版．北京：北京大学出版社，2013.
[17] 王伊强，李淑芝．普通化学［M］．北京：中国农业出版社，2000.
[18] 曲保中，朱炳林．新大学化学［M］．3 版．北京：科学出版社，2015.
[19] 邓建成．大学化学基础［M］．北京：化学工业出版社，2009.
[20] 合肥工业大学工科化学教学组．大学化学［M］．合肥：合肥工业大学出版社，2010.
[21] 邓建成．大学化学［M］．北京：清华大学出版社，2011.
[22] 张运明．化学·社会·生活［M］．南宁：广西科学技术出版社，2010.
[23] 周祖新，丁慧．工程化学［M］．2 版．北京：化学工业出版社，2014.
[24] 徐甲强．邢彦军，周义锋．工程化学［M］．3 版．北京：科学出版社，2013.
[25] 方明建．化学与社会［M］．武汉：华中科技大学出版社，2000.
[26] 徐雅琴．大学化学［M］．北京：中国农业出版社，1999.
[27] 张胜义．化学与社会进展［M］．合肥：安徽科学技术出版社，2009.
[28] 夏太国．普通化学［M］．哈尔滨：东北大学出版社，2008.
[29] 徐云升．基础化学［M］．广州：华南理工大学出版社，2006.
[30] 慕慧．基础化学［M］．北京：科学出版社，2005.
[31] 朱裕贞．现代基础化学［M］．北京：化学工业出版社，2006.
[32] 李保山．基础化学［M］．北京：科学出版社，2005.
[33] 丁廷桢．大学化学教程［M］．北京：高等教育出版社，2006.
[34] 陈东旭．普通化学［M］．北京：化学工业出版社，2006.
[35] 徐炜．新能源概述［M］．杭州：浙江科学技术出版社，2007.
[36] 刘琳．新能源［M］．哈尔滨：东北大学出版社，2010.